Gisela, Michael und Holger

Impressum
© 2020 Volker Spiegelberg
Umschlaggestaltung: Druckerei Hahn, Elmenhorst
Verlag & Druck: tredition GmbH, Halenreie 40-44, 22359 Hamburg

978-3-347-16803-9 (Paperback)
978-3-347-16804-6 (Hardcover)
978-3-347-16805-3 (e-Book)

Bibliografische Information der Deutschen Nationalbibliothek: Die Deutsche Nationalbibliothek verzeichnet diese Publikation in der Deutschen Nationalbibliografie; detaillierte bibliografische Daten sind im Internet über http://dnb.d-nb.de abrufbar.

Heinkel   Bomben   Großmotoren

Rostocker Industrie-Geschichte aus
persönlichen Dokumenten des Ingenieurs
Fritz Eimbeck (1905 bis 1991)

Volker Spiegelberg

Oktober 2020

Inhalt

Seite

Lebens- und Bildungsgang des Ingenieurs
Fritz E i m b e c k
(nach eigener Aufzeichnung von F.E.)

11.11.1905		geboren in Wieda, ev.-luth.
Ostern bis Ostern	1912 1920	Volksschule in Wieda
April bis April	1920 1922	prakt. Lehrzeit in der Masch.-Fabr. Gustav Eimbeck, Wieda
April bis April	1922 1925	Technikum Frankenhausen
Jan. bis Mai	1925 1929	Konstrukteur und Betriebsing. in der Masch.-Fabr. Franz Kuhlmann, Rüstringen, Werk Bad Lauterberg
Juni bis Nov.	1929 1929	Volontär bei der Arado-Werft, Warnemünde
Dez. bis April	1929 1945	Vorrichtungs-Konstrukteur, Gruppenleiter und Abteilungsleiter im Vorrichtungsbau bei den Heinkel-Flugzeugwerken-Rostock
Juni bis Aug.	1945 1945	Demontage-Ing. bei der Roten Armee.
Aug. bis 15.6.	1945 1946	Konstrukteur bei den Rostocker Industriewerken
16.6. bis Juni	1946 1949	Vorrichtungs-Konstrukteur u. Betriebsing. Windkraftwerke Rostock
Juli bis Juni	1949 1950	Abteilungsleiter im Vorrichtungsbau DMR
Juli bis März	1950 1951	Techn. Leiter DMR
April bis Nov.	1951 1951	Produktionsleiter DMR
Nov. bis Mai	1951 1954	Haupttechnologe DMR
Mai bis Okt.	1954 1961	Abteilungsleiter f. Rationalisierung und Technologische Planung
Nov. bis Okt.	1961 1963	Abteilungsleiter Betriebsmittelkonstruktion
Nov. bis Nov.	1963 1972	Rekogruppe in Abt. Technologische Planung
20.02.1991		verstorben in Rostock

Einführung

Das vorige Jahrhundert mit zwei ungeheuren Weltkriegen und einer unglaublichen technischen Entwicklung birgt noch auf vielen Gebieten interessante Fragen. In Rostock, als Standort von Hochtechnologie im Flugzeugbau, mussten Tausende qualifizierte Mitarbeiter nach dem Ende des 2. Weltkrieges in neuen Bereichen tätig werden. Wie nutzen sie ihr Wissen und trugen so zum Aufbau einer neuen Industrie bei? Wie haben sie sich in eine jetzt sozialistische Wirtschaft und Gesellschaft einbringen können? Das sind auch heute noch interessierende Zusammenhänge und nicht nur regional von Bedeutung. Denn gerade auch in Rostock hat diese spezielle Art „Technologietransfer" lange zu politisch motivierter Geschichtsdarstellung einerseits aber auch zu wirtschaftlicher Prosperität anderseits geführt.

Die hier vorgelegten persönlichen Dokumente von F. Eimbeck werden in einen Zusammenhang mit dem beruflichen, gesellschaftlichen und persönlichen Umfeld jener Zeit gebracht.   Aus der ursprünglichen Absicht der Würdigung der Lebensleistung des Protagonisten und seiner Generation wurde so fast zwangsläufig auch die Entstehungsgeschichte eines viele Jahrzehnte prägenden Unternehmens der Stadt Rostock.

Gerade weil von einigen der hier beschriebenen großen Unternehmen der Stadt nur noch wenige Zeugnisse im öffentlichen Raum vorhanden sind, ist die Erinnerung an die gewaltigen Aufbauleistungen nach dem Krieg und in der DDR-Zeit von umso größerer Bedeutung gegen ein Vergessen. Und diese Aufbauleistungen sind auch ein Grund stolz zu sein für die vielen Generationen Dieselmotorenwerker, deren Herzen noch immer im Rhythmus von 2-Takt-Motoren schlagen.

Der ursprünglich vorgesehenen Titel des Buches sollte „AUFRECHT" lauten. Denn dass es gelingen konnte, auch in Zeiten großer Bedrängnis gradlinig und aufrecht zu bleiben, wird hier am Leben von Fritz Eimbeck sichtbar.

Rostock, im Oktober 2020

Kindheit und Jugend

Geboren 1905, als Jüngstes von drei Kindern, verlebte F. Eimbeck eine glückliche Kindheit im Harz, die ihn lebenslang mit Dankbarkeit an die Geschwister und Eltern denken ließ. Sein Bruder Gustav, geboren 1892, war sehr deutlich älter, aber beide Brüder hingen dennoch stark aneinander und immer wieder bildeten sich im Laufe ihres Lebens wechselseitige Abhängigkeiten. Diese sehr engen brüderlichen Bindungen waren auch durch Kriegsereignisse und persönlich tragische Momente geprägt, die das familiäre Band beider eher noch enger werden ließen. Der Tod seiner geliebten Schwester Marta mit 14 Jahren und das frühzeitige, krankheits-bedingte Ausscheiden des Vaters aus der Berufstätigkeit waren tiefe Zäsuren im Leben des jungen Fritz. Gustav war im ersten Weltkrieg Pilot und wollte immer gern wieder im Umfeld der Luftwaffe tätig sein, was ab Ende der Zwanziger bis zum Ende des zweiten Weltkrieges möglich wurde. Diesem Vorbild folgte der jüngere Bruder offensichtlich schon von frühester Kindheit. In der Erinnerung spielte die Schulzeit des kleinen Fritz keine größere Rolle. Allerdings müssen seine Auffassungsgabe und schulischen Leistungen so gut gewesen sein, dass er nach der Schulzeit eine Lehrzeit in der ortsansässigen Firma seines Bruders antrat, bereits mit dem Ziel, später zu studieren.

Da der Versailler Vertrag ((2), Artikel 198 bis 202) Deutschland eine Luftwaffe verbot, versuchte sein Bruder, sich eine Existenz als Unternehmer mit einer kleinen Maschinenbaufirma aufzubauen. In diese Firma trat F. Eimbeck 1919 als Lehrling ein und hat dort offensichtlich einen so guten Eindruck hinterlassen, dass sein Bruder und der Familienrat beschlossen, ihn auf das Technikum in Bad Frankenhausen zu senden, damit er dort Luftfahrttechnik studieren konnte. Denn die Alliierten hatten zwar die Anzahl von Flugzeugen und Luftschiffen, Ersatzteilen und Personal zeitlich bis 1919 limitiert und dann vollständig verboten, jedoch keine solchen Regelungen hinsichtlich der Ausbildung von Luftfahrtingenieuren getroffen. Deshalb boten mehrere Anstalten solche Ausbildung an und Bad Frankenhausen war naheliegend und führend auf dem Gebiet der Flugzeugkonstruktion. Von dort konnte er relativ schnell nach Hause fahren und die Lebensmittelpakete seiner Mutter – sie hatte seit 1915 einen kleinen Lebensmittelladen im Heimatdorf, sein Vater war 1922 verstorben - waren auch schnell bei ihm.

Auf dieser Postkarte von 1911 wurde ihm bereits eine Ingenieur-Zukunft vorher-gesagt.

Gustav Eimbeck, Wieda im Harz
Maschinenfabrik

Telegramm-Adresse:
Ingenieur Eimbeck WiedaSüdharz

Bank-Konto:
Filiale der Schwarzburgischen
Landesbank zu Sondershausen
in Ellrich

Postscheck-Konto:
Leipzig Nr. 89054

Fernsprecher
Amt Walkenried No. 30

Wieda im Harz, den 10. Januar 19

Z e u g n i s !

Dem Zeichner Fritz Eimbeck, Wieda, geboren
am 11. November 1905 zu Wieda wird hiermit bescheinigt,
dass er vom 1. April 1920 bis 30. Dezember 1921 in
meinem Betriebe praktisch gearbeitet hat. Vom 1. Dezember 2
bis heute ist er in meinem technischen Büro als Zeichner
tätig. Alle ihm übertragenen Arbeiten in der Werkstatt
wie im Büro hat er immer zur vollsten Zufriedenheit ausgeführt.
Sein Austritt aus meinem Geschäft geschieht
auf seinen Wunsch, um das Politechnikum in Frankenhausen
zu besuchen.

Wieda, den 10. Januar 1922

Studium und erste Berufstätigkeiten

Das zwischen 1896 und 1946 bestehende „Kyffhäuser-Technikum Frankenhausen"
war eine höhere technische Lehranstalt, die aus heutiger Sicht mit einer
Fachhochschule vergleichbar wäre. Der Hauptstandort befand sich auf dem Gelände
des ehemaligen Klosters südlich der Unterkirche. Die vom jüdischen Direktor Prof.
Huppert ins Leben gerufenen Fachrichtungen Landmaschinentechnik und
Flugzeugbau machten es zu einem beliebten Studienort von Studierenden auch aus
dem Ausland. Von rund 600 Studierenden Mitte der 1920er Jahre stammte fast jeder
Vierte nicht aus Deutschland. In seiner Amtszeit als Direktor von 1902 bis 1931
entwickelte Huppert aus einem Technikum von vielen, eine der über die Grenzen von
Deutschland hinaus angesehensten höheren technischen Lehranstalten des Landes.
Unter seiner Leitung wurden 1905 die Fachrichtung Landmaschinenbau und schon
1908 die Fachrichtung Flugzeugbau etabliert. Flugzeug-Konstruktionslehre wurde
damit zum ersten Mal an einer deutschen Lehranstalt als Studienfach angeboten. (3)

Das ist deshalb besonders hervorzuhaben, weil erst 1903 die Gebrüder Wright den
ersten Motorflug vollbrachten und ihre Flugzeuge erst 1908 in Frankreich und 1909 in
Deutschland vorstellten und dort Tochtergesellschaften gründeten.

Damit steht die Luftfahrtindustrie bei der Umsetzungsgeschwindigkeit von Innovationen in einer vorderen Position neben oder vor z.B. Automobil, Radio, Fernsehen, Handy. Die Luftfahrt hatte offensichtlich eine ungeheure Anziehungskraft, auch auf Unternehmer und - Anfangs des letzten Jahrhunderts fast zwangsläufig - besonders auf Militärs.

In der Zeit der DDR war in Bad Frankenhausen dann dort eine Landwirtschaftliche Lehranstalt angesiedelt, wo eine Berechtigung zum Fahren des Mähdreschers E710, einer Rübenvollerntemaschine und des Traktors RS 09 erworben werden konnte.

Aus solchen persönlichen und fachlichen Gründen war für F. Eimbeck und seinen Bruder ganz sicher Bad Frankenhausen erste Wahl. Zur Immatrikulation wurde ein Foto gemacht, dass deutlich werden lässt, dass er als einer der Jüngsten und mit seinem Volksschulabschluss auch sicher als einer mit der geringsten Vorqualifikation zum Studium antrat. Es zeigt aber auch, dass bereits das damalige Bildungssystem eine hohe Durchlässigkeit besaß, wo auch geringer Vorqualifizierte – Fleiß und Fähigkeiten vorausgesetzt – Zugang zu höherer Bildung hatten.

Da seine wichtigsten Arbeitshefte erhalten sind, lässt sich ein guter Eindruck davon gewinnen, welche technischen Inhalte und Schwerpunkte auf dem Technikum gesetzt wurde. Folgende Beispiele verdeutlichen dies.

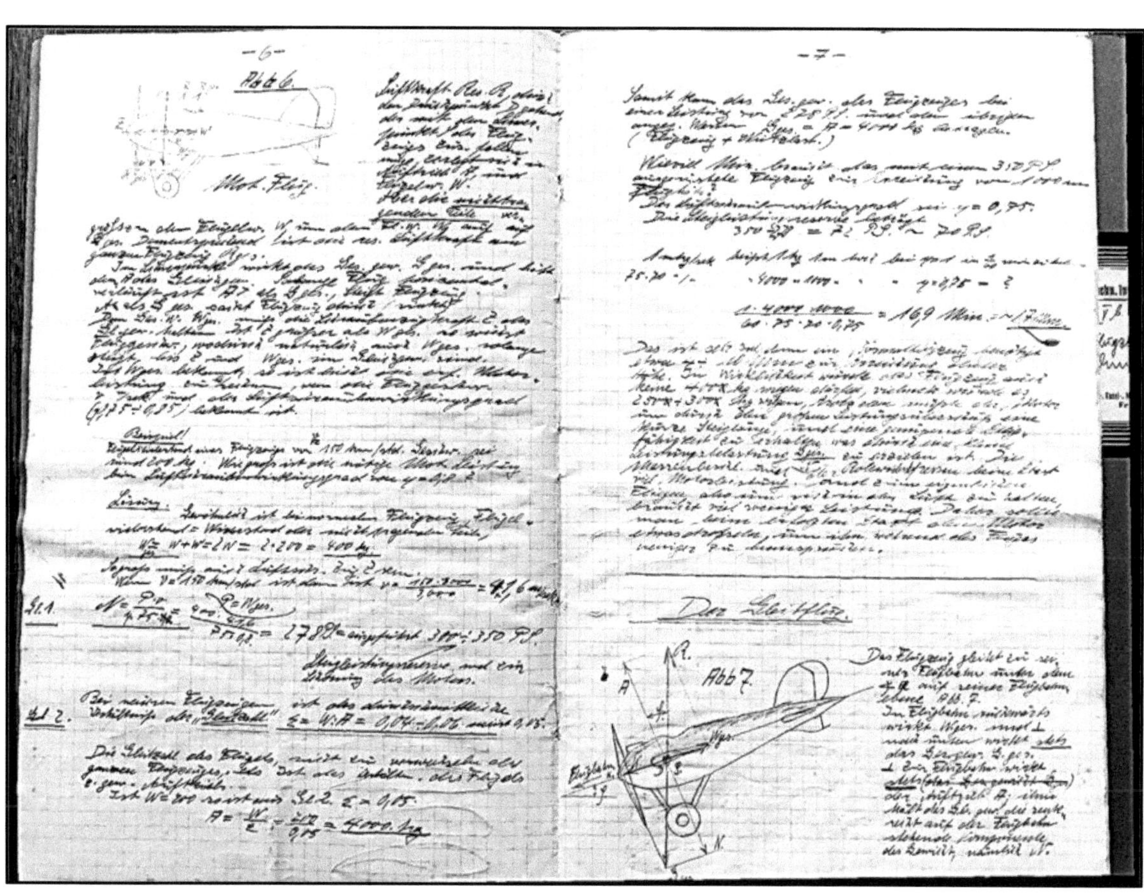

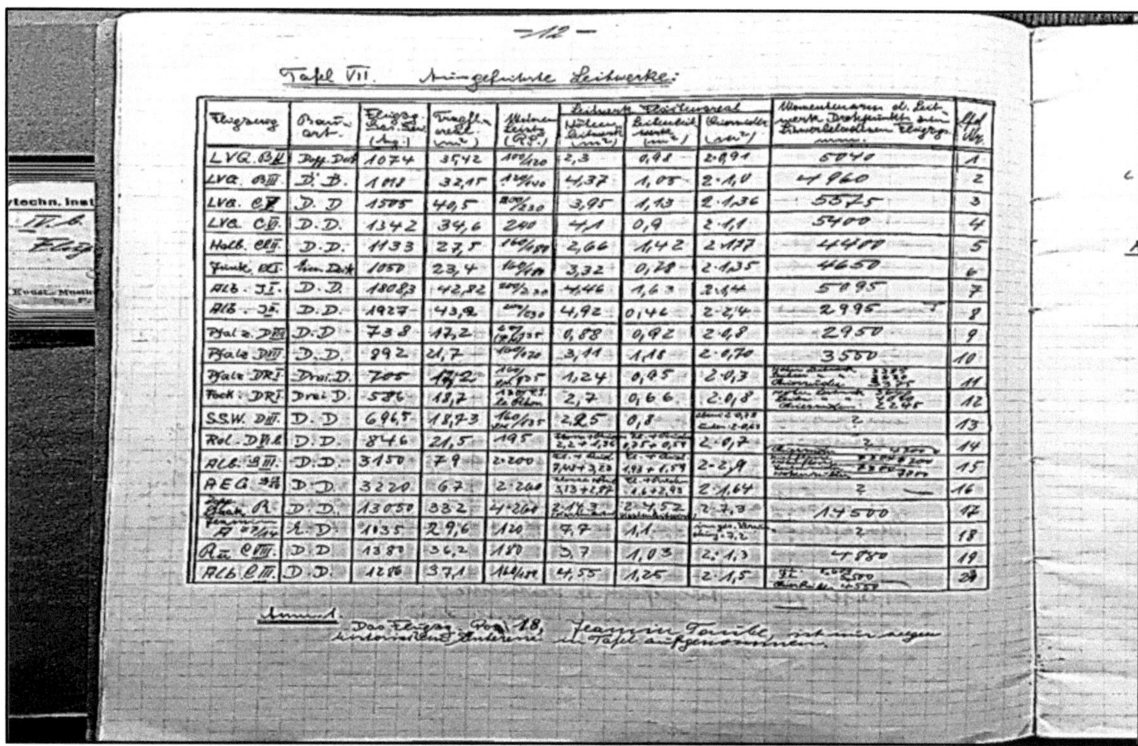

Erstaunlicherweise werden hier fast zwanzig verschiedene Flugzeugtypen aufgeführt, und deren technische Einzelheiten detailliert beschrieben. Denn das strikte Verbot von

Flugzeugen hätte erwarten lassen, dass das auch in der Lehre Folgen gehabt hätte. Und aus den anderen Aufzeichnungen sind nicht nur anspruchsvolle technische Berechnungen, sondern auch Akribie, Fleiß und Gewissenhaftigkeit des Studenten F. Eimbeck zu entnehmen. Eigenschaften, durch die auch sein weiteres berufliches Leben geprägt wurde.

Fritz Eimbeck als Student 1923

Folgerichtig erhielt er am 22.09.1924 sein Abschlusszeugnis, dass ihm alle Wege in eine Berufstätigkeit als Ingenieur ebnen sollte. Unterschrieben vom Gründungsdirektor des Technikums Prof. Huppert und jedem Mitglied der Prüfungskommission.

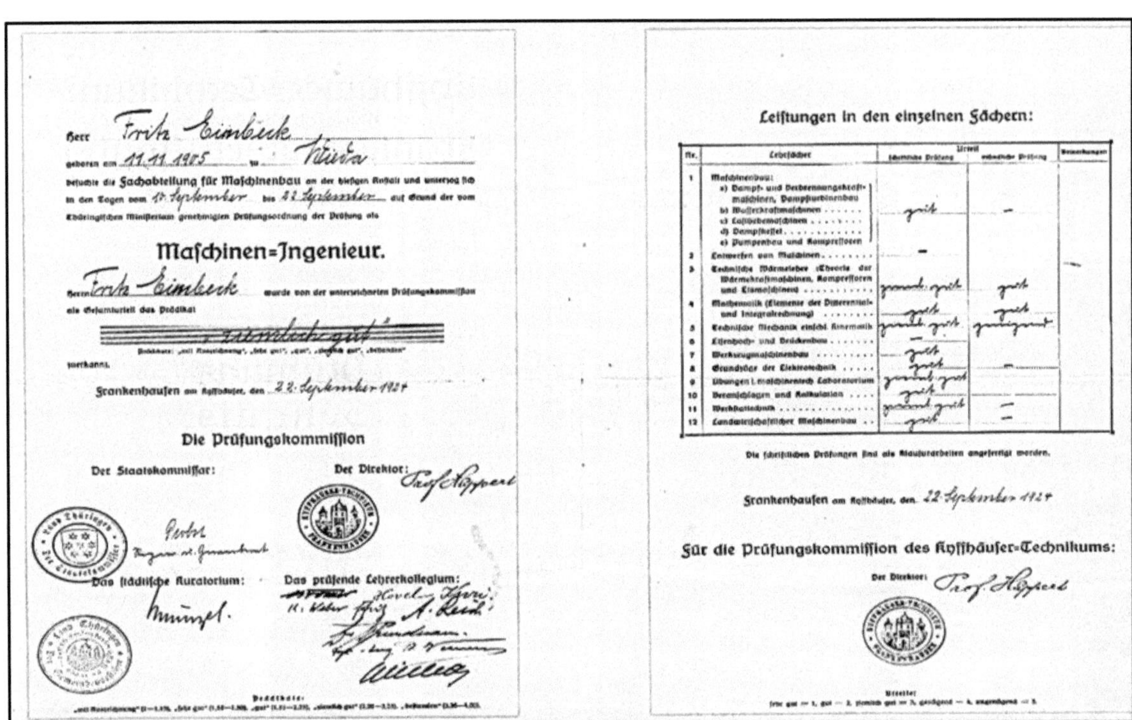

Die originalen Unterlagen von F. Eimbeck aus dem Kyffhäuser - Technikum wurden inzwischen dem Regionalmuseum in Bad Frankenhausen als Dauerleihgabe zur Verfügung gestellt.

Nach dem Abschluss des zweijährigen Studiums in Bad Frankenhausen nahm F. Eimbeck eine Tätigkeit in Bad Lauterberg bei der Firma Kuhlmann auf. Die Tätigkeit dort wird durch die abschließende Beurteilung ausführlich beschrieben und macht deutlich, warum er sich im späteren Leben gern als Werkzeugmacher beschrieb. Denn in diesem sehr vielseitigen Maschinenbau-Unternehmen vertiefte er sein Wissen um Werkzeuge und Werkzeugbau ganz erheblich. Das kam ihm nicht nur später im Flugzeugbau, sondern vor allem dann im Dieselmotorenbau und den dafür zu entwickelnden Werkzeugen und Vorrichtungen zu Gute. Denn bei Kuhlmann war – wie nur anfangs auch im Flugzeugbau – die Klein- und Mittelserienfertigung vorherrschend. Und die zur Verfügung stehenden technischen Hilfsmittel waren für alle dortigen Unternehmensbereiche Mitte der 1920er Jahre so, dass oft improvisiert werden musste, um Kundenwünsche schnell zu erfüllen. Diese dort erlernten Fähigkeiten konnte er später vor allem in der Nachkriegszeit sehr gut einsetzen.

Kuhlmann Graviermaschine um 1914

Kuhlmann Sägegatter um 1920

Fotos: Webseite Kuhlmann, Okt. 2018

Die Firma Kuhlmann in Bad Lauterberg beging 2016 das Jubiläum des 100jährigen Bestehens. (4)

F. Eimbeck, ca. 1928 bei Fa. Kuhlmann, (hinten rechts)

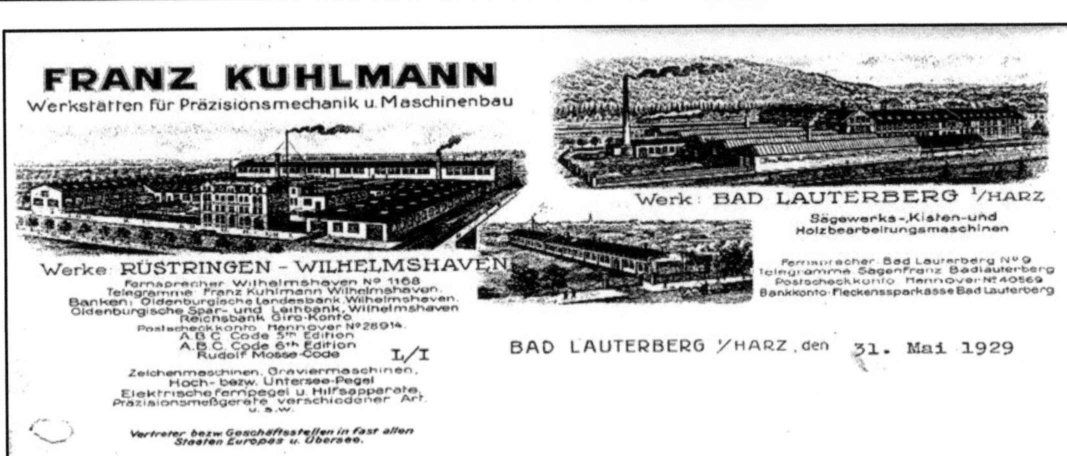

FRANZ KUHLMANN
Werkstätten für Präzisionsmechanik u. Maschinenbau

Werk: BAD LAUTERBERG ¹/HARZ
Sägewerks-, Kisten- und
Holzbearbeitungsmaschinen

Werke: RÜSTRINGEN - WILHELMSHAVEN
Fernsprecher Wilhelmshaven N° 1168
Telegramme Franz Kuhlmann Wilhelmshaven.
Banken: Oldenburgische Landesbank, Wilhelmshaven.
Oldenburgische Spar- und Leihbank, Wilhelmshaven
Reichsbank Giro-Konto
Postscheckkonto Hannover N° 28914.
A.B.C. Code 5th Edition
A.B.C. Code 6th Edition
Rudolf Mosse-Code   L/I

Zeichenmaschinen, Graviermaschinen,
Hoch- bezw. Untersee-Pegel
Elektrische Fernpegel u. Hilfsapparate,
Präzisionsmeßgeräte verschiedener Art.
u. s.w.

Vertreter bezw. Geschäftsstellen in fast allen
Staaten Europas u. Übersee.

Fernsprecher: Bad Lauterberg N° 9
Telegramme: Sägenfranz Badlauterberg
Postscheckkonto: Hannover N° 40569
Bankkonto: Fleckenssparkasse Bad Lauterberg

BAD LAUTERBERG ¹/HARZ, den 31. Mai 1929

Z e u g n i s:

  Herr Fritz Einbeck, geboren am 11.11.05
zu Wieda, war vom 1. Januar 1925 bis heute als Techniker in meinem Konstruktionsbüro tätig. Er wurde hauptsächlich damit beschäftigt, Vor- und Nachkalkulationen auszuführen, Akkorde festzuset-
zen, Offertzeichnungen zu fertigen, wie auch Detail-Konstruktio-
nen jeglicher Art auszuführen. Auch im Betrieb war Herr Einbeck
zur Unterstützung des Betriebsleiters hin und wieder tätig und
hat diesen teilweise während Beurlaubungen usw. vertreten.

  Herr Einbeck ist ein junger Ingenieur
mit guten Anlagen, grossem Geschäftsinteresse, Fleiss und anstän-
digem Charakter, welcher sich in jeder Weise tadellos geführt hat
und den ich sehr ungern scheiden sehe. Er hat im Verkehr mit der
Geschäftsführung als auch in Verhandlungen mit den Arbeitern hinsichtlich Akkordfestsetzungen, Löhnen usw. sich stets taktvoll
und bestimmt zu verhalten gewusst. Während seiner mehr als 4 jäh-
rigen Tätigkeit in meinem Hause hat er seine theoretische Fach-
schulbildung durch praktische Tätigkeit, einerseits im Konstruktionsbüro, andererseits im Betrieb, sowohl was mechanische Abteilung als auch Maschinenbau anbelangt, erweitert und vertieft, so-
dass ich ihn in jeder Weise nur bestens empfehlen kann.

  Sein Austritt erfolgte auf eigenen
Wunsch.

ppa. FRANZ KUHLMANN
Werkstätten für Präzisionsmechanik und Maschinenbau
Rüstringen
Zweigniederlassung Bad Lauterberg i. Harz
Direktor:

In der Zeit seiner Tätigkeit bei Kuhlmann machte F. Eimbeck auch seinen Führerschein (1928) und schaffte sich ein Motorrad an, mit dem er zusammen mit Freunden an Brockensternfahrten teilnahm.

In den Zeitraum 1926 /27 fiel auch die Umsiedlung seines Bruders nach Warnemünde. Denn es gingen einerseits die Geschäfte in dessen Maschinenfabrik nicht so gut und zum anderen hatten sich am Seeflug - Standort in Warnemünde Änderungen vollzogen, die ihn bewogen, sich dort am Flugplatz beruflich neu zu orientieren. Hinzu kamen auch persönliche und familiäre Überlegungen. Nachdem der Vater verstorben war, hielt die beiden Brüder nach dem Tod der Mutter 1926 nicht mehr viel im Südharz, da es keinen engeren familiären Bindungen mehr gab.

Und F. Eimbeck sah nun die Möglichkeit, sein ursprüngliches Berufsziel als Flugzeugkonstrukteur zu erreichen. Die sehr wichtigen Erfahrungen bei Kuhlmann konnte er nun nutzen, um dort seine Spezialisierung in Richtung des Werkzeug -und Vorrichtungsbaus einzusetzen. Die beiden Brüder überlegten sehr genau, wie sie vorgehen wollten, um einen möglichst effektiven Einstieg in die Flugzeugindustrie für F. Eimbeck zu finden.

Da die Errichtung des Seeflugplatzes in Warnemünde Hohe Düne als Ausgangspunkt vieler späterer Aktivitäten dort und in Rostock gelten kann, und weil sein Bruder Gustav Eimbeck dort etwa 1927 seine Zelte aufschlug, wird nachfolgend kurz auf dessen Gründung und Entwicklung eingegangen.

Warnemünde, Wohnort und Seeflugplatz

Gustav Eimbeck hatte etwa um 1927 eine Stellung in Warnemünde angenommen, die seinem starken Interesse an der Fliegerei viel mehr entsprach und die wohl auch deutlich mehr abwarf als seine Firma in dem kleinen Harzdorf Wieda. So zog er um - inzwischen mit Familie - und wohnte mit Frau und Kind in Warnemünde, Alexandrinenstraße118.

Alexandrinenstraße 118

1927

2017

Die seit etwa 1910/11 auch in Rostock sich entwickelnden vielfältigen Aktivitäten zum Bau eines Flugplatzes führten erst um 1913 zur Konkretisierung und Festlegung des Standortes. Dabei erwies sich Hohe Düne hinsichtlich der Standortwahl durch direkte Ostseenähe und den immer sehr viel ruhigeren Breitling als nahezu idealer Standort. Wie in vielen Städten wollte auch die Rostocker Wirtschaft am Flugverkehr als sich rasch entwickelnden Verkehrszweig partizipieren. So wurde schon 1912 der Erste Deutsche Wasserflugmaschinen-Wettbewerb in Heiligendamm ausgetragen und Kiel und Schwerin hatten schon Flugplätze und Ansiedlungen. Auch Wismar wollte konkurrieren und in mehr als 150 deutschen Städten hatten sich Aktivitäten für Luftverkehr und Flugplätze entwickelt. Und das Reichs Marine Amt (RMA) wollte unbedingt die große Lücke zwischen Kiel und Danzig schließen und bevorzugte dafür die Hohe Düne und so ließ von Tirpitz 1913 mit Wismar und Rostock verhandeln. Auch der Großherzog aus Schwerin besuchte die Hohe Düne und die Stadt Rostock stellte Anfang 1913 Geld für den Bau des Flugplatzes zur Verfügung. Anfang August 1914 war der Platz fertig, als dann der Krieg begann beschlagnahmte die Marine alle dort für einen Wettbewerb bereits angekommenen Flugzeuge. (6)(7)

In den Kriegsjahren des ersten Weltkrieges wurden auf den Flugplatz mehr als 2000 Flugzeuge durch das dort angesiedelte Seeflug-Versuchskommando (SVK) abgenommen und der Standort war damit fester Bestandteil der deutschen Luftfahrt geworden, wenn auch anders als 1913 vorgesehen. Bis zum Ende des Krieges waren dort im Zuge dieser Aktivitäten mehrere neue Hallen entstanden Diese spielten auch in den unternehmerischen Überlegungen für die Zeit nach dem Kriege eine wichtige Rolle, die Pläne wurden jedoch mit dem Inkrafttreten des Versailler Vertrages im Januar 1920 obsolet, denn sechs der teilweise gerade erst errichteten Hallen mussten abgerissen werden. Dennoch siedelten sich dort nun neue Firmen an, die vom Flugbetrieb nach Skandinavien bis zu „zivilen" Unternehmen für den Stinnes-Konzern Motorenreparatur für Fischkutter betrieben bzw. es beabsichtigten. Das geschah auch um den Facharbeiterstamm erhalten zu können und wurde auch von der Admiralität und dem Reichwirtschaftsministerium gefördert. (6) Bereits während des Krieges hatte die Flugzeugbau Friedrichshafen GmbH Flächen gepachtet und 1919 dann gekauft. 1922 erwarb Ernst Heinkel die erste Halle auf dem Gelände Hohe Düne und 1923 wurde der Flugplatz Warnemünde in Reichseigentum übernommen. Die Aero-Sport GmbH veranstaltet einen Flugtag und 1925 geht Arado aus den Warnemünder Stinnes Aktivitäten hervor. Ebenfalls 1925 wurde die Seeflug GmbH gegründet, ziemlich offensichtlich eine als zivil getarnte Ausbildungsstätte für Marineflieger. 1927 wird diese aufgelöst, die Ausbildung der Flugzeugführer und Seebeobachter auf dem Flugplatz Hohe Düne übernimmt nun die „Deutsche Verkehrsfliegerschule GmbH" (DVS). Das Personal der „Seeflug GmbH" und die gerade in der Ausbildung befindlichen Schüler werden von der DVS übernommen. Im Hintergrund der DVS steht erneut die Marineleitung, die trotz Verbot von Fliegerkräften einen Stamm fliegerisch ausgebildeter Offiziere und Zeitsoldaten haben wollte (5).

Auch die 1926 aufgehobenen starken Restriktionen für den zivilen Flugzeugbau mögen dabei eine Rolle gespielt haben.

In dieser DVS konnte Gustav Eimbeck 1927 seine Erfahrung als Flieger im ersten Weltkrieg nun einbringen. Sehr wahrscheinlich hat ihn ein Kriegskamerad bewogen, nach Warenmünde zu kommen, denn an der Spitze der DSV stand ein ehemaliger Militärflieger. 1933 wurde Gustav Eimbeck zum Technischen Leiter des Flugplatzes in Warnemünde ernannt. Er war dort, mit Unterbrechungen für Stettin und Neuruppin, bis 1942 als Technischer Leiter und später als Flieger-Hauptingenieur tätig. Danach wurde er nach Neutief bei Pillau (heute Baltiysk) versetzt und zog mit Familie dorthin. Später wurde er zum Flugplatz nach Posen versetzt, während seine Familie in Neutief blieb. (Auszug aus Militärakte Gustav Eimbeck, siehe Anhang) Im Frühjahr 1945 – mit einem der letzten Schiffe - verließ seine Frau mit den beiden Kindern Pillau/Neutief und sie kamen bei der Versenkung des Schiffes um. Noch lange Jahre nach dem Krieg wartet er sehnsüchtig auf Nachrichten von seiner verschollenen Familie.

Ende Mai 1929 hatte Fritz Eimbeck seinen Arbeitsvertrag bei Kuhlmann aufgelöst und war zu seinem Bruder nach Warnemünde gezogen. Aber bereits in den Jahren 1927 bis 1929 war er regelmäßig und länger dort zu Besuch. Bei diesen Besuchen wurde nicht nur die weitere berufliche Entwicklung zwischen den Brüdern immer wieder besprochen, sondern der Bruder nahm F. Eimbeck auch als Fluggast öfters mit und so entstanden eine Reihe von Fotos, von denen einige erhalten sind. Die Leidenschaft für das Fotografieren nutzte F. Eimbeck auch im Beruf und so wurden in diesen Jahren immer wieder Aufnahmen von Rostock und Warnemünde und interessanten lokalen Ereignissen gemacht, die teilweise der persönlichen Information, aber manchmal wohl auch als Dokumentation im jeweiligen Unternehmen dienten.

1928 im Urlaub in Hohe Düne aufgenommen

Flugplatz Hohe Düne, ca.1929

Blick vom Leuchtturm auf die Promenade, 1929

Arado in Warnemünde, Volontärs-Zeit

In enger Abstimmung mit seinem Bruder hatte F. Eimbeck sich für Arado entschieden, um dort eine Volontärzeit zu absolvieren. Da sein Bruder auch in Hohe Düne auf dem Flugplatz seinen Arbeitsplatz hatte und sicher viele „Heinkelianer" kannte, ist davon auszugehen, dass er durchaus auch vorher schon mal bei Heinkel angefragt hatte, welche Einsatzchancen sein Bruder dort haben würde. Deshalb waren die zusätzlichen Kenntnisse, die er sich bei Arado hinsichtlich der Leichtbauweise erwerben konnte, eine sehr gute Basis für seinen Einstieg bei Heinkel. Dass er sich bei Arado nicht anstellen ließ, sondern als unbezahlter Volontär dort weiterbildete, zeugt von Fairness und Klugheit. Denn da z.B. Arado seine Flugzeuge über den Breitling bzw. Neuen Strom zur Erprobung auf den Flugplatz schippern musste (bis ca.1935), um sie dort zu erproben, war zu erwarten, dass er auch die Mitarbeiter von Arado dort mal wiedersah. Und Warnemünde war ja auch ein überschaubarer Ort, wo man sich kaum aus dem Weg gehen konnte.
Andererseits hatte Arado in den Jahren seit seiner Gründung 1925 nur relativ wenige Schul– und Übungsflugzeuge gebaut und diese dann auch international vermarktet. Insofern war Arado auf dem Gebiet des Leichtbaus ein sehr guter Platz, um sich dort entsprechend weiter zu qualifizieren, ohne dem später sprichwörtlichen Druck des Heinkel-Tempos dabei ausgesetzt zu sein. Bei Heinkel wiederum war F. Eimbeck dann ein sofort einsetzbarer, qualifizierter Mitarbeiter.

Arado erschien bis etwa 1932 als ein nicht unbedingt auf wirtschaftlichen Erfolg orientiertes Unternehmen. Ein nennenswerter Erfolg auf dem freien Markt konnte bis auf zwei ins Ausland verkaufte Maschinen nicht erzielt werden. Es wurden Strohmanngeschäfte im Auftrag der Reichswehr vermutet.

Carl von Ossietzky legte 1929 in seinem „Weltbühne"-Artikel „Windiges aus der deutschen Luftfahrt" mit der Frage „Wo sind die Abnehmer für Albatros und Arado?" seinen Finger in die offene Wunde der heimlichen Wiederaufrüstung Deutschlands und die Rolle der Reichswehr.(11) Carl von Ossietzky und Mitautor Walter Kreiser wurden deshalb im November 1931 wegen Landesverrates zu 18 Monaten verurteilt. Carl von Ossietzky wurde im Dez. 1932 vorzeitig entlassen, um dann im Februar 1933 erneut verhaftet zu werden. Nach Jahren im KZ erhielt er 1936 den Friedensnobelpreis für 1935 und verstarb 1938 an den Folgen des KZ-Aufenthaltes.

Nachfolgend wird ein stichpunktartiger Überblick über Arado in Rostock gegeben.

1. Arado Flugwerke GmbH (8)

- Die Arado Flugwerke GmbH wurden 1925 als Arado Handelsgesellschaft mbH gegründet
- Sie war ein Nachfolger der Dinos-Automobilwerke, die dem Stinneskonzern angehörten
- Arado ist spanisch für „Pflug"; im Stinnes-Konzern wurde der Name für Schiffslieferungen nach Südamerika verwendet
- Entwickelte sich zu einem der größten Luftfahrtunternehmen in Deutschland
- Markenzeichen war die Entwicklung des trudelsicheren Leitwerks; einem Höhenleitwerk hinter dem Seitenleitwerk-
- Ab 1933 begann die zunehmende Einflussnahme von staatlichen Stellen; vorrangig durch das Reichsluftfahrtministerium
- Widerstand endete 1935/36 mit der Zwangsverstaatlichung der Flugzeugwerke und der Enteignung Heinrich Lübbes
- Mitte 1936 erfolgte die radikale Umstellung der Produktion bei Arado auf Lizenzbauten
- Eigenentwicklungen wurden zurückgedrängt, obwohl Arado zu den Erst-Ausrüstern der Deutschen Luftwaffe mit Schul- und Jagdflugzeugen gehörte
- Das Jägernotprogramm und die starke Konkurrenz von Heinkel, Junkers und Focke-Wulff förderten den Lizenzbau für u.a. Me109 und Fw190
- Ab 1933 erfolgte eine enorme Kapazitätserweiterung von Arado
- **Bis 1942 umfasste Arado 18 in- und ausländische Nachbau- und Reparaturwerke u.a. in Brandenburg, Wittenberg, Rathenow, Potsdam-Babelsberg, Malchin, Tutow, Greifswald und Anklam**
- Das Werksgelände in Warnemünde am Laakkanal wuchs von 48.000m² 1934 auf ca. 79.000m² 1935, nun mit eigenem Werkflugplatz
- Im Jahre 1938 arbeiteten bei Arado 14.577 Menschen und die Beschäftigung erreichte ihre Höchstzahl mit 30.670 Mitarbeitern im Jahre 1944
- Hergestellt und entwickelt wurden u.a. Schulflugzeuge, Jagdflugzeuge, Transportflugzeuge und Seeflugzeuge
- Bewährt hat sich die Ar196 als Standardausbildungsflugzeug der Luftwaffe; ging als einzige Eigenentwicklung mit mehreren tausend Maschinen in Großserie
- Mit einer Stückzahl von 500 Maschinen etablierte sich der einmotorige Seetiefdecker Ar196 als Standardbordflugzeug; war katapultstart- u. blindflugfähig
- Arado entwickelte auch die in mehreren einhundert Stück gefertigte Ar234, ein zweistrahliges Düsenflugzeug; geeignet als Nachtjäger und Aufklärungsflugzeug
- Die vierstrahlige Version der Ar234 gilt als erster Düsenbomber der Welt
- Die Ar240 ist das Paradestück der Arado Flugzeugwerke und war zu seiner Zeit das schnellste Jagdflugzeug mit Kolbenmotor
- Arado-Werke, KZ Sachsenhausen- Kdo. Wittenberg, wurden 573 Häftlinge eingesetzt

- Nach 1945 Zerstörung der Hallen in W'mde, Gelände wird Werftansiedlung

WARNEMÜNDE, den 30. November 1929
Schließfach 28

Z e u g n i s.
-.-.-.-.-.-.-.-.-

Herr Ingenieur Fritz E i m b e c k, geb. am 11.XI.
1905 in Wieda Kreis Blankenburg war als Volontär vom 3. VI.ds.
Jrs, bis zum heutigen Tage in unserm Betrieb tätig. Er wurde beschäftigt in der Schlosserei und vorübergehend in der mechanisch
Werkstatt. Neben den normalen Arbeiten hatte er auch schwierige
Werkstücke aus Leichtmetall selbständig auszuführen desgleichen
solche in Stahlrohrkonstruktion.

Seine ganzen Arbeiten zeugten von großem Verständnis und Fleiß, sodass wir ihn jederzeit empfehlen können. -
Herr Eimbeck verläßt uns heute auf eigenen Wunsch.

Wir wünschen ihm alles Gute.

ARADO
Handelsgesellschaft m. b. H.
WERFT WARNEMÜNDE
Mecke.

Bei Heinkel in Warnemünde und Rostock

Im Dezember 1929 begann F. Eimbeck seine Tätigkeit bei Heinkel. Aufgrund seiner Qualifikation im Technikum in Bad Frankenhausen wäre sicher ein Einsatz in der direkten Flugzeugkonstruktion denkbar gewesen, jedoch hatten die Jahre bei Kuhlmann F. Eimbeck geprägt und seine Interessen auf das Gebiet des Betriebsmittel- und Werkzeugbaus gelenkt. Hier lagen seine speziellen Fähigkeiten und seine Stärken, die in dem immer notwendigen Austausch mit anderen Konstrukteuren, den Mitarbeitern in der Werkstatt aber auch im Einsatz neuester verfügbarer Entwicklungen und Technologien bestand.

Das folgende Bild ist aus dem Buch „Luftfahrt zwischen Ostsee und Breitling" von Dr. Volker Koos, transpress 1990, Seite 108, dass dieser ihm 1990 „Mit Dank für die erwiesene Hilfe" sendete und in das F.Eimbeck seinen Arbeitsplatz bei Heinkel eingezeichnet hat.

Dieses Luftbild des Warnemünder Platzes zeigt im Vordergrund einige von der DVS genutzte Gebäude und rechts vom Tor B das Heinkel-Werkgelände.

An dieser Stelle sei eine Erläuterung des Begriffes Betriebsmittel eingefügt. Allgemein gehören Betriebsmittel zusammen mit den eingesetzten Materialien und dem Personal zu den Produktionsmitteln. Im engeren Sinne bedeutet dies für den Flugzeugbau in dieser Zeit, dass in dieser Abteilung nicht nur die Formen für die Serienproduktion hergestellt wurden (damit auch jedes Bauteil des x-ten Flugzeuges exakt so wird wie konstruiert), sondern dass insbesondere die erste Ausführung eines Flugzeuges oft dort hergestellt wurde. Denn erst nachdem es im Flugbetrieb die am Reißbrett entwickelten und berechneten Flugeigenschaften nachgewiesen hatte, konnten die Vorrichtungen und Formen und weitere Hilfsmittel für einen immer angestrebten Serienbetrieb konstruiert und gebaut werden. Das lohnte sich aber nicht für die erste Konstruktionsausführung, zumal diese nach dem Einfliegen immer noch Verbesserungen unterzogen wurde. Der Kampf um jedes Gramm Gewichts-Einsparung bei gleichzeitiger Erhöhung der Stabilität und der Zuverlässigkeit führte die Flugzeugkonstrukteure u.a. zu einem permanenten Suchen nach leichteren Materialien, die diese Anforderungen erfüllen mussten.

Durch den Betriebsmittelbau musste darüber hinaus aber auch noch die möglichst kostengünstige Serienfertigung sichergestellt werden, was eine immerwährende Zielstellung zur Reduzierung des erforderlichen Stundenaufwandes darstellte. Das bedeutete für den Betriebsmittelkonstrukteur, dass er möglichst mit den vorhandenen Maschinen die Herstellung eines Bauteiles, die Montage von Baugruppen oder des gesamten Flugzeuges sicherstellen musste. Was dann zur Anschaffung neuer Fertigungshallen, Maschinen, Werkzeugen usw. für neue Flugzeugtypen führen konnte, wenn es mit den bestehenden Einrichtungen nicht möglich war. Mit den rapide steigenden Anforderungen an die Leistungsfähigkeit der Flugzeuge wie Geschwindigkeit, Reichweite, Nutzlast, (Bewaffnung im militärischen Falle) , Besatzung, Manövrierfähigkeit, Sicherheit und weiteren, stiegen folglich auch die Anforderungen bei der Herstellung. Alle diese – im Detail sich manchmal wiedersprechenden - Zielsetzungen mussten auch durch den Betriebsmittelbau unter einen Hut gebracht werden.   „In der Flugzeugindustrie wurden oft auch Universalvorrichtungen eingesetzt, mit denen verschiedenste Arbeiten ausführbar waren. Die waren jedoch nur von gut ausgebildeten, vielseitig einsetzbaren Facharbeitern bedienbar. Die Lehrausbildung im Flugzeugwerk sah daher eine entsprechende Schulung vor. Die Lehrlinge erhielten eine vierjährige Ausbildung, lernten feilen, bohren, schmieden, schweißen, drehen und hobeln. Sie wurden außerdem in der Flug- und Strömungslehre sowie in Motorenkunde geschult. Die Lehrlinge wurden Spezialisten ihres Fachs, die sich auf die Kunst des Flugzeugbaus verstanden. Die auf diese Weise vielseitig ausgebildeten Fachkräfte sind auch in die Weiterentwicklung sowohl der Flugzeugtechnik als auch der Arbeitsorganisation einbezogen worden". (13)

In den Anfangsjahren in Warnemünde wurden bei Heinkel eine ganze Reihe von neuen Konstruktionen aufgelegt, bei denen F. Eimbeck seit Dez. 1929 aktiv beteiligt war. Das zeigt sich auch an den von ihm gemachten Fotografien. Allerdings ist eine HE 70 die letzte fotografierte bzw. erhaltene Flugzeugaufnahme (ca.1934). Denn nach dieser Zeit waren Fotografien militärisch wichtiger Objekte im privaten Besitz riskant und nach Ende des Krieges in der Ostzone und dann DDR ebenfalls. Nachfolgend werden einige dieser Fotos gezeigt, die technischen Erläuterungen dazu sind (10) entnommen. Die Bezeichnung HE steht für Heinkel Eindecker, HD also für Heinkel Doppeldecker. Flugzeuge ohne Kennzeichen am Rumpf sind noch nicht zugelassen.

Die Heinkelwerke entwickelten als erste ca. 18 Stück kommerziell nutzbare Schiffskatapultanlagen und die dazugehörigen Flugzeuge. Diese wurden auf Schiffen montiert und waren in den Wind drehbar. Die Katapultanlagen wurden auf der Neptunwerft hergestellt. (12) Einige seiner interessanten Aufnahmen von Flugzeugen anderer Hersteller, die zu dieser Zeit in Hohe Düne landeten, sind in den Anhang aufgenommen.

HE12 – Katapult- Seepostflugzeug auf dem Katapult des Schnelldampfers „Bremen" eingesetzt.
Die Post konnte so einen Tag schneller in New York ankommen.

Katapultanlage auf MS „Europa" mit der HE 58 namens „Bremen"

HE 57 – „Amphibium" erstes Heinkel – Ganzmetallflugzeug mit einer ganzen Reihe technischer Neuerungen (aber noch Stoffbespannung von Tragflächen und Leitwerk)

HE 57 – 1931, einziges Exemplar der „Amphibium", fand lange Jahre keinen Kunden

HD 38 – Marine-Jagdflugzeug, heimliche Entwicklung und Erprobung in Lipezk (Sowjetunion), hier am 27.01.1931 noch ohne Kennzeichen

HD 38 – und hier zwei Tage später

HD 46 – Aufklärungsflugzeug, 1931 in Lipezk erprobt, 1932 Umbau zu Hochdecker und als Prototypen für HE 46 eingesetzt.

HE 70 – Heinkel „Blitz", hier 1933 in (Staaken?) - hielt viele Weltrekorde, sehr populär, erfolgreich als Postflugzeug eingesetzt, frühzeitige Entwicklung hin zu militärisch nutzbaren Varianten

HD 42 - See-Schulflugzeug – in verschiedenen Ausführungen, HD 42E ab 1935 bereits im neuen Werk in Rostock Marienehe gefertigt, insgesamt wurden davon 213 Stück gebaut

HD 45 – Aufklärer, leichter Bomber, Lizenzbau ab 1933 bei Focke-Wulf in Bremen und bei den Bayrischen Flugzeugwerken (BFW), insgesamt mehr als 500 Stück

Standort in der Bleicherstraße in Rostock   Foto- Quelle: FLRMV (30)

Den Standort in der Bleicherstraße hatte Ernst Heinkel bereits 1928 erworben, weil er durch eine Reihe von Auslandsaufträgen - im Gegensatz zu allen anderen deutschen Herstellern - in den wirtschaftlich schweren Jahren bis 1933 sehr gut ausgelastet war. Dort ließ er Rümpfe und Tragflächen bauen, die dann über die Warnow nach Warnemünde geliefert wurden. Später wurde dann hier die Lehrlingsausbildung durchgeführt. Nach dem Krieg wurden die Einrichtungen u.a. bis zu ihrer Zerstörung durch die Rote Armee von RIW genutzt. (30)

Der bei Heinkel in die „Lehre" (ca. 1,5 Jahre, bei normal 4-jähriger Lehrzeit) gegangene Ludwig Bölkow, geboren in Schwerin, (später Messerschmidt und nach 1945 Mitgründer von MBB, heute Stifter und Namensgeber eines Technologiepreises in Mecklenburg -Vorpommern) erinnert sich: Ich durchlief die einzelnen Abteilungen Schlosserei, Schweißerei, Aluminiumblechbearbeitung usw. und bekam 10 Mark die Woche. Ich lernte das Dünnblechschweißen und das Biegen sehr dünner Rohre, und besonders das Nieten, alles doch ziemlich schwierig, und einmal musste ich (1932!) ein Maschinengewehr einpassen. Auch den Chef, Ernst Heinkel, lernte ich so einmal kennen. Dann musste Bölkow in die nur spärlich ausgestatte mechanische Bearbeitung, in die Freiformschmiede und später dann in die Montage, dann schon in Rostock. Ihm blieb die sehr stark unterschiedliche politische Einstellung der Mitarbeiter in Erinnerung, vom Kommunisten bis zu SA-Mitgliedern, alles wurde bei Heinkel eingestellt. „Heinkel war längst nicht so ein genialer Konstrukteur wie Messerschmidt, aber er war ein außerordentlich begabter Wirtschaftsmann, hatte einen gewissen Vorausblick und hat gute Leute verpflichtet". (31)

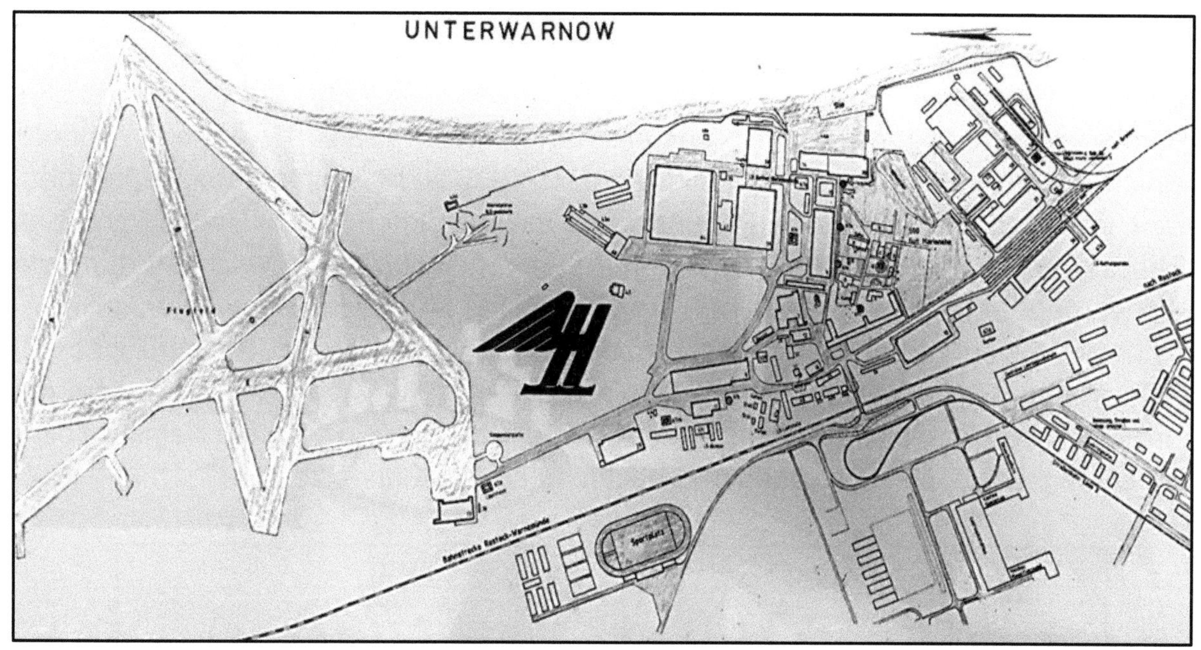

Der Heinkel-Flugplatz in Rostock-Marienehe   Foto: FLRMV (30)

Persönliches Umfeld und weitere berufliche Entwicklung

Aus seinen Versicherungs-Unterlagen geht hervor, dass er Mitglied der „Reichsversicherungsanstalt für Angestellte" war. Und zwar von 1925 bis 1928 von ad Lauterberg bestätigt, 1929 bis 1934 von AOKK Warnemünde bestätigt – siehe als Beispiel unten, 1935 bis 1943 von AOKK Rostock bestätigt.

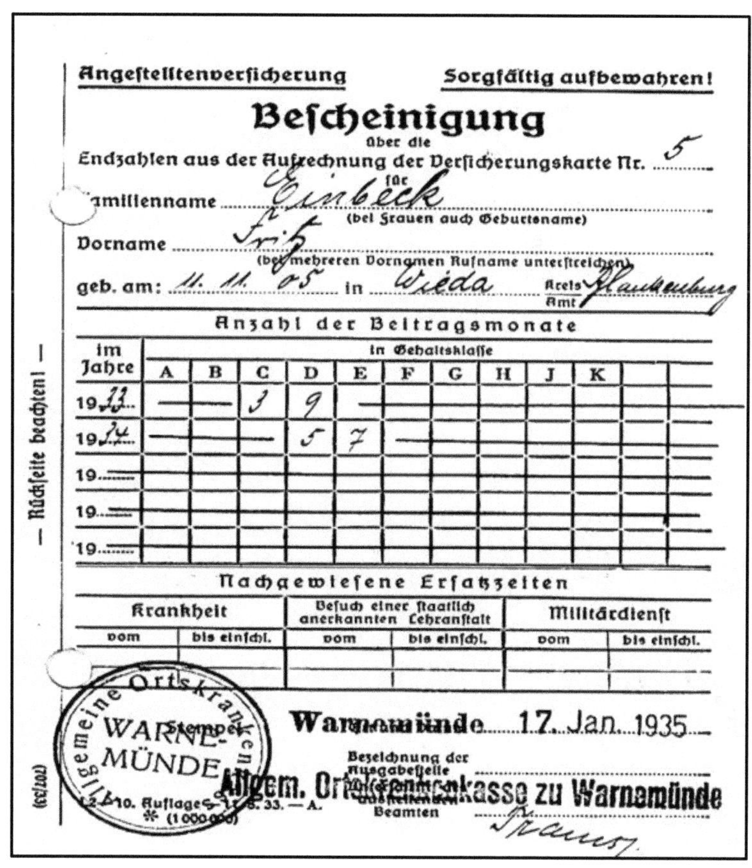

Nur die Versicherungsbestätigung für den Zeitraum in Wien ging beim Umzug nach Rostock im März 1945 mit dem gesamten Hausrat und weiteren persönlichen Dokumenten verloren.

Bereits vor dem Umzug des Unternehmens nach Rostock 1934/1935 hatte F. Eimbeck eine Wohnung in Rostock gesucht und war dann 1932 in die Steintorvorstadt gezogen. Dort lernte er auch seine Frau kennen und sie heirateten 1935. Danach zog das Ehepaar in die Voßstraße und später in An der Hasenbäk, dort wuchsen auch die Kinder, geboren 1936 und 1939, auf, bis die Familie 1943 nach Wien übersiedelte.

1932 hatte sich F. Eimbeck einen Wunsch erfüllt und war dem Akademischen(?) Reitverein in Rostock beigetreten. Allerdings trat er 1934 wieder aus, nachdem die Nazis den Verein „gleichgeschaltet" hatten. Beruflich ging sein Weg bei Heinkel weiter in der eingeschlagenen Richtung, wie nachfolgende Urkunden zeigen.

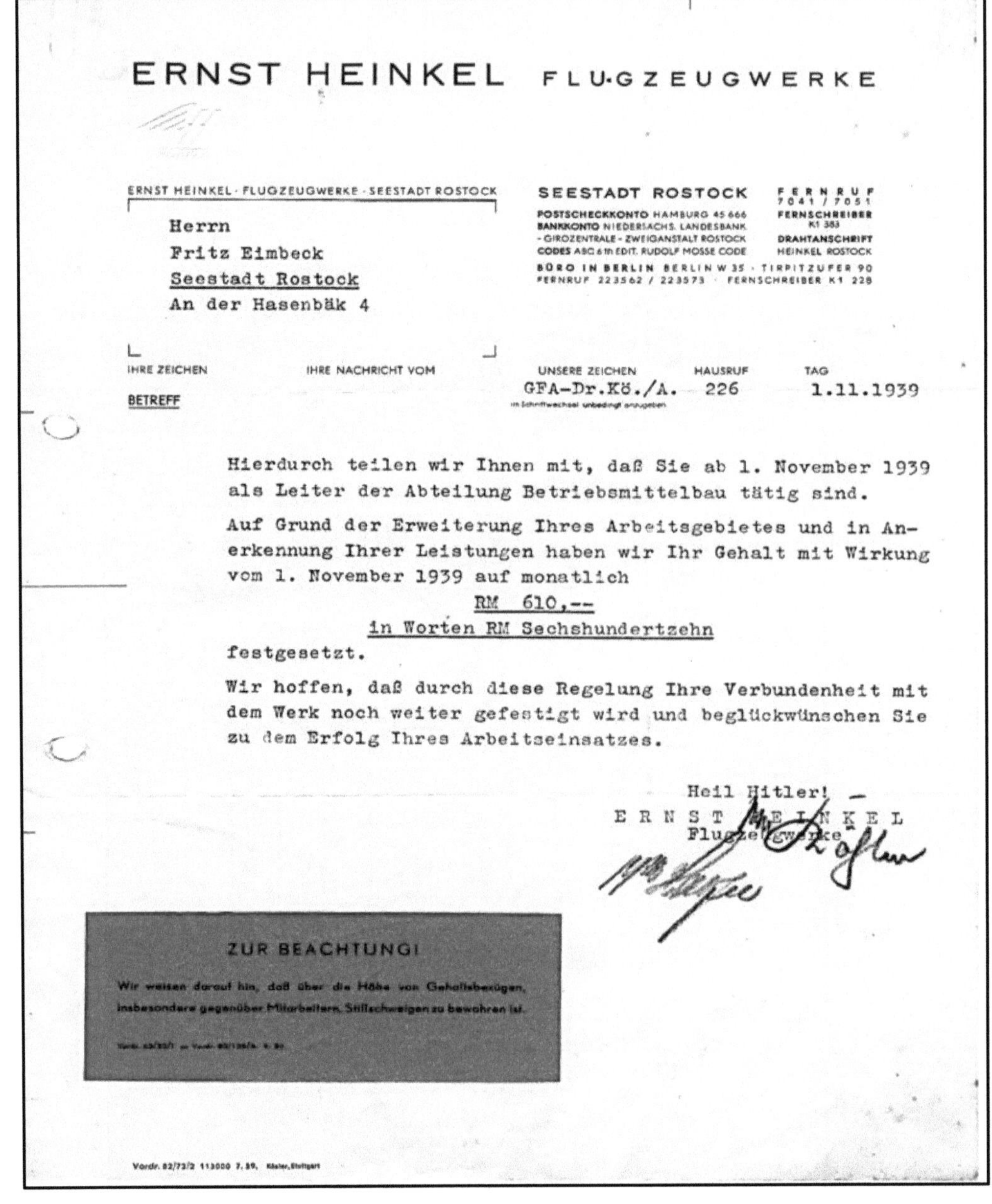

ERNST HEINKEL FLUGZEUGWERKE

ERNST HEINKEL · FLUGZEUGWERKE · SEESTADT ROSTOCK

Herrn
Fritz Eimbeck
Seestadt Rostock
An der Hasenbäk 4

SEESTADT ROSTOCK

POSTSCHECKKONTO HAMBURG 45 666
BANKKONTO NIEDERSACHS. LANDESBANK
- GIROZENTRALE - ZWEIGANSTALT ROSTOCK
CODES ABC 6 th EDIT. RUDOLF MOSSE CODE
BÜRO IN BERLIN BERLIN W 35 · TIRPITZUFER 90
FERNRUF 223562 / 223573 · FERNSCHREIBER K1 228

FERNRUF 7041 / 7051
FERNSCHREIBER K1 383
DRAHTANSCHRIFT HEINKEL ROSTOCK

IHRE ZEICHEN   IHRE NACHRICHT VOM   UNSERE ZEICHEN   HAUSRUF   TAG

BETREFF   GFA-Dr.Kö./A.   226   1.11.1939

Hierdurch teilen wir Ihnen mit, daß Sie ab 1. November 1939 als Leiter der Abteilung Betriebsmittelbau tätig sind.

Auf Grund der Erweiterung Ihres Arbeitsgebietes und in Anerkennung Ihrer Leistungen haben wir Ihr Gehalt mit Wirkung vom 1. November 1939 auf monatlich

RM 610,--
in Worten RM Sechshundertzehn

festgesetzt.

Wir hoffen, daß durch diese Regelung Ihre Verbundenheit mit dem Werk noch weiter gefestigt wird und beglückwünschen Sie zu dem Erfolg Ihres Arbeitseinsatzes.

Heil Hitler!

ERNST HEINKEL
Flugzeugwerke

ZUR BEACHTUNG!

Wir weisen darauf hin, daß über die Höhe von Gehaltsbezügen, insbesondere gegenüber Mitarbeitern, Stillschweigen zu bewahren ist.

Vordr. 82/72/2 113000 7. 39. Köster, Stuttgart

ERNST HEINKEL FLUGZEUGWERKE

DER BETRIEBSFÜHRER   SEESTADT ROSTOCK 30. Dezember 40.

Herrn
Fritz E i m b e c k ,
im Hause.

Sehr geehrter Herr Eimbeck!

Ich freue mich, Ihnen in Anerkennung Ihrer Einsatzbereitschaft und Betreuung beim Bau der He 177 eine Prämie in Höhe von

RM 1.000.-- brutto (RM 910.-- netto)

überreichen zu können.

Ich beglückwünsche Sie zu diesem Erfolg und hoffe
auf eine weitere erfreuliche und erfolgreiche Zusammenarbeit.

Heil Hitler!

E. Heinkel.

NATIONALSOZIALISTISCHER
MUSTERBETRIEB

Foto: HE 177, Bundesarchiv, davon ca. 1140 Flugzeuge gebaut, hier mit Doppelmotoren nach Wikipedia - Nov.2018

Die Heinkel He 177 mit vier Motoren und zwei Propellern war ein Sorgenkind des Reichsluftfahrt-Ministeriums (RLM), kam u.a. wegen anhaltender Schwierigkeiten mit dem Doppeltriebwerk DB 606 nicht aus den Schlagzeilen des ministeriellen Schriftverkehrs. Als Lösungsvorschlag rüstete das Heinkel-Werk Wien-Zwölfaxing im Jahr 1944 eine He 177 A-5 mit einer neuen Tragfläche und vier Einzelmotoren DB 603A aus und nannte sie He 177 B-5. Dietrich Peltz, 30 Jahre alt, Generalmajor und Führer der Kampffliegerverbände beim IX. Fliegerkorps, begutachtete das Flugzeug. (32)   Nicht nur beim Konkurrenten Messerschmidt sprach man vom „Reichsfeuerzeug", weil die doppelmotorige Ausführung oft Triebwerksbrände hatte. (30, S.72) Heinkel selbst hielt im Nachhinein den frühzeitigen Verzicht auf diesen Langstreckenbomber für kriegsentscheidend. (29)

Foto und Text: HE177, hier mit 4 Propellern, www.klassiker-der-luftfahrt.de – 10/2018

„Der Unternehmer Ernst Heinkel, der sich nicht nur schnellen Flugzeugen, sondern auch modernen Produktionsverfahren gegenüber aufgeschlossen zeigte, gilt als Vorreiter der Rationalisierung in der deutschen Flugzeugindustrie. Mit der Serienfertigung per Fließ- und Taktverfahren, die so erst die Massenproduktion des Bombers He 111 ermöglichte, hielt auch die wissenschaftliche Arbeitsorganisation Einzug. Die einzelnen Takte waren kurz und einfach zu überschauen. Der Flugzeugrumpf wurde in verschiedene Sektionen aufgeteilt. Wartezeiten wurden eingeschränkt, Durchlaufzeiten verkürzten sich. Die Montagetätigkeit wurde vielfach von zwei Arbeitern, einem gelernten und einem ungelernten, verrichtet. Voraussetzung für das Funktionieren war der reibungslose Ablauf jedes Taktes, was u.a. ein gut funktionierendes Beschaffungswesen erforderte. Material und Arbeitskräfte hatten pünktlich am Arbeitsort zu sein. Eine gute Arbeitsvorbereitung und eine durchdachte Produktionsorganisation waren das A und O der leistungsfähigen Serienfertigung. Ende 1941/ Anfang 1942 ist in den Heinkelwerken ein System der Produktionssteuerung eingeführt worden, das auf einem Lochkartenindex basierte. Das System war zu diesem Zeitpunkt bereits in den USA und Großbritannien im Einsatz. Dabei wurde der Fertigungsvorgang in jeden einzelnen Schritt des Fertigungsvorgangs aufgeteilt". (13)   Damit konnten nicht nur Baufortschrittsdaten ausgewertet werden, sondern auch verbrauchte Zeiten und ggf. benötigte Materialien, was exakte Nachkalkulationen bezogen auf Flugzeuge, Baugruppen, Bauteile und Arbeitsplätze ermöglichte.

„Sehr geschickt und erfolgreich wurde das Vorschlagwesen propagiert, das die Beschäftigten zu Verbesserungsvorschlägen aufforderte „Jeder Heinkelarbeiter ein Vorschlagarbeiter", so lautete die Parole, der, den betriebseignen Statistiken zu Folge, mehr als 1.000 Mitarbeiter im Jahr folgten. Das Vorschlagwesen war einerseits Teil der Rationalisierungsbestrebungen, auf der anderen Seite aber auch der Identifizierung des einzelnen Arbeiters mit dem Betrieb und damit der Heranbildung einer   betriebsverbundenen   Belegschaft   förderlich". (13) „Bereits 1930 hatte Heinkel in seinem Werk in Warnemünde bei Rostock das Betriebliches Vorschlagswesen (BVW) eingeführt, über das er 1943 bei einer Zusammenkunft der Reichsarbeitsgemeinschaft für das betriebliche Vorschlagswesen referierte. Dieser Vortrag wurde unter dem Titel „Meine Erfahrungen als Betriebsführer mit dem betrieblichen Vorschlagswesen" von der Lehrmittelzentrale der Deutschen Arbeitsfront (DAF) veröffentlicht und war ein wichtiges Werbeinstrument der DAF für das seit 1940 von den Nationalsozialisten stark forcierte BVW". (14)

Die wichtigsten Erkenntnisse aus den jahrelangen Erfahrungen wurden in dieser Schrift festgehalten und einige werden nachfolgend kurz genannt:

< Das Vorschlagswesen ist eine Aufgabe der Unternehmensführung — S.3
< Keine Abgrenzung für Leitungskräfte, jedoch abgestufte Qualitäten erwartet — S.4
< Einreichung auch organisatorischer, sozialer und sogar privater Vorschläge — S.6
< Jeder gute Vorschlag ist der entspr. Abteilung zuzurechnen — S.8
< Einrichtung einer Abteilung Vorschlagswesen — S.10
< Jeder Vorschlag ist schriftlich einzureichen und zu bewerten, s. Beispiel — S.12
(Es ist sicher kein Zufall, dass hier F. Eimbeck als Gutachter genannt wird.)
< Es sind Regeln für eine gerechte, ausgewogenen Prämierung zu erstellen — S.14
< Besondere Leistungen sind vom Unternehmenschef persönlich zu würdigen — S.14
< Es sind Karteien zu führen für vielfältige statistische Auswertungen — S.20

| I | II | III | IV | V | VI | VII | VIII | IX | X | XI | XII | | 1 | 3 | 5 | 7 | 9 | 11 | 13 | 15 | 17 | 19 | 21 | 23 | 25 | 27 | 29 | 31 |

Name	Prämie	Vorschlag
Hintz	RM 120.--	Nr. 41/1480

| Betrifft: | 3c | Materialersparnisse von Resitex | Eingang 17.10. |

Zur Stellg.-nahme	an	Erledgs.-Termin	gemahnt	gemahnt	gemahnt	Eingang
20.10.	Eimbeck, BMK	30.10.				28.10.
31.10.	Kogelin, WMB	10.11.				9.11.
14.11.	Kühling, BMH	25.11.				27.11.

BEWERTUNG DES VORSCHLAGES: Bördelhölzer erhalten künftig nur noch Resitex-Einsatz.Halterung wird wiederverwendet.

VORSCHLAG DURCHGEFÜHRT: Betriebsmittelmappe aufgenommen.

WIRTSCHAFTLICHKEIT
a) Stunden — Masch.
b) Werkstoffkosten ca 1000,- RM/Jahr Masch.
c) Unkosten — RM
d) allgemeine Schätzung — RM
e) Zusätzliche Kosten einmalig 25 RM

EHF 87/32/1. Verbesserungsvorschlagskartei. DIN A 6. 5000. 12. 42. E/0514 - 2142

Abb. 2 Terminkarte

In den von Heinkel vorgelegten Broschüre ist sogar F. Eimbeck auf einer für jeden Vorschlag anzulegenden Terminkarte beispielhaft vertreten. Die Ergebnisse dieser konsequenten Arbeitsweise führte beispielsweise dazu, dass von ursprünglich 2855 Einzelteilen der He 112 später nur noch 969 benötigt wurden. (29, S. 235) Neben dem insgesamt positiven Betriebsklima und weiteren Faktoren, wie z.B. dem Vorschlagswesen „begünstigte die betriebliche Sozialpolitik die angesprochene Identifizierung der Beschäftigten mit den betrieblichen Verhältnissen. Die großzügige materielle Unterstützung der Heinkelwerke und der ab etwa 1934 spürbar werdende Arbeitskräftemangel beförderten eine im Vergleich zu den 20er Jahren deutlich verbesserte Sozialpolitik. „Meine Leute sollen anständig und sorgenfrei leben, wenn sie das Äußerste für mich leisten sollen", so der „Betriebsführer" Ernst Heinkel, der die Devise …. ernst meinte und in die Tat umsetzte. Hunderte Wohnungen für die Stammarbeiter entstanden z.B. im Rostocker Stadtteil Reutershagen. Das Gesundheitswesen muss vorbildlich gewesen sein. Der Betriebsarzt führte eine Gesundheitskartei, die über jeden Beschäftigten Auskunft geben konnte". (13) Vergessen darf dabei jedoch nicht, dass gerade der militärische Flugzeugbau genug abwarf, um sich die soziale Einstellung unternehmerisch auch leisten zu können. Bis ins Detail finden sich nicht nur im späteren VEB Dieselmotorenwerk Rostock die Lochkartenorganisation und das betriebliche Vorschlagswesen (dann als Betriebliches Neuererwesen) wieder.

Wegen Meinungsverschiedenheiten mit Vertretern der Rüstungswirtschaft wurde 1943 die *Ernst Heinkel AG* gegründet. In dieser Aktiengesellschaft waren alle seine Firmen, die *Ernst Heinkel Flugzeugwerke G.m.b.H.* (Rostock), *Heinkel-Werke G.m.b.H.* (Oranienburg), *Hirth-Motoren G.m.b.H.* (Stuttgart und Waltersdorf) und die *Jenbacher Berg- und Hüttenwerke Ernst Heinkel* (Jenbach/Tirol) zusammen-geschlossen. Auch wenn Heinkel nomineller Eigentümer und Namensgeber blieb, so war jetzt sein direkter Einfluss stark eingeschränkt und auf den Vorsitz des Aufsichtsrates begrenzt.

Folgendes Schreiben zeigt die neue Firmierung:

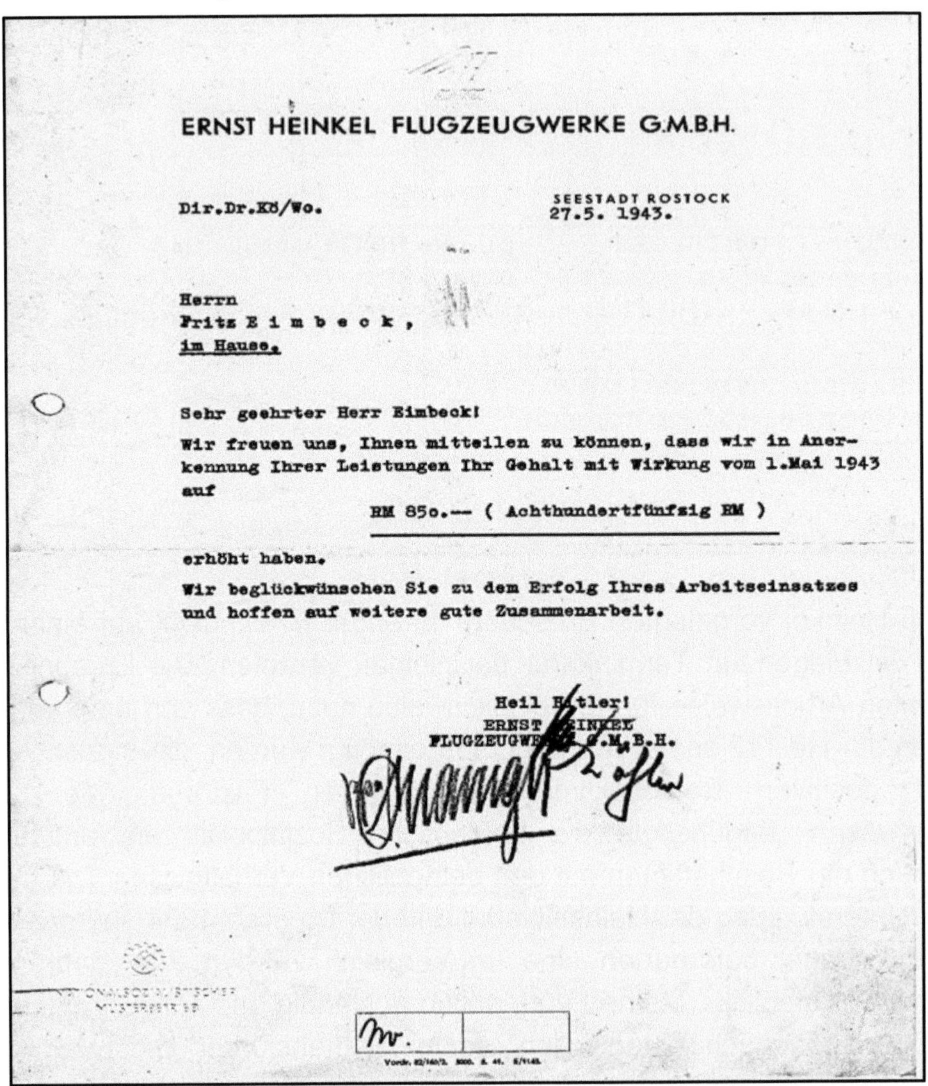

ERNST HEINKEL FLUGZEUGWERKE G.M.B.H.

Dir.Dr.Kö/Wo.   SEESTADT ROSTOCK
                                 27.5. 1943.

Herrn
Fritz E i m b e c k ,
im Hause.

Sehr geehrter Herr Eimbeck!

Wir freuen uns, Ihnen mitteilen zu können, dass wir in Anerkennung Ihrer Leistungen Ihr Gehalt mit Wirkung vom 1.Mai 1943
auf

RM 850.-- (Achthundertfünfzig RM)

erhöht haben.

Wir beglückwünschen Sie zu dem Erfolg Ihres Arbeitseinsatzes
und hoffen auf weitere gute Zusammenarbeit.

Heil Hitler!
ERNST HEINKEL
FLUGZEUGWERKE G.M.B.H.

Die wichtigsten im Zweiten Weltkrieg eingesetzten Heinkel-Muster waren die zweimotorige He 111 (7.603 Stück) und die viermotorige He 177 (1135 Stück). Beide Bomber wurden auch bei anderen Flugzeugfirmen in Lizenz gebaut. Die Belegschaft stieg bis 1944 auf über 50.000 Mitarbeiter an, wobei beispielsweise im Werk Oranienburg die Hälfte aus KZ-Häftlingen bestand". (14)

Der Bombenkrieg und die Teil- Verlagerung von Heinkel nach Wien

Der Bombenkrieg in Europa hatte schon im ersten Weltkrieg begonnen und sehr frühzeitig war England ein Hauptziel, zuerst mit Zeppelinen und später mit deutlich mehr Opfern durch Bomber u.a. aus der Gothaer Waggonfabrik, den sogg. Gotha – Bombern, an deren ersten Entwürfen auch E. Heinkel beteiligt war. (29) (Was u.a. dazu führte, dass das englische Königshaus von „Sachsen-Coburg und Gotha" 1917 den Namen Windsor annahm.)
Die nach 1933 wiederaufgerüstete deutsche Luftwaffe nahm die Einladung von General Franko sofort an, sich am Spanischen Bürgerkrieg aktiv zu beteiligen. Bei der Aufstellung der „Legion Condor" 1937 mit insgesamt 136 Flugzeugen war die Firma Heinkel am stärksten beteiligt mit folgenden Flugzeugtypen: J/88: Jagdgruppe mit vier Staffeln He 51 ausgerüstet (48 Flugzeuge), A/88: Aufklärungsstaffel mit He 70 ausgerüstet (18 Flugzeuge) mit He 45 ausgerüstet (6 Flugzeuge), AS/88: Seeaufklärungsstaffel mit He 59 (3 Flugzeuge) und He 60 (1 Flugzeug). Im Nürnberger Prozess erklärte Hermann Göring, dass er die deutsche Luftwaffe im „scharfen Schuss" erproben wollte und ein hoher Personalwechsel zum Sammeln von Erfahrungen beabsichtigt war. (15)
Der Historiker Prof. Walter Bernecker spricht der Legion Condor den Hauptanteil am Sieg Francos zu. (16) Der brutalen Bombardierung der schutzlosen Stadt Guernica mit hunderten Opfern setzte Pablo Picasso ein weltberühmtes bildliches Denkmal.

Zu Beginn des 2.Weltkrieges setzte die deutsche Luftwaffe mit der Bombardierung von Warschau im Herbst 1939 und später 1940 auf Rotterdam, Dijon, Paris und St. Etienne Flächenbombardements gegen die zivile Bevölkerung ein. Anfang August begann die deutsche Luftwaffe die systematische Bombardierung Englands, zuerst der Infrastruktur, bald darauf jedoch galten die Angriffe auch den Innenstädten wie Liverpool und Bristol. Ein erster Gegenangriff der Royal Air Force (RAF) auf Berlin und das Ruhrgebiet verhalf dem obersten Chef der Luftwaffe, Herrmann Göring, zu dem Spott - Namen (nur hinter vorgehaltener Hand gesprochen) „Hermann Meier", weil doch ein feindliches Flugzeug in deutschen Luftraum eingedrungen war (Görings Zitat ist unbestätigt, der Spitzname nicht). Hitler forderte in einer Rede am 4.September 1940 das „ausradieren" britischer Städte. Was danach folgte war ein ungeheurer Bombenkrieg gegen London, der ganze 68 Tage dauerte (Rostock   4 Tage(!)), und gegen weitere Städte, insbesondere gegen Coventry. Dieses in Nazi-Deutschland danach so genannte „coventrieren", als Ausdruck für das In- Schutt- und-Asche-legen ganzer Innenstädte, war dann wiederum Grundlage der englischen Taktik beim Bombardieren deutscher Städte. Im Februar 1942 legte das engl. Kriegskabinett unter Churchill fest, dass künftig sowohl die deutsche Luftrüstung als auch die Zivilbevölkerung zu bombardieren sind. Diese damals sowohl in England selbst als auch später umstrittene Vorgehensweise (moral bombing) wurde durch den Oberkommandierenden der RAF, Arthur Harris, umgesetzt.

Die Rechtfertigung dieser Strategie bestand in der Annahme der dauerhaften Bindung von ca.1,5 Mio Soldaten und Luftwaffenhelfern an der „Heimatfront" und einer Halbierung des Ausstoßes von Flugzeugen für die Luftwaffe und der Reduzierung des Durchhaltewillens der Zivilbevölkerung.

Die 4-Tage-Bombardierung von Rostock im April 1942 war - zusammen mit Lübeck im Monat zuvor - die Vorbereitung auf einen Großangriff auf Köln im Mai. Sie sollte dem Sammeln von Erfahrungen dienen, da die navigatorischen, geografischen und sonstigen Gegebenheiten ähnlich waren. Die Auswirkungen in den drei Städten waren so gravierend, dass sie eine Zeit lang als die am meisten zerstörten Städte Deutschlands galten. Die Heinkelwerke wurden erst in der dritten Angriffsnacht getroffen und sollen einen Verlust von „nur" ca. 150 Flugzeugen gehabt haben, was etwa einer Monatsproduktion entsprach und seitens der RAF zu einer Wiederholung des als Misserfolg eingestuften Angriffs am 9.05.1942 führte. (19) Alles Bisherige in den Schatten stellend, waren die furchtbaren Angriffe auf Hamburg (1943) und später Dresden (1945).

1942. Bomben auf Rostock, Blick von der Marienkirche   Foto: Archiv des Autors

Zerstörte Heinkelwerke 1942   Foto: Biografie E. Heinkel, (29, S. 300)

Trotz der bei den Luftangriffen erzielten Abschüsse durch die Luftabwehr, sahen sich die Rüstungsbehörden und -Unternehmen gezwungen, die Produktionsstätten aufzugliedern und auf viele kleinere, umliegende Unternehmen aufzuteilen. Die Engländer hatten ähnlich reagiert und das war wiederum den Deutschen bekannt. Ab 1942 begann eine Verlagerungsaktion gigantischen Ausmaßes. Schwerpunkt war dabei die Luftfahrtindustrie, deren Produktion nach definierten Regeln von 27 auf unglaubliche 729 Produktionsstätten verteilt worden ist. Zu den als Erstes umfassend verlagerten Betrieben gehörte Heinkel. Dabei wurden für den Betrieb in Marienehe unterschiedliche Strategien angewendet. So wurde das Rostocker Serienwerk nach diesen Regeln im weiten Umfeld um Rostock herum im mecklenburgischen und vorpommerschen Raum verteilt. Es hatte innerhalb von kürzester Zeit 40 verschiedene Verlagerungsorte von der Elbe bis Vorpommern und u.a. auch Pütnitz bei Damgarten und Barth. (20) Für die übernehmenden, vorwiegend kleineren, Unternehmen, deren Mitarbeiter auch sehr oft eingezogen waren, entstand so einerseits zuverlässige Auslastung, anderseits massiver Leistungsdruck und die Angst, von Vergeltungsmaßnahmen des Feindes getroffen zu werden. Vor allem Barth sollte eine sehr wichtige Rolle für die Produktion von Heinkel spielen, der große, gut ausgerüstete Flugplatz wurde schon seit 1941 als Abstellplatz für Flugzeuge durch Heinkel genutzt.

Doch bereits ab Juli 1941 existierte dort ein Gefangenenlager für westalliierte Fliegeroffiziere (STALAG I), indem am Ende Krieges etwa 9000(!) Kriegsgefangene lebten. Da das sehr genau in den Karten der RAF verzeichnet war, würden dort mit Sicherheit keine Bomben abgeworfen werden und das nutzten die Nazis aus und verlagerten wichtige Produktionsaufgaben nach Barth. Diese Benutzung der Gefangenen als menschlichen Schutzschilde widersprach den vereinbarten Regeln der Kriegsführung. Auf die dort vorwiegend eingesetzten KZ-Häftlinge wird an späterer Stelle eingegangen.   Der in den letzten Kriegstagen mit großer Hoffnung seitens der Naziführung, von Heinkel auch im sogg. „Müllerwerk" in Barth gebaute, „Volksjäger" He 162, war beim Eintreffen der Roten Armee noch in größerer Stückzahl komplett erhalten und diese wurden bei der Befreiung des STALAG vor den Blicken der befreiten westalliierten Luftwaffen-Offiziere höflich aber bestimmt verborgen gehalten. Auch hatten die dort gefangenen Offiziere wohl bis zum Schluss keine Kenntnis von der He 162 und hielten sie für die Me 262. Ab März 1945 (!) sollte Ernst Heinkel der Naziführung monatlich 1000 Stück Volksjäger He 162 liefern.(20) (29, S. 323) Sie war eine der irrsinnigen „Wunderwaffen" auf welche die Nazi-Verbrecherclique an der Spitze hoffte, die von jungen kaum ausgebildeten Mitgliedern der Flieger- HJ geflogen werden sollten, aber schon bei der Erprobung einigen sehr erfahrenen Testpiloten das Leben kostete. Der Kriegsverlauf durchkreuzte dann diese Pläne.

Foto: www.airplane-pictures.net - RAF Museum Hendon

Wichtige Abteilungen des Heinkel-Entwicklungswerkes wurden nach Wien verlagert. Das betraf die Flugerprobung und den Musterbau mit Betriebsmittel -Konstruktion die nach Wien Schwechat kamen. Dann die Konstruktionsabteilung in die Fichtegasse 11 in Wien-Stadtmitte und Heinkel zog mit der - für ihn wichtigsten - Projektabteilung in eine Villa in Wien Ober St. Veit, in der Angermayergasse. Die Projektabteilung arbeitete dort federführend auch an der Entwicklung der He 162. (20) Diese Villa war ihm von den Wiener Behörden verkauft worden, nachdem sie den jüdischen Vorbesitzer enteignet hatten. (24)

F. Eimbeck fuhr am 2. Febr. 1943 nach Wien, um dort seine Arbeit aufzunehmen und die Betriebsmittelkonstruktion aufzubauen. In der folgenden Zeit fuhr er fast jeden Monat für ein paar Tage nach Rostock, um die erforderlichen Abstimmungen mit dem Stammwerk vorzunehmen.

Im August 1943 siedelte F. Eimbeck dann mit Familie nach Wien- Schwechat um. Nach ein paar Tagen in einem kleinen Hotel in der Straße Graben, in der Innenstadt, konnte die Familie dann in der Luftwaffensiedlung 50 einziehen. Der Ort Schwechat liegt nur wenige 100 Meter von Flughafen Schwechat und auch von der für die Kriegsführung enorm wichtigen Raffinerie entfernt.

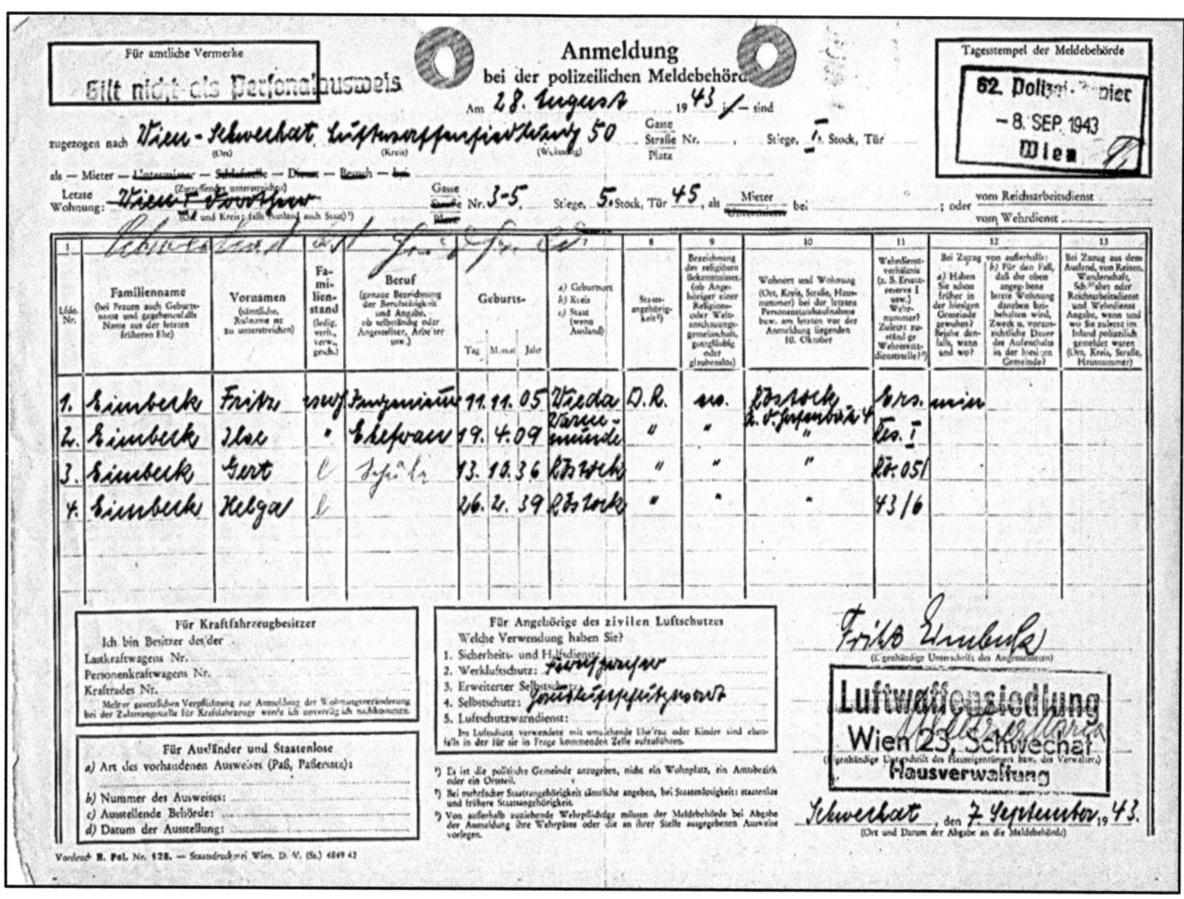

Der Umzug erfolgte mit den Kindern, allen Möbeln des Ehepaars und unter Aufgabe der Wohnung in Rostock.

Eine andere Vorgehensweise war wohl auch nicht denkbar, denn es sollte (und durfte) ja nicht nur für ein paar Wochen sein. Die damalige Luftwaffensiedlung wurde erst 1938 errichtet und passte so nicht nur von Namen her zu der für den Flugplatz vorgesehenen Entwicklung. Die damalige Luftwaffensiedlung heißt heute Franz-Rendl-Gasse. Die Kinder spielten damals gern am Kalten Gang, einem kleinen Kanal.

Luftwaffensiedlung ca. 1943, hier noch „friedlicher" Alltag

Heute die Franz-Rendl-Gasse, Bild 2016,   Quelle: Internet

Der Sohn musste ab September 1943 in Schwechat zur Schule gehen und kam in die heute noch existierende Schule in der Ehrenbrunngasse. Sein damaliges Zeugnis hat er sich wegen der verlorengegangenen Unterlagen 1973 nachbestellt.

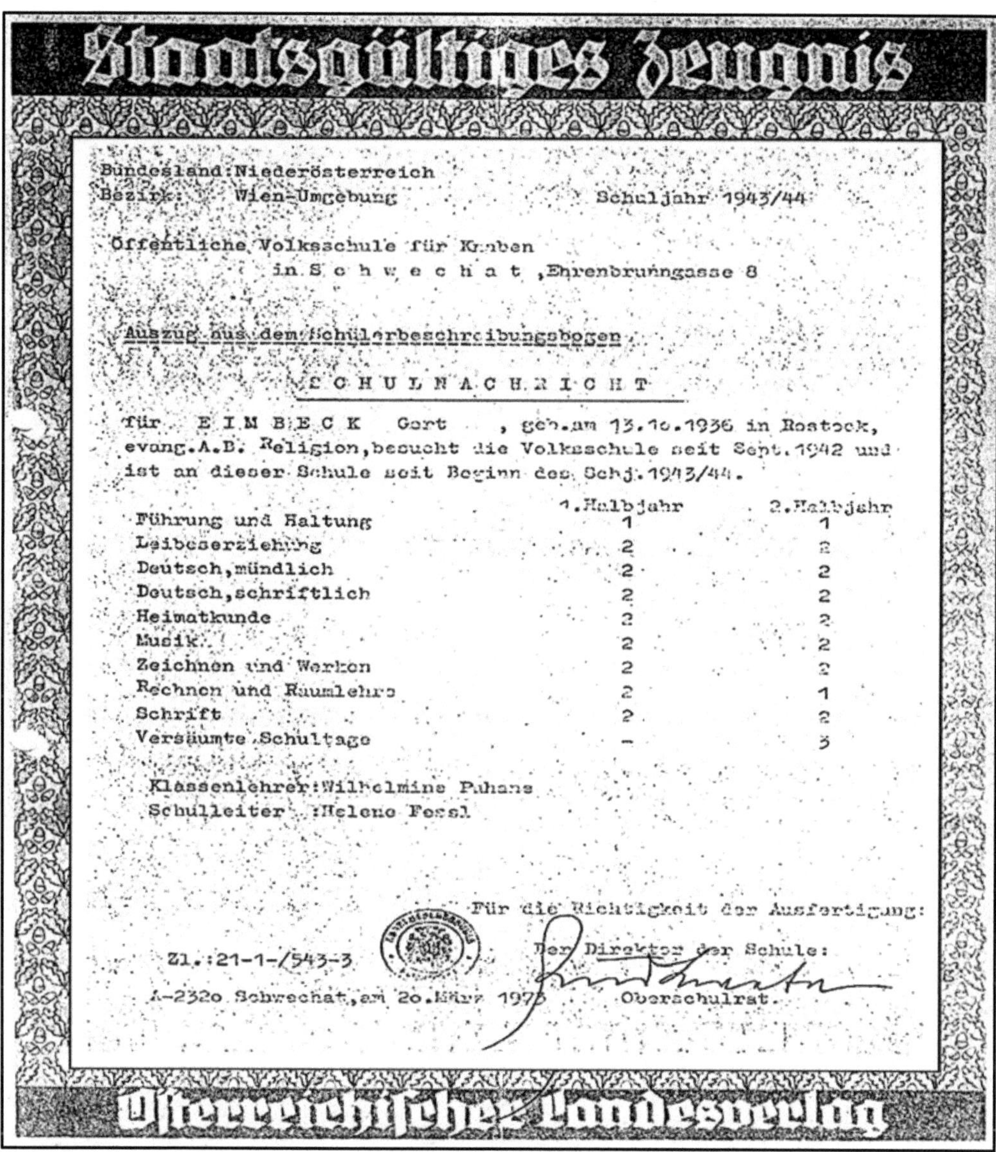

	1.Halbjahr	2.Halbjahr
Führung und Haltung	1	1
Leibeserziehung	2	2
Deutsch,mündlich	2	2
Deutsch,schriftlich	2	2
Heimatkunde	2	2
Musik	2	2
Zeichnen und Werken	2	2
Rechnen und Raumlehre	2	1
Schrift	2	2
Versäumte Schultage	–	3

Abgesehen von den kriegerischen Auswirkungen lebte die Familie gern in Wien-Schwechat und auch die Kinder haben diese Zeit nicht negativ in Erinnerung behalten. Die Mutter erzählte später öfters davon, dass der Sohn bereits anfing wienerisch zu sprechen, als sie dann zurück nach Rostock mussten.

Auf dem Gelände des heutigen Flughafens Wien-Schwechat befand sich der Luftwaffenstützpunkt "Schwechat-Ost". Spatenstich war am 14.05.1938. Es wurden fünf Hallen, eine Flugzeugwerft, mehrere Mannschaftsgebäude und eine Großgarage errichtet. Hier wurden eine Flugzeugführerschule und eine Jagdflieger-Vorschule untergebracht.

©Schmitzberger, 2006 – Schwechat, Eingang zum ehemalige Heinkelwerk

©Schmitzberger, 2002 - Die drei erhaltenen Hangars am Flugfeld.

Später wurde der Fliegerhorst den Heinkel-Werken übergeben, die hier ab Mitte 1942 Flugzeuge produzierten. In Schwechat wurden vor allem zwei Heinkel-Typen fertigmontiert:

< Nachtjäger He 219 "Uhu", dessen Rümpfe in Mielec/Budzyn gefertigt und per Lufttransport (Me 323 "Gigant") nach Schwechat gebracht wurden und der

< "Volksjäger" He 162 "Salamander".

Zu diesem Zweck wurde eine riesige Montagehalle mit circa 300 Metern Länge, mehrere kleine Hallen und eine Kompensierscheibe errichtet. Das gesamte Heinkel-Planungsbüro wurde hierher übersiedelt. Gegen Ende des Krieges mussten Teile der Fertigung unterirdisch verlagert werden. So wurde die Rumpfmontage der He 162 in die Seegrotte bei Hinterbrühl ausgelagert. Die Endmontage verblieb aber in Schwechat. (21)

©Sammlung Edelhofer, Bild hängt im Luftfahrtmuseum Zeltweg, Vermutlich einziges Bild einer fliegenden He 162 in Schwechat-Heidfeld

Bis zum Zeitpunkt des Umzugs der Familie am 28.August 1938 hatte es noch keine Bombenangriffe auf Wien gegeben, da die Entfernung für die englischen Bomber zu groß war, was zu der Bezeichnung für Wien als „Luftschutzkeller des Deutschen Reiches" führte.

Mit der Landung in Italien im September 1943 und in der Normandie im Juni 1944 änderten sich dann diese Bedingungen für die alliierten Bomber, denn Wien lag nunmehr in erreichbarer Entfernung. Von den von Rostock umziehenden Mitarbeitern von Heinkel schien erst einmal eine Verringerung der Gefahr von Bombenangriffen erwartet worden sein. Jedoch hielt diese trügerische Hoffnung nicht lange vor, denn bereits am 13.08.1943 flogen die Alliierten den ersten Angriff (noch von Nordafrika aus) auf Wiener Neustadt und in Wien gab es den ersten Lufttalarm. In der Zeit zwischen dem 13. August 1943 und Anfang April 1945 erlebten die Wiener Einwohner 141 Mal Luftalarm. 52 große alliierte Luftangriffe auf das Stadtgebiet fanden statt.

Die meisten dieser Angriffe flogen die US-Bomberflotten in den Vormittags- und Mittagsstunden. Die wenigen britischen Angriffe gab es in den Nachtstunden, sie verfolgen Spezialaufgaben wie die Verminung der Donau. Der verheerendste Bombenangriff auf Wien findet am 12. März 1945 statt. 1.080 US-Flugzeuge starten in Süditalien, ihr Ziel ist Ostösterreich. Sie sollen die Rüstungsindustrie, die Raffinerien und den Bahnhof samt Lokomotivfabrik zerstören. Insgesamt kommen in Wien im Bombenkrieg fast 9.000 Menschen ums Leben. 28 Prozent der Gebäude sind am Ende des Krieges zerstört. Wien bleibt aber das Schicksal der totalen Zerstörung oder einer Flammenhölle wie z.B. in Dresden erspart. (22)

Im Folgenden wird ein Auszug aus einem Gedächtnisprotokoll einer Zeitzeugin wiedergegeben, die zuerst in der Fichtegasse, die letzten Kriegsmonate in der Angermayergasse 1 arbeitete: Für seine Leute samt deren Familien, die er aus dem zerbombten Rostock mitbrachte, errichtete Heinkel neben dem Flugplatz die Heidfeldsiedlung. Sie wurde in Streifen mit Einfamilienhäusern darauf angelegt. Im Flughafen selbst war auch ein Gefangenenlager. Einmal erlebte ich einen Alarm am Flughafen. Meine Aufgabe als technische Rechnerin in der Fichtegasse war ja die Dimensionierung der Fahrwerkbeine und mein Chef gab mir die Erlaubnis, einmal in die 219 hineinzukriechen. So konnte ich mir die Knöpfe anschauen, die die von uns berechneten Beine betätigten. Als wir im Flugzeug saßen hatten wir das Pech eines Fliegeralarms, und als Gast durfte ich aus dem Gelände hinaus. Die anderen hatten irgendwelche Dienste, Feuerwache etc., die Gefangenen durften sowieso nicht hinaus.
…   Dann arbeitete ich im Portiergebäude der Angermayergasse 1 neben der Einfahrt bei Prof. Schrenk von der theoretischen Aerodynamik. Dort wurden u. a. unbemannte Flugkörper entworfen. Ich hatte an einer Rechenmaschine Tabellen auszurechnen. Gegen Ende des Krieges in der Karwoche 1945 evakuierte ein Sonderzug alle Heinkel-Beschäftigten zu den Jenbacher-Werken nach Tirol. Es sind nur die Österreicher dageblieben und zwei Deutsche, die vergessen wurden, weil sie im Krankenstand waren. Sie haben geheult, weil sie nicht mitgenommen wurden. Wir waren noch immer Angestellte der Heinkel-Werke und hatten die Aufgabe, alle Unterlagen zu verbrennen. Zu dritt kamen wir in der Früh, verbrannten Unterlagen und gingen am Nachmittag wieder nach Hause. In den Bunker zogen die alten Herren des Volkssturmes. Die Männer in Uniform hatten das fatale Problem, nicht zu wissen, wann sie die Uniform ausziehen und nach Hause laufen sollten. Hätten sie es zu früh getan, wären sie erwischt und erschossen worden. Das waren ja unvorstellbare Zustände. Als Angestellte durften wir bei Alarm in den Bunker gehen. Als die Russen da waren, blieben wir natürlich zu Hause und versteckten uns. (24)

ERNST HEINKEL AKTIENGESELLSCHAFT
WERK WIEN

ERNST HEINKEL A. G. · WERK WIEN   WIEN-SCHWECHAT 2

Herrn

Fritz E i m b e c k

im Hause
Betriebsdirektion

IHRE ZEICHEN	IHRE NACHRICHT VOM	UNSERE NACHRICHT VOM	UNSER HAUSRUF	UNSERE ZEICHEN	WIEN-SCHWECHAT
			oo2	GFA Dr.W/Sch	8.3.44

BETREFF P r ä m i e

Wir freuen uns, Ihnen mitteilen zu können, daß Ihnen in Anerkennung Ihrer erfolgreichen Mitarbeit beim Bau der He 219

eine einmalige Sonderprämie in Höhe von

RM 6oo,-- (brutto)

in Worten RM Sechshundert------

zuerkannt wurde.

Wir ersuchen Sie, um Unzufriedenheit anderer zu vermeiden,
gegenüber Dritten Stillschweigen über diese Prämie zu bewahren. Der Ordnung halber machen wir Sie darauf aufmerksam,
daß ein Rechtsanspruch auf diese Prämie nicht besteht.

Wir beglückwünschen Sie zu dem Erfolg Ihres Arbeitseinsatzes
und hoffen auf weitere gute Zusammenarbeit.

Heil Hitler!

ERNST HEINKEL AKTIENGESELLSCHAFT
Werk Wien

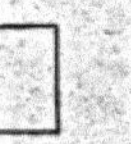

Heinkel He 219 mit Antennenanlage FuG 220 Lichtenstein SN-2 (23)

Heinkel hatte mit der He 219 „Uhu" einen fortschrittlichen und schnellen, schwer bewaffneten Nachtjäger entwickelt, welcher sich selbst der britischen de Havilland „Mosquito" als ebenbürtig erwies. Die Mosquito galt zu diesem Zeitpunkt als fast uneinholbar in der Luft.   Als erstes Flugzeug der Welt besitzt die Heinkel He 219 für beide Besatzungsmitglieder einen druckluftbetriebenen Schleudersitz. Pilot und Funker haben in der auf den Vorderrumpf aufgesetzten Glaskanzel Rücken an Rücken sitzend eine exzellente Rundumsicht. Ferner besitzt das Flugzeug eine Bugfahrwerksanordnung – das Muster ist konstruktiv hochmodern. Die normale Serien-Version A-5 ist 615 km/h schnell – immerhin eine Gefahr für die Mosquito. Und durch die Waffenanordnung unter dem Rumpf und in den Tragflächenwurzeln entfällt jegliche Blendwirkung des Mündungsfeuers auf den Piloten. Immerhin gelingt es Heinkel, trotz vieler politischer Widerstände 268 Maschinen dieses überlegenen Typs Heinkel He 219 an die Luftwaffe auszuliefern. (23)

Die Entwicklungsgeschichtete dieses Flugzeugs seit 1941 stellt einen ständigen Kampf mit dem Reichsluftfahrtministerium dar, denn die fliegenden Einheiten wollten dieses Flugzeug, während die Bürokratie eine Verzettelung der Ressourcen befürchtete. Die ersten beiden Versuchsflugzeuge wurden in Rostock im November 1942 und in Wien im Januar 1943 eingeflogen. Im April 1944 begann die Fertigung auch in Rostock, wobei die Rümpfe aus Mielec stammten und mit der Me 323 nach Marienehe geflogen wurden. Insgesamt wurden in Rostock 205 Flugzeuge dieses Typs gebaut und in Wien 116 Stück. (10)

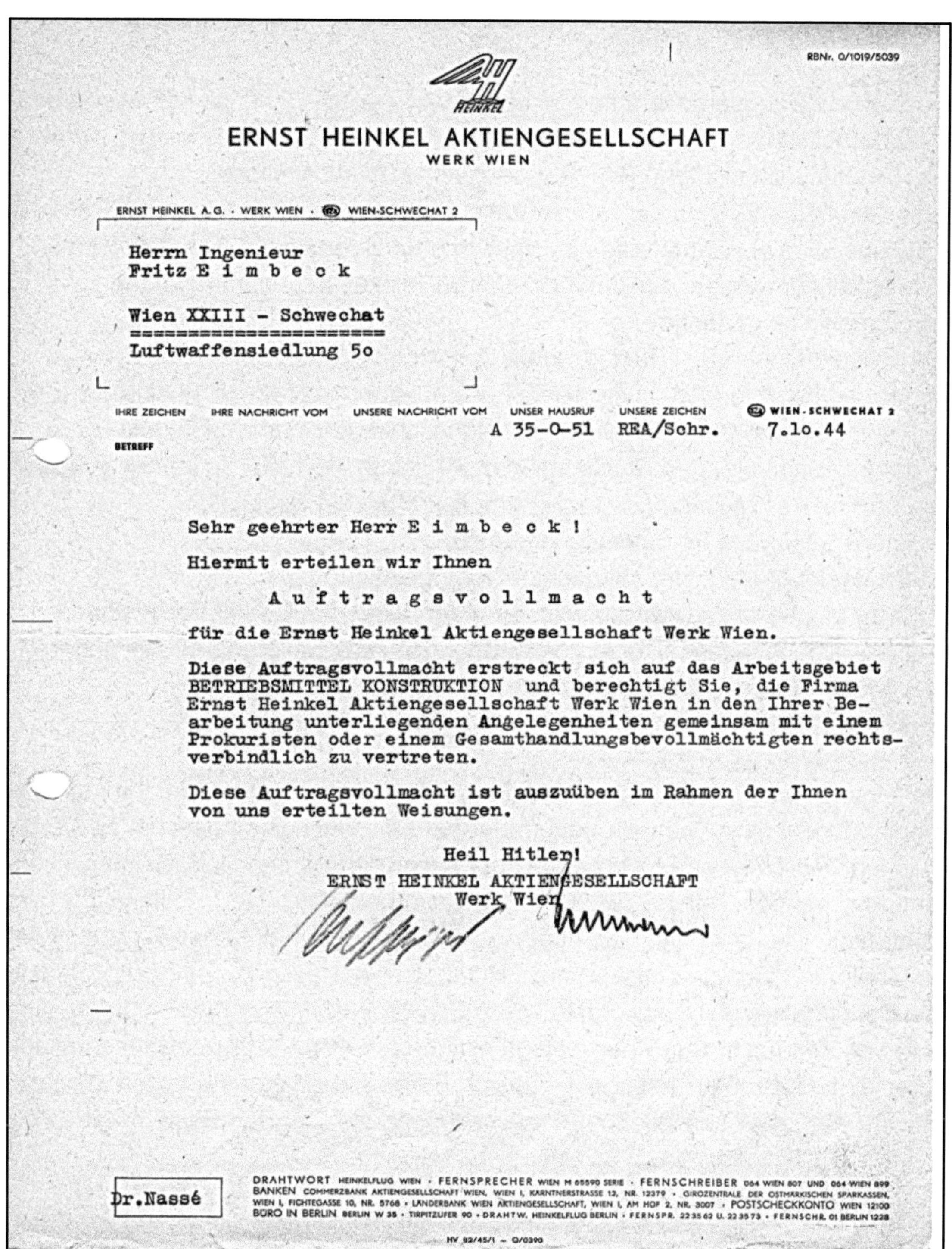

Die Tätigkeit in den letzten Tagen des „Dritten Reiches" bei den Heinkel - Flugzeugwerken in Wien war ausgerichtet auf die von Ernst Heinkel der Naziführung noch zugesagte „Wunderwaffe" HE 162, die dann in Schwechat gebaut und erprobt wurde, ebenso wie auch in Barth. (siehe oben).

Heinkel und die Zwangsarbeiter

Der Einsatz von Zwangsarbeitern und insbesondere der KZ-Häftlinge war besonders für die Fa. Heinkel aber auch für andere große Rüstungsproduzenten ein typischer Vorgang. Es ist jedoch nicht möglich, dieses zutiefst unmenschliche nationalsozialistische System der Konzentrations- und Vernichtungslager im Rahmen dieses Buches auch nur annähernd zu erfassen oder zu bewerten. Deshalb wird an dieser Stelle auf nur wenige, direkt mit der Firma Heinkel im Zusammenhang stehende Aspekte eingegangen.

Mit zunehmender Dauer des Krieges wurde das Arbeitskräfteproblem immer drängender und insbesondere in der Rüstungsindustrie – aus der Sicht der Nazi-Führung – ein bestimmender Faktor für den Nachschub der Wehrmacht mit leistungsfähiger und in großen Stückzahlen produzierter Technik. So kamen schon frühzeitig bei Heinkel folgende (Zwangs-) Arbeitskräfte zum Einsatz:

- < kriegsgefangene Soldatendienstgrade
- < Strafgefangen aus den deutschen Gefängnissen
- < Zwangsarbeiter, aus Zivilbevölkerung der besetzten Gebiete gezwungen
- < Freiwillige aus den besetzen (vorwiegend West-)Gebieten und aus anderen Ländern Europas (Fremdarbeiter)
- < KZ- Insassen

Im Betriebsmittelbau und -konstruktion bei Heinkel wurden mit großer Wahrscheinlichkeit keine Zwangsarbeiter oder gar KZ-Häftlinge eingesetzt, da sie die erforderlichen Qualifikationen nicht haben oder erwerben konnten. Jedoch kann sicher angenommen werden, dass für die Arbeitsvorbereitung der Tätigkeiten der Zwangsarbeiter wie z.B. in Fleißstraßen und in der Taktfertigung auch der Betriebsmittelbau Zuarbeiten leisten musste. Insofern hat auch F. Eimbeck Kontakte in diese Bereiche gehabt. Sowohl in Wien-Schwechat und vorher – durch eine Äußerung von ihm nach dem Krieg belegt – mehrfach in Barth. Bei dieser Aussage gegenüber einer vertrauten Kollegin bezüglich Barth, hat er den ständigen Wechsel der Häftlinge am jeweiligen Fließband - Arbeitsplatz als Teil des Systems des KZs bezeichnet.

In der Stadt Rostock gab es für diese vielen Zwangsarbeiter mehr als 20 verschiedene Lager, in den diese untergebracht waren. Ende 1943 waren ca. 20.000 Ausländer in Rostock tätig, davon mehr als 8.300 bei Heinkel und 1.300 auf der Neptunwerft. Untergebracht waren die Zwangsarbeiter in umgenutzten Beherbergungsbetrieben, in Gebäuden (häufig Baracken) auf dem bzw. nahe des Einsatzortes und in Barackenlagern am Stadtrand. Solche Lager gab es in Biestow (30 Baracken), Evershagen (20 Baracken), in Dierkow (für 500 Arbeiter) und an der Thierfelder Straße (40.000 m²). Auch im "Sportpalast" waren "Ostarbeiter" untergebracht. Zusätzlich wurden in der näheren Umgebung Lager eingerichtet (in Dalwitzhof, am Braesigweg und in Warnemünde). Außerdem wurden in den Heinkel-Werken Kriegsgefangene eingesetzt, die in Lagern in Markgrafenheide und in der Nähe der Neptunwerft untergebracht waren. 1942/43 wurde in Brinckmansdorf, östlich der Straße Höger-Up, ein Barackenlager für 600 Arbeiter aus Osteuropa errichtet. Allein in den Ernst Heinkel Flugzeugwerken waren 1942 Arbeiter aus 14 Nationen im Einsatz. Ab 1943 galt für sowjetische Zwangsarbeiter ein Aufenthaltszwang am Arbeits- oder Unterbringungsort. Die beiden größten Probleme waren aber unzureichende Hygiene und der Nahrungsmangel. Eingesetzt wurden die Arbeiter und Kriegsgefangenen in den Rüstungsbetrieben aber auch in kriegswichtigen Betrieben wie dem Reichsbahnausbesserungswerk oder bei Baufirmen. (25) Auszug aus einem Interview mit dem ehemaligen Zwangsarbeiter Grigorij Serdjuk am 16. Oktober 2007: Damals, im Juli 1942 in der Ukraine, wurde eine sehr intensive Propaganda geführt, damit die Jugendlichen nach Deutschland fahren. Überall wurden Fotos aufgehängt, es wurden Fotoausstellungen organisiert, um zu zeigen, wie schön es hier sei. Es war in der Tat schön, aber nicht für uns. Anfangs sind tatsächlich welche gefahren, aber es hielt nicht lange – und nachdem man erfahren hat, wie man hier tatsächlich lebt, gab es keine Freiwilligen mehr. Es begannen die Zwangsverschleppungen nach Deutschland. Am 22. Juli kam unser Dorfpolizist zu mir: Du musst morgen nach Deutschland fahren… Am Tag nach der Ankunft in Rostock wurden wir im Lager aufgestellt und man hat begonnen, uns auf die Werkhallen zum Arbeiten zu verteilen. Dort waren irgendwelche Deutschen, Vertreter des Heinkel-Werkes und wahrscheinlich auch Vertreter der Stadtverwaltung. Es gab auch Bauern, die ihre Leute raussuchten.

Die Deutschen haben unter uns 30 oder 40 Personen mit 10-Klassen-Schulbildung rausgesucht und haben uns in die Bleicherstraße geschickt. Dort gab es eine Berufsschule. Vier Monate lang wurden wir dort ausgebildet. Hauptsächlich war es eine Schlosserausbildung, damit wir in der Lage wären, verschiedene Teile herzustellen, zum Beispiel Flugzeugteile aus Duralmin. Es wurde uns beigebracht, wie man sie bearbeitet, damit alles genau passt, damit das Teil richtig sitzt. Nach vier Monaten wurden wir dann auf die Werkhallen verteilt – einige kamen in die Werftstraße und einige nach Marienehe, ja. Und dort wurden wir direkt zur Arbeit eingeteilt. In der Werftstraße stellte man Flugzeugrümpfe und Tragflächen her – Tragflächen für das Flugzeug Heinkel 111. Die Flugzeugrümpfe und Tragflächen wurden auf speziellen Anhängern nach Marienehe gebracht. Dort in der Werkhalle 64 wurden sie zusammenmontiert und aus dieser Halle kamen fertige Flugzeuge heraus. Auf der Arbeit haben wir Arbeitskittel bekommen, solche dunkelblauen Arbeitskittel. Wir haben gleich am Anfang die Zeichen "Ost" bekommen – es wurde hier aufgenäht [zeigt] – auf dem blauen Hintergrund standen die weißen Buchstaben "OST". …. Denn in der Woche haben wir ganz wenig geschlafen: um 4 Uhr mussten wir schon aufstehen und kamen erst um 10 Uhr abends von Marienehe mit dem Zug ins Lager zurück. Dann holten wir "Balanda"(dünne Suppe) und gegen 11, halb 12 abends ging es ab ins Bett. Und am nächsten Tag musste man wieder um 4 Uhr aufstehen. Für einen jungen Menschen von 18, 19 Jahren ist es völlig unzureichend. Und so ging es die ganze Woche. (25)

Die Ernst Heinkel Flugzeugwerke waren im März 1942 das erste (!) Unternehmen der deutschen Rüstungsindustrie, dass KZ-Häftlinge in der Produktion einsetzten. Das war im Heinkel - Werk in Oranienburg, dass dort bis 1940 ausschließlich den Heinkel-Bomber He 111 produzierte und bis 1939 zu 97% dem RLM gehörte. Später waren in Oranienburg die He 177 und auch die Ju 88 die produzierten Flugzeug-Typen. Ab Mitte 1944 wurden dort keine kompletten Flugzeuge mehr produziert. (27) Bereits 1944 waren dort ca. 48 % der Belegschaft KZ-Häftlinge, so dass im Werk eine Außenstelle des in unmittelbarer Nachbarschaft liegenden KZ Sachsenhausen errichtet wurde. Die „positiven" Erfahrungen der Werksleitung bestanden darin, dass sie sich „nur um den Arbeitseinsatz kümmern" musste, für alles andere wie Verpflegung, Bekleidung, medizinische Betreuung und Bewachung war die SS zuständig. Die Ausleihgebühren für die Häftlinge waren an das SS-Wirtschaftsverwaltungshauptamt zu entrichten und betrugen mit 4,- bis 6,- RM ca. 50% der Kosten eines deutschen Facharbeiters. Sozialleistungen entfielen. Diese Randbedingungen machten es für die Heinkel-Führung dann interessant, auch an vielen seiner anderen Standorte, diese Art der Arbeitskräftebeschaffung einzusetzen.

Seit August 1943 mussten Häftlinge des KZ Mauthausen im Henkelwerk in Wien-Schwechat auch in einem Außenlager des KZ auf dem Flughafengelände arbeiten. Um den kriegsbedingten Arbeitskräftemangel in der Flugzeugfertigung auszugleichen, wurden auf dem Flugplatzareal zwei Außenlager des Konzentrationslagers Mauthausen (Lager Schwechat 1, Lager Schwechat 2) errichtet. Ihre Bezeichnung ist nicht einheitlich und reicht von "Schwechat" über "Santa" bis "Floridsdorf". Insgesamt waren in den Schwechater Lagern über 2500 Häftlinge untergebracht, die am Aufbau der Heinkel-Werke und bei diversen Fertigungen (Heidfeld, "Santa", AFA,) arbeiten mussten. Das erste Lager bestand ab Mitte 1943. Es wurde im Sommer 1944 bombardiert und die Häftlinge in das KZ-Kommando Floridsdorf I verlegt. Das zweite Lager existierte von Mitte 1944 bis ins Frühjahr 1945. Weiterhin existierte auf dem Flughafenareal ein Zwangsarbeiterlager. (21) Wegen der schweren Luftangriffe im April und Juli 1944 auf den Schwechater Betrieb, verlegt Heinkel die Produktion an fünf Standorte in Groß-Wien. Das zahlenmäßig größte dieser KZ-Nebenlager entsteht bei der Seegrotte Hinterbrühl. Diese wird zu diesem Zweck leergepumpt, um eine unterirdische Fabrik einzurichten.

Ab November 1943 entstand in Barth (Vorpommern) ein Außenlager des KZ Ravensbrück als Werkteil von Heinkel in Rostock, das sogg. „Müller-Werk", das ausschließlich für die Produktion von Heinkel-Flugzeugen oder Flugzeugteilen für Heinkel in Rostock-Marienehe bestimmt war. Es wurde als Teil des Rostocker Stammwerkes betrachtet. Bei der Einrichtung des Lagers und der Produktion konnten die vorhandenen Baulichkeiten des in den 30er Jahren errichteten bzw. ausgebauten Fliegerhorstes Barth genutzt werden. Im KZ-Werk arbeiteten die Frauen in den Hallen 1-4 und die Männer in den Hallen 5-8. Mussten Männer Teile aus dem Frauenbereich abholen, so hatten sich die Frauen mit dem Gesicht zur Wand zu stellen. In allen Berichten von Häftlingen wird immer wieder von systematischen Misshandlungen und Schikanen durch die SS berichtet, die eine mildernde Einwirkung der Heinkel-Führung nicht erkennen lassen. Auch Hinweise bezüglich besserer Verpflegung zur Erhöhung der Arbeitsleistung der Häftlinge hatten offensichtlich keine Wirkung bei der SS. Hunger, Kälte und andauernder Schlafmangel durch die Nachtschichten waren vorherrschend. Bei der SS war man wohl der Ansicht, dass in der Fließfertigung jeder Häftling schnell ersetzt werden konnte.

In der DDR begann erst wieder ab ca.1963 eine Aufarbeitung der Geschichte des Außenlagers Barth in die auch das MfS, Bezirksverwaltung Rostock, einbezogen war. (26) Die dabei auch befragten ehemaligen Führungskräfte äußerten sich so, dass z.B. Dr. Köhler (Professor an der Universität Rostock) sich an nur drei Besuche erinnern konnte und Dr. Kapp (zu diesem Zeitpunkt Professor an der Universität Rostock) und Dipl. Ing. Gräff (bis zu seinem Ausscheiden Produktionsdirektor im Dieselmotorenwerk Rostock und zum Zeitpunkt der Befragung bereits verstorben) haben sich bei ihren regelmäßigen Kontrollbesuchen "nur um die Ausrüstung und Aufstellung des Fleißbandes" gekümmert. (18)

Wie die Großen der Rüstungsbranche war auch die Ernst Heinkel AG mit ihren vielen Standorten war einer der größten Nutzer des KZ-Systems und Partner der SS.

Organisation für den Zeitraum 1. April 1943 bis Mai 1945[2]							
Ernst Heinkel AG gegründet am 1. April 1943 Rostock							
Werk Rostock Rostock-Marienehe	Werk Oranienburg Berlin, Oranienburg, Germendorf	Werk Wien Wien-Heidfeld	Werk Hirth Motoren Stuttgart-Zuffenhausen	Werk Waltersdorf Waltersdorf	Werk Jenbach Jenbach	Vereinigte Ostwerke Krakau, Mielec	Reparaturbetriebe Kopenhagen-Kastrup
Rostock, Bleicherstraße Rostock, Werftstraße Rostock, Patriotischer Weg Pütnitz Oelsnitz/Vogtland Adorf Barth Krakow am See Lübz Güstrow Rövershagen Staßfurt	Schloss Oels Como	Zwölfaxing Schwechat Mödling Wien-Hilden Wien-Floridsdorf Wien-Groß Jedlersdorf Langenzersdorf	Backnang Kochendorf Kolbermoor	Berlin-Grünau Wunchendorf		Mielec Budzyń Wieliczka Bad Gandersheim	Konstruktionsbüro Paris, Konstruktionsbüro Amsterdam

Heinkel-Struktur mit Betriebsteilen   Auszug aus Wikipedia.org - 5.04.2019

Heinkel, Flugzeugfabrik, Zuffenhausen	Kochendorf	Kdo. Natzweiler	178
Heinkel, Zuffenhausen (auch: *Ernst Werke* und *Eisbär*)	Kochendorf	Zivilarbeiterlager	630
Heinkel, Zweiglager	Oranienburg	Kdo. Sachsenhausen	261
Heinkel-Flugzeugwerk	Schwarzenforst	Kdo. Ravensbrueck	632
Heinkel-Flugzeugwerke	Mielec	Kdo. Flossenbuerg, Kdo. Plaszow, Zwangsarbeitslager	592, 679
Heinkel-Flugzeugwerke	Rostock	Zivilarbeiterlager, Kdo. Ravensbrueck, Zwangsarbeitslager	98, 632
Heinkel-Werke	Gandersheim	Zivilarbeiterlager	156
Heinkel-Werke	Mielec	Kdo. Plaszow	334
Heinkel-Werke	Schwechat	Kdo. Mauthausen	29
Heinkel-Werke	Wieliczka	Kdo. Plaszow	346
Heinkel-Werke, Barth an der Ostsee	Barth	Kdo. Ravensbrueck	575
Heinkel-Werke, Oranienburg	Sachsenhausen	Kdo. Sachsenhausen	576
Heinkel-Werke, Wien-Schwechat	Mauthausen	Kdo. Mauthausen	376

KZ – Häftlinge, ausgenutzt durch die Heinkelwerke
Quelle Internet: *Das nationalsozialistische Lagersystem*, herausgegeben von Martin Weinmann, mit Beiträgen von Anne Kaiser und Ursula Krause-Schmitt, Frankfurt am Main

In der Biografie von Ernst Heinkel (29) ist auf den insgesamt 338 engbeschriebenen Seiten der Einsatz von KZ - Häftlingen nicht ein einziges Mal erwähnt. Die Verurteilung des Mitverantwortlichen im RLM Erhard Milch (nach Göring der „starke Mann"), für den Einsatz von „Fremdarbeitern" zu lebenslanger Haft in Nürnberg verurteilt, hält er dagegen für ungerechtfertigt. (29, S.316)

Nach dem Kriege haben die US- Truppen viele Deutsche zum Anschauen von Filmen und dokumentarischen Bildern (31, S 114.) aus den KZs gezwungen oder sogar ins KZ gefahren. Das ist so auch in Österreich erfolgt und ganz sicher auch in Jenbach, wo E. Heinkel gefangen genommen wurde und später auch in den monatelangen Verhören durch die Engländer. Und er musste es ja selbst detailliert wissen aus dem KZ innerhalb seines Werkes in Oranienburg und aus Barth. Es ist ihm allerdings wenige Jahre später beim Schreiben seiner Biografie keinerlei Erwähnung wert. NICHT EINE EINZIGE ZEILE.

Auch darüber, dass es Tausende Opfer des Einsatzes seiner Flugzeuge gab oder über die auslösenden Ursachen der Bombardierung Deutschlands ist dort nichts zu finden.

Zitat (29, S.65) aus dem ersten Weltkrieg: abends aßen wir gern im Marinekasino. Kurz vor dem Essen flogen Banfield und Popp meistens noch einen Angriff auf Monfalcone, belegten dort italienische Fabriken mit Bomben und kamen gegen 20.30Uhr zurück. Dann aßen wir. Besonders die herrlichen Scampi blieben mir ausgehungerten Deutschen in Erinnerung....

2x das Ende und ein Anfang - Demontage

Als die Familie von F. Eimbeck beschloss, dass Frau und Kinder ca. Anfang März 1945 nach Rostock zurückkehren sollten, war schon dauerhaft die schwere Artillerie der Roten Armee zu hören und Bombenflugzeuge der Alliierten flogen über die Siedlung, während manchmal noch die Kinder draußen spielten. Der Umzug sollte wieder mit allen Möbeln und Hausrat erfolgen. Das wurde auch alles von F. Eimbeck gewissenhaft verpackt und abgeschickt, kam jedoch niemals an. Damit gingen nicht nur Möbel verloren, sondern auch Zeugnisse, Urkunden, Fotos und viele andere persönliche Gegenstände. Das war natürlich in der Zeit unmittelbar nach dem Krieg ein Verlust, wenn auch das nackte Leben gerettet werden konnte und Millionen andere buchstäblich alles verloren hatten. Zumal sie in Rostock bei den Großeltern unterkommen konnten, was in der zerbombten Stadt bereits einen außerordentlichen Vorteil bedeutete. F. Eimbeck konnte „mit dem letzten Zug" aus Wien (am 1. oder 2. April 1945) gerade noch entkommen, nach einer gefährlichen und strapaziösen Reise, denn er hatte sich noch in Wien mit der Ruhr angesteckt. Wien wurde am 6.04.1945 von der Roten Armee erobert bzw. besetzt. Da die meisten der Heinkel-Angehörigen aus Wien mit Ernst Heinkel nach Jenbach umsiedelten, hatte er wohl eine Berechtigung, nach Rostock zurückzukehren, denn er konnte ja hier in Marien-ehe wieder arbeiten. Damit hatten F. Eimbeck und seine Familie das erste Mal das Ende des dritten Reiches erlebt. Als er dann glücklich in Rostock ankam, wurde er von Frau und Kindern mit einer ungeheuren Freude empfangen, die das ganze Leben unvergesslich blieb. Aus Wien hatte aber seine Frau auch noch ein Geschenk mitgebracht – sie war schwanger in dritten Monat.

Da er noch Heinkel-Mitarbeiter war und obwohl das Ende des Dritten Reiches ihm und jedem klardenkenden Menschen bewusst war, hatte er sich zum Dienstantritt wieder bei Heinkel in Marienehe zu melden. Dazu trieben ihn nicht nur Pflichtbewusstsein sondern auch Angst, denn die SS machte kurzen Prozess. Zumal auch in Rostock die Devise ausgegeben war, die Stadt bis zu letzten Blutstropfen zu verteidigen. Die letzten Tage vor dem Einzug der Roten Armee waren durch äußerste Widersprüchlichkeit gekennzeichnet. Einerseits gab es Durchhaltebefehle des Stadtkommandanten und des Oberbürgermeisters und die Mobilisierung des Volkssturms. Doch dem stand auch die Angst gegenüber, jetzt noch für die Einhaltung solcher Befehle zu fallen. Oder aber wegen Befehlsverweigerung erschossen zu werden.   Die KZ-Außenlager von Barth und Schwarzenpfost waren am 30.04. auf ihren Todesmärschen in Richtung Rostock, da die Lager nicht in die Hände des Feindes fallen sollten. Dabei wurden immer wieder Häftlinge von der SS erschossen. Am Morgen des 1. Mai liefen die Bewacher weg und versuchten, sich Zivilkleidung zu beschaffen. Die ersten Truppen der Roten Armee waren mit den auf freiem Feld oder in Scheunen lagernden KZ-Häftlingen erst einmal überfordert.

In Rostock kamen die kämpfenden Einheiten am 1. Mai über die Tessiner Straße zum Mühlendamm und diese Brücke wurde vorher noch befehlsgemäß gesprengt. Der dabei in die Tiefe gerissene Panzer wurde – zusammen mit menschlichen Gebeinen und noch scharfer Munition - erst bei Sanierungsarbeiten 2011 wiederentdeckt! Nach dem die nächsten Panzer dann über den Verbindungsweg kamen, hat ein mutiger Feuerwehrmann die Zünder an den Sprengladungen der Petribrücke in die Warnow geworfen. Widerstand gab es dann nicht mehr und die Stadt war voller weißer Fahnen. Am Abend gab es noch einen Luftangriff deutscher (!) Flugzeuge auf die Heinkelwerke. Der Oberbürgermeister hatte im Barnstorfer Wald Selbstmord begangen. Am Tag zuvor waren noch die Heeresversorgungslager geöffnet worden und Teile der Bevölkerung haben sich an den noch sehr umfangreichen Lebensmittelvorräten tagelang bedient. So auch in dem großen Lager im alten Schlachthof in der Schwaaner Landstraße. Viele hatten jedoch Angst oder sie wollten sich nicht daran beteiligen oder haben ihre „Beute" dann im Garten vergraben. (35)(36)   Am 14.Mai gab dann die Stadtverwaltung Lebensmittel-Marken aus.

Für die Bevölkerung gab es in der unmittelbaren Nachkriegszeit, nach der Trauer und der Sorge um Angehörige, drei große Belastungen, die oft noch jahrelang zu ertragen waren: Angst,   Hunger   und   eine   bedrückende   Wohnungsnot. Nahezu jeder (Ost-)Deutsche hatte in dieser Zeit eine oft lähmende, unüberwindbar scheinende Angst um noch vermisste Angehörige. Und Angst, von den jahrelang verteufelten „Russen" abgeholt zu werden, weil man zu eng mit den Nazis verbunden war oder wirklich Verantwortung in diesem Regime oder der Wehrmacht übernommen hatte. Eine Verantwortung oder nur Mitarbeit in einem Rüstungsbetrieb wie Heinkel hatte oder weil aus blanker Not Lebensmittel „beschafft" wurden oder weil man sich notgedrungen in den Besitz fremden Eigentums gebracht hatte, oder, oder …. Gerade das noch über viele Jahre wichtige „organisieren" von Eiern, Mehl, Kartoffeln, Rüben oder das Stoppeln von Getreide, Rüben oder Kartoffeln war dabei für die Stadtbevölkerung überlebensnotwendig. Wer noch ein Fahrrad hatte, konnte – wie auch F. Eimbeck - am Wochenende übers Land fahren und eigene „Schätze" wie Porzellan oder Silberbesteck bei den selten freundlichen Bauern eintauschen, was jedoch längst nicht immer gelang. Dafür wurden dann von ihm Touren bis z.B. Bandelstorf oder Peetz gemacht. Auch die Haltung und Bewachung(!) eigener Hühner in dem kleinen Hof hinterm Haus in der Stadt gehörte in dieser Zeit dazu. Auch wenn die Familie von F. Eimbeck noch relativ gut dran war durch die Wohnung bei den Eltern in Rostock, so hatte sich in dem Haus durch Wohnungsmangel und die hohe Anzahl von Flüchtlingen aus den ehemaligen deutschen Ostgebieten die Anzahl der Hausbewohner vervierfacht! Und das war in jedem Haus so! Durch die Bombardierung waren in Rostock von 10 535 Wohnhäusern 2 611 völlig zerstört und 6 735 galten als beschädigt.

Infrastruktur und viele historischen Bauwerke waren dem Krieg zum Opfer gefallen. Die Anzahl der Bewohner fiel von 129 000 vor dem Krieg auf 72 000 am Kriegsende um dann Ende 1946 auf 116 000 zu steigen. (37)

Am 5. Mai erließ der sowjetische Kommandant den Befehl, dass sich alle auf ihre Arbeitsplätze zu begeben haben. (37) Für die Mitarbeiter von Heinkel bedeutete dies, dass sie sich auf den Betriebsgelände in Marienehe einzufinden hatten. Dort wurden dann unter sowjetischer Führung die Demontagearbeiten durchgeführt. F. Eimbeck schreibt dazu

Als wir im Mai 1945 den Panzergraben zugeschaufelt hatten, der von der Warnow über die Schwaaner Landstrasse und hinter dem R A W vorbei ging, wo heute die Kühltürme vom D M R stehen, hieß es, nach Marienehe zu gehen, um bei der Demontage des Heinkel-.Betriebes,im Auftrage der Roten-Armee, mitzumachen.

Der tägliche Marsch vom Wasserturm bis nach Marienehe und zurück, führte über den Doberaner Platz, wo ich oft mit unserem Betreuer, einem sowj.Leutnant, der in der "Roten Fahne" wohnte, zusammentraf. Auf dem gemeinsamen Wege blieb es nicht aus, dass er mir die ersten Brocken der Russischen Sprache beibrachte. Er war aber auch bemüht, Deutsch zu lernen.

Nach Abschluß der Demontage- Arbeiten --- als letztes Glanzstück wurde eine 30 t schwere Hydr.- Presse, mit primitivsten Mitteln, Holzrollen, Brechstangen und einer klapprigen Winde, auf einen Eisen- bahn - Waggon verladen,--- hatte sich eine kleine Arbeitsgruppe gebildet, der ich beitrat.

F. Eimbeck kämpfte stets um einen möglichst lückenlosen Nachweis zur Kranken- versicherung, denn nur die Lückenlosigkeit sicherte eine gute Rente. So hat er sich auch einen Beschäftigungsnachweis für die Zeit der Demontage gesichert, der interessanterweise von einer Montage-Verwaltung der Heinkelwerke 88 ausgestellt ist - drei Jahre später.

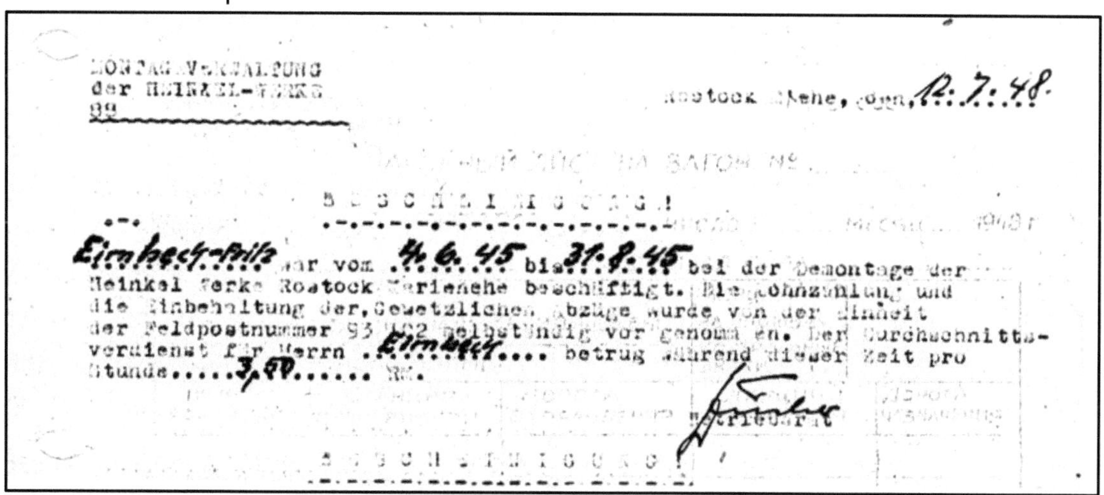

Die Leitung der Demontagearbeiten in Rostock durch die Rote Armee stand unter der Führung von Oberstleutnant Sewastjanow.

In den Konferenzen von Jalta (Februar) und Potsdam im Juli 1945 wurden von den Alliierten des 2. Weltkrieges die wesentlichen Beschlüsse gefasst, die für das besiegte Deutschland gelten sollten. Das betraf vor allem den Grundsatz, dass Deutschland in vielerlei Hinsicht für die vom ihm erzeugten Schäden zur Ersatzleistung herangezogen werden würde. Deutschland sollte nach der Jalta-Konferenz in Februar 1945 wirtschaftlich entmachtet und niedergehalten werden, dazu sollten 80% der Industrie und 100% der Rüstungsindustrie demontiert oder zerstört werden. Demontage bedeutete Beschlagnahme, Abtransport und Wiederaufbau in der SU. Wiedergutmachung war aber auch Wissenstransfer mittels Verbringung von Spezialisten. Die Interessen der Siegermächte waren dabei in Nuancen unterschiedlich: Während es den USA vor allem an dem Sachverstand und bereits erzielten Ergebnissen deutscher Wissenschaftler und Ingenieure lag, waren Frankreich, Großbritannien und hier speziell die Sowjetunion darüber hinaus besonders auf den Ersatz von Gütern und Arbeitsleistungen angewiesen zur Wiedergutmachung von Schäden, die im Krieg in ihren Ländern verursacht wurden. Die Sowjetunion hatte für sich eine Schadenshöhe von 10 Mrd. US$ definiert, die durch Wiedergutmachung von Deutschland zu leisten war. (39, S.25,26)

Schon unmittelbar nach Besetzung des ostdeutschen Territoriums durch die Rote Armee wurden ca. 400.000 Waggons beladen mit 450.000 Radiogeräten, 60.000 Klavieren und 940.000 Möbelstücken (alle Daten sind angenäherte Schätzungen). Bis August 1945 hatten die "Beutegutkompanien", folgend dem Befehl "Alles auf die Räder", ca. 1,28 Mio. t Materialien aller Art und 3,5 Mio.t an Ausrüstungen zum Transport gebracht. Dazu gehörten auch wissenschaftliche Laboratorien, Schiffe und Lastkähne, Rohstoffe (z. B. Kohle), Druckerpressen, Stahl und natürlich nutzbare militärische Geräte. Die Menge der erbeuteten Banknoten wird mit ca. 6 Mrd. Reichsmark eingeschätzt. Eine Anrechnung auf das sowjetische Reparationskonto fand für all diese Beutetransporte nicht statt. Inzwischen hatte sich aber auch die sowjetische Verwaltung des besetzten Gebietes mit einiger Mühe gebildet und in Gestalt der "Sowjetischen Militäradministration Deutschlands" (SMAD) ihre Tätigkeit aufgenommen. Während im Zentralapparat der SMAD im September 1945 ca. 5.000 Mitarbeiter tätig waren, stieg deren Zahl bis Ende 1946 auf 50.000. Damit sollten das noch vorhandene wirtschaftliche Potential der Sowjetisch Besetzten Zone (SBZ) für die Wiedergutmachung genutzt werden. (38)
        Die Strategie die Amerikaner wird deutlich am Beispiel Dessau und Junkers, dort waren die US-Truppen von Ende April bis Anfang Juni und haben in dieser Zeit ca. 16 LKWs voller Dokumente abtransportiert, bevor sie sich in" ihre" Zone zurückzogen. Den Demontageeinheiten der Roten Armee bleiben nur noch die nackten Anlagen und die Menschen. (39)

Im Rückblick muss man feststellen, dass diese Demontagen recht ungeordnet, ja fast chaotisch verliefen. Obwohl der damalige Chef der SMAD, Marschall Sokolowski, schon im Mai 1946 erklärt hatte, dass die Demontagen beendet seien, wurden ab Oktober 1946 bis Mai 1947 weitere größere Betriebe abgebaut und zum Transport vorbereitet. Besonders betroffen waren Betriebsteile von Zeiss Jena, Kraftwerke, Druckereien und einige deutsche Rüstungsbetriebe, die bis dahin für die SMAD weitergearbeitet hatten. Ab September 1947 traf es Anlagen der Energiewirtschaft, wie Kraftwerke, Anlagen aus der Braunkohleindustrie und Brikettfabriken. Die Schienenverkehrswege wurden fast durchweg eingleisig zurückgebaut, das entsprach ca. 12.000 km Schienenweg. Weiter wurden ca. 50 % aller Lokomotiven beschlagnahmt. Beides wirkte sich zeitweilig so stark aus, dass für den Abtransport der demontierten Anlagen längere Zeit nicht die erforderlichen Transportmittel und -wege verfügbar waren. Im Spätsommer 1945 stauten sich so z.B. vor dem Grenzbahnhof Brest die Demontagezüge über eine Länge von mehr als 100 km. In der SBZ wurden ca. 2.200 Betriebe demontiert; das sind ca. 30 % der gesamten industriellen Kapazität der SBZ. (38) 1948 endeten die Demontagen zugunsten der Eingliederung von Produktionskapazitäten in die sowjetische Planungshoheit. Es wurden "Sowjetische Aktiengesellschaften" (SAG) aus den ursprünglich noch zur Demontage vorgesehenen Betrieben gebildet, die ausschließlich unter Leitung der SMAD arbeiteten. Nach späteren Einschätzungen der SMAD kam nur ein Viertel der Ausrüstungen in der Sowjetunion unversehrt an, der Rest landete irgendwo, verlotterte unterwegs und verrottete später oder wurde am Ankunftsort nicht entsprechend genutzt (38) Damit wurde zwar ein Ziel der Reparationsleistungen verfehlt, jedoch die weitestgehende Deindustrialisierung (Ost-) Deutschlands erst einmal erreicht. Diese Bewertung deckt sich mit subjektiven Beobachtungen Zurückkreisender, die festhielten, dass sich entlang der Bahnstrecken in Polen und der Sowjetunion kilometerlange Strecken mit abgekippten Demontagematerialien befanden.

Rostocker Industriewerke - OKB Warnemünde

Diese oben von F. Eimbeck erwähnte kleine Arbeitsgruppe war der Gründungs-Kern der Rostocker Industriewerke. Im Falle der Heinkelwerke in Marienehe und auch von Arado in Warnemünde endete die Demontage mit der Zerstörung der noch bestehenden Hallen und Gebäude, mit wenigen Ausnahmen. Otto Köhler, Phillip Gräff, ehemaliger technische Direktor bei Heinkel, und Dr. Nemitz, ehemaliger Leiter der Entwicklung, Konstruktion und Musterbau bei Heinkel, gründeten parallel dazu am 1. August 1945 die „Rostocker Industriewerke" (RIW) auf dem Gelände Marienehe mit einem kleinen Konstruktionsbüro. (42)

R I W - wurde am 1. August 1945 gegründet !!!

In noch erhaltenen Arbeitsräumen wurden von unseren Werkern Gegenstände des dringenden tägl. Bedarfs, aus noch vorhandenen Halbzeugen hergestellt, während ich in einem Büro mit der Erstellung von Arbeitsabläufen für eine Serienfertigung, beauftragt war.

Aber auch diese Arbeitsstellen mußten geräumt werden und wurden abgerissen. In M'ehe verblieben lediglich die Gebäude der früheren Lehrwerkstatt, jenseits der Eisenbahn, die z.Zt. noch mit einer Sowj. Panzerabteilung belegt waren.

Uns wurden die zerstörten Hallen der Bleicherstrasse angeboten. Anfang 1946, nachdem einige Hallen notdürftig Wind- u. Wetterfest gemacht waren, ging die Produktion weiter.

Am 8.08.1945 erhielt F. Eimbeck seinen Arbeitsvertrag, der noch auf der Rückseite eines Heinkel-Formulars geschrieben war.

Vorläufiger Dienstvertrag

zwischen Rostocker·Industriewerke, Rostock/Marienehe, und

Herrn Fritz E i m b e c k ———— Kennummer 9006

1. Sie treten ab   8. August 1945
   als   Konstrukteur
   Abt   Konstruktionsabteilung

   in unsere Dienste.

2. Wir behalten uns vor, Sie gegebenenfalls in einer anderen Stellung zu verwenden.

3. Sie erhalten ein Entgelt von
   monatlich RM 500,——

4. Dieser „vorläufige Dienstvertrag" ist nach Vorliegen der zu erwartenden neuen gesetzlichen Bestimmungen durch einen „Vertrag" zu ersetzen, bzw. nach Jahresfrist im gegenseitigen Einverständnis zu verlängern.

   Bis zu diesem Zeitpunkt gilt beiderseits monatliche Kündigungsfrist.

5. Durch Unterschrift erkennen Sie und die Rostocker Industriewerke diesen vorläufigen Dienstvertrag als rechtsverbindlich an. Änderungen der mit diesem Vertrag getroffenen Vereinbarungen bedürfen zu ihrer Rechtsgültigkeit der Schriftform.

ROSTOCKER INDUSTRIEWERKE

Rostock, den 8. 8. 1945

Einverstanden

Die enormen Schwierigkeiten bei der Beschaffung für neue Produkte werden aus den folgenden Zeilen deutlich, gleichzeitig aber auch der Wille, wieder anzufangen und voranzukommen mit neuen Produkten. Auch um sich auch selbst etwas helfen zu können, in dem man einen Dreifuß mitbringt, der gebraucht wird, um selbst seine Schuhe reparieren zu können. In vielen Familien gab es damals solch ein Utensil.

Die Produktion in den Rostocker Industriewerken, die mit ca. 40 Mitarbeitern angefangen hatten, umfasste 1945 und ab 1946 in der Bleicherstraße, den alten Heinkel-Werkstätten, Sparherde, Handwagen und Medizinische Geräte. Darüber hinaus Eggen, Pflüge und Ackerwagen. Die ebenfalls stark zerstörten Betriebsstätten mussten dafür erst wieder notdürftig instandgesetzt werden. Natürlich gab es dafür keinerlei Material und alles musste aus dem noch Vorhandenen aufgebaut werden. Für die Produktion standen den Beschäftigten lediglich einfache Handwerkzeuge, Flaschenzüge und Winden zur Verfügung.

Anfang 1946 hatte F. Eimbeck noch das Kunststück fertigbekommen, sich ein Zeugnis der Heinkelwerke ausfertigen zu lassen. Bis 30.09.1948 gab es noch ein Treuhandbüro der Heinkelwerke, das leitete ein Herr Brügge, der hier jedoch nicht unterzeichnet hat. Offensichtlich hatte oder nahm sich Herr Dr. Köhler noch die Zeichnungsvollmacht. Ein solches Zeugnis hatte über Versicherungsaspekte hinaus noch eine besondere Bedeutung dadurch, dass damit seine Aufgaben und seine Stellung bei Heinkel klar umrissen waren und damit Verdächtigungen oder Belastungen seitens der Vertreter der Siegermächte entgegengetreten werden konnte. Denn dass besonders im Umgang mit den KZ-Insassen solche Fragen aufkommen könnten, war F. Eimbeck und sicher auch vielen anderen klar. Aus ähnlichen Gründen waren viele Soldaten nach bei der Gefangennahme bestrebt, ihr Soldbuch zu behalten. Denn damit war der Nachweis zu erbringen, wo und wann sie zu einem bestimmten Zeitpunkt gedient hatten.

ERNST HEINKEL AKTIENGESELLSCHAFT
Werk Seestadt Rostock

AM 4. Februar 1946

Z e u g n i s

Herr Ingenieur Fritz E i m b e c k , geboren am 11. November 1905 in
Wieda, war vom 1. Dezember 1929 bis zum 30. April 1945 in der Ernst
Heinkel Aktiengesellschaft, Werk Rostock und Werk Wien, als technischer
Angestellter, zuletzt als Abteilungsleiter beschäftigt.

Ing. Eimbeck arbeitete zunächst als Vorrichtungskonstrukteur im Werk
Rostock. Aufgrund seiner sehr guten Leistungen wurde er 1934 zum Gruppenleiter ernannt. Ihm wurde insbesondere die konstruktive Entwicklung der
Vorrichtungslehren übertragen, ein Arbeitsgebiet, daß er vollkommen
selbständig mit seinen Mitarbeitern betreute. Später war er verantwortlich für die Lizenzbetreuung im Vorrichtungssektor und leitete zwischen-
zeitlich für ein halbes Jahr in der Arbeitsvorbereitung die Auftrags-
gruppe für den Vorrichtungsbau. In Anerkennung seiner erfolgreichen
Arbeit wurde Herr Eimbeck 1938 zum stellvertretenden Abteilungsleiter,
1939 zum Abteilungsleiter ernannt. Ihm unterstanden hier etwa 100 Mitarbeiter. Unter seiner Leitung wurden die Vorrichtungskonstruktionen
für die verschiedenen Heinkel-Baumuster angefertigt.

Dank seiner sehr guten technischen Begabung und insbesondere seiner
Konstruktionsfähigkeit hat Herr Eimbeck die ihm übertragenen Aufgaben
stets mit Fleiß und Umsicht und allseitig anerkannter Einsatzbereitschaft
zur vollsten Zufriedenheit erledigt. Seine Führung und sein Verhalten
gegenüber Mitarbeitern waren jederzeit einwandfrei. Hervorzuheben ist
insbesondere seine Fähigkeit, Menschen anzuleiten und zu behandeln.

Herr Eimbeck schied am 30. April 1945 im Rahmen der kriegerischen Ereignisse aus den Diensten des Werkes aus. Wir danken ihm für seine 15jäh-
rige erfolgreiche Mitarbeit und wünschen ihm für seine Zukunft das Beste.

ERNST HEINKEL AKTIENGESELLSCHAFT
Werk Seestadt Rostock

Weil er sich nach eigenen Aussagen bessere Perspektiven versprach, schied
F. Eimbeck aus den RIW aus und nahm eine Tätigkeit in Warnemünde auf.

Rostocker Industriewerke
Rostock
e. G. m. b. H.

ROSTOCKER INDUSTRIEWERKE E.G.M.B.H. (3) ROSTOCK

Herr

Fritz E i m b e c k ,

R o s t o c k

Orleansstr.

DRAHTWORT: INDUSTRIEWERKE-ROSTOCK
FERNSPRECHER: ROSTOCK 5709
BANKVERBINDUNG: STADTBANK ROSTOCK

(3) Rostock, 31. Juli 1946

IHRE ZEICHEN: —   IHRE NACHRICHT VOM: —   UNSERE ZEICHEN: —

Z e u g n i s

Herr Fritz E i m b e c k , geboren am 11. November 1905 in
Wieda(Blankenburg), war vom August 1945 bis zum Juli 1946 in
unserem Konstruktionsbüro als Konstrukteur tätig.

Er bearbeitete hauptsächlich die anfallenden Konstruktions-
arbeiten für die landwirtschaftliche Abteilung - wie Eggen,
Pflüge, Acker- und Kippwagen -. Ausserdem wurde Herr Eimbeck
für die Entwicklung und Konstruktion von Sondergeräten und
Vorrichtungen für unsere Werkstätten verwandt.

Herr Eimbeck ist ein guter Konstrukteur. Er ist äusserst
fleissig und gewissenhaft und hat die ihm übertragenen Aufgaben stets zu unserer vollsten Zufriedenheit ausgeführt.
Sein Verhalten gegenüber Vorgesetzten und Mitarbeitern, sowie
Führung und Kameradschaft waren gut.

Herr Eimbeck scheidet auf eigenen Wunsch aus unserem Werk aus;
wir wünschen ihm für die Zukunft das Beste.

ROSTOCKER INDUSTRIEWERKE
e.G.m.b.H.

Am 1.07.1946 wurde das „Technische Büro für Windkraftwerke" in Warnemünde gegründet. Weder den meisten der dort unmittelbar Beschäftigten, noch anderen Personen war zunächst bekannt, dass es ich bei diesem Unternehmen um einen Ableger eines sowjetischen Ingenieurbüros, eines sogg. OKBs, handelte, das nur dem Zweck diente, die besten Köpfe, hier der Heinkelwerke, und der anderen deutschen Spezialisten zusammenzuhalten und sie durch gut bezahlte Tätigkeiten in ihrem eigentlichen Aufgabengebiet davon abzuhalten, sich von den drei anderen Besatzungsmächten abwerben zu lassen.

Büro im Haus Stolteraa   Quelle: Seniorenverein DMR, Archiv

Seitens der Sowjetunion lassen sich folgende Bereiche ausmachen, in denen deutschen Spezialisten rekrutiert werden sollten und wurden: Atomwissenschaft, Raketenforschung, Luftfahrforschung und weitere Gebiete wie Chemie, Elektronik, Optik, Marine. Dazu wurden in der sowjetischen Besatzungszone unter „falschem" Namen Ingenieurbüros gegründet und dann versucht, die vorher ausgewählten Spezialisten dort vertraglich einzubinden. (39)

Ein Experimental-Konstruktionsbüro (russisch: опытно-конструкторское бюро (ОКБ)) ist die Bezeichnung für ein von einem erfolgreichen Luft- und Raumfahrt-Ingenieur geleitetes sowjetisches bzw. russisches Entwicklungs-, Konstruktions- und Planungsinstitut, nach dessen Plänen in Herstellungsbetrieben Flugzeuge, Raketen oder Ähnliches produziert wurden. Von diesen Büros in der Sowjetunion wurden dann die in der SBZ solche „Außenstellen" unmittelbar nach dem Krieg gegründet. Diese bestanden dort im Zeitraum von Mai 1945 bis Oktober 1946 (siehe Aktion Ossawakim) für militär- und wirtschaftspolitisch relevante Aufgaben in der Sowjetischen Besatzungszone Deutschlands und im sowjetischen Sektor von Berlin. Folgende OKBs gab es dort

> OKB-1 in Dessau bei Junkers & Co.
> > OKB-1(F) in Warnemünde bei Heinkel („F" für Filiale)
> OKB-2 in Staßfurt bei BMW
> OKB-3 in Halle (Saale) bei Siebel Flugzeugwerke
> OKB-4 in Berlin bei Askania Werke
> OKB-5 in Berlin bei?
> OKB-6 in Berlin bei Siemens
> OKB-7 in Neuhaus-Schierschnitz bei Siemens. (40)

Der Anteil der Luftfahrtforscher betrug mit etwa 1200 bis 2000 Personen, ca. 35%, der höchste an den gesamten Spezialisten. Da 60% der Nazi-Luftfahrtindustrie in Mitteldeutschland angesiedelt war, ist es verständlich, dass die Heinkel-Spezialisten in Warnemünde nur als „Filiale" von Dessau eingeordnet waren. Dabei standen die Motorenentwicklung und vor allem die sehr weit fortgeschrittene Düsentriebwerksentwicklung bei Heinkel und Junkers im Focus der sowjetischen Interessen.

Dann erfolgte die sehr gut vorbereitete Nacht – und Nebelaktion Ossawakim (eigentlich „Operation Ossoawiachim"). Das war eine sowjetische Geheimoperation unter Leitung der Sowjetischen Militäradministration in Deutschland (SMAD), bei welcher im Wesentlichen in den frühen Morgenstunden des 22. Oktober 1946 mehr als 5000 ausgewählte deutsche Fachkräfte (russ. Специалист; also Wissenschaftler, Ingenieure und Techniker, die auf Spezialgebieten tätig waren) aus militär- und wirtschaftspolitisch relevanten Betrieben und Institutionen der sowjetischen Besatzungszone Deutschlands (SBZ) und dem sowjetischen Sektor von Berlin - mit wenigen Ausnahmen gegen deren Willen - zur Arbeit in die Sowjetunion verbracht wurden. Der entsprechende Ukas hatte folgenden Wortlaut: „Auf Befehl der sowjetischen Militäradministration müssen Sie fünf Jahre in ihrem Fach in der Sowjetunion arbeiten. Die Arbeitsbedingungen sind dieselben wie für einen Russen in entsprechender Stellung. Sie werden Ihre Frau und Ihr Kind mitnehmen. Sie können von ihren Sachen so viel mitnehmen wie sie wollen". (39, S.12) Die Verbringung deutscher Arbeitskräfte war als Teil der Wiedergutmachung in den Konferenzen von Jalta und Potsdam, im Morgenthau-Plan und auch in   SU-Gewerkschaftskonferenzen festgelegt und beraten worden. (41)

Holger Björkquist schreibt zu den Personen und Aufgaben im OKB 1 (F) in Warnemünde: Als Chefingenieur des OKB 1(F) wurde der ehemalige Leiter der Abteilung „Theorie des Katapultierens" der Firma Heinkel, Arno Geertz, eingesetzt. Dieses Team arbeitete im ehemaligen Gästehaus der Heinkel-Werke „Haus Hohenzollern" (heute „Stolteraa"). Insgesamt 149 deutsche Mitarbeiter waren hier tätig. Konstruktionsleiter war Friedrich Scherer, Phillip Gräff leitete die Fertigung, die Chemiker Daniel und Hahn arbeiteten an einem besonders langsam abbrennenden Pulver für Schleudersitz-Kartuschen und Ing. Wandolin Zindel entwarf Startkatapulte für Seeflugzeuge bis zu vier Tonnen Masse.   Während die Rostocker Heinkel-Flugzeugbauer (u.a. Siegfried Günther, Gerhard Schmitz, Arno Geertz, Karl Butter, Phillip Gräff, Wandolin Zindel, Friedrich Scherer, Walter Künzel und andere) dann in Podberesje in der Nähe von Moskau unter Leitung von Brunolf Baade (ehemals Junkers) bzw. Heinz Roessing (ehemals Siebel) an den verschiedensten Projekten arbeitete, versuchten die in Rostock verbliebenen Techniker und Ingenieure die Wirtschaft wieder aufzubauen. (42)

Das Fehlen von bis zu 6000 hochqualifizierten Arbeits- und Führungskräften machte sich als starker Mangel bei der Wiederherstellung der wirtschaftlichen Leistungs-fähigkeit der Industrie in der SBZ bemerkbar und wurde auch vom Alliierten Kontrollrat sehr aufmerksam verfolgt. Da jedoch ähnliche Vorgänge als „Kampf um die besten Köpfe" auch von den Amerikanern, Engländern und Franzosen ausgeführt wurden, blieb diese Aktion ohne direkte Folgen in den Beziehungen der Alliierten untereinander. Mit dem Zeitpunkt der Operation wurde Rücksicht genommen auf die Landtags-wahlen in der SBZ am 20.10.1946 und die darauffolgenden Umstrukturierungen in den Verantwortlichkeiten für die Wirtschaftspolitik. (39)

Nach dem Eindruck der der beteiligten Spezialisten wurden sie nach etwa zwei Jahren bereits nicht mehr an den SU-Forschungen beteiligt und auch nicht in deren Strukturen eingebunden. Zusammen mit einer „Abkühlzeit" vor der Rückkehr in die SBZ von etwa 6 Monaten, ergibt sich ein nur bedingt wirksamer Leistungstransfer der deutschen Spezialisten in die OKBs der Sowjetunion. Die Wirksamkeit der Operation Ossawakim sowohl für die sowjetischen Atomindustrie, die Raketentechnik und auch für die Luftfahrtindustrie werden sehr zurückhaltend beurteilt, wenn nicht sogar negiert. (39, S.172ff) Als es zum Beispiel um den Aufbau einer strategischen Fernbomberflotte der UdSSR ging, wurde die amerikanische Boeing B-29 als Grundlage genommen. (44) Unbestritten ist, dass die Spezialisten in Bezug auf die Lebensverhältnisse deutlich bessergestellt waren, als der Rest der Bevölkerung in der Sowjetunion.

Sowohl bei der Westalliierten aber insbesondere bei der sowjetischen Art der völlig ideologiefreien Nutzung von Wissen, materiellen Rüstungsgütern und Personen erstaunt, dass die so rigoros in Jalta und Potsdam propagierte Entnazifizierung, Entmilitarisierung und Zerschlagung der Rüstungsindustrie so offensichtlich ausgesetzt wurde oder als nur für die deutsche Regie geltend dargestellt wurde.(39, S.184) Beim zeitweisen Wiederaufbau der Rüstungsbetriebe in der SBZ und bis zur

Aktion Ossawakim spielte es keine Rolle, ob einer höherer Führer bei der SS war oder Kriegsverbrecher. Solange er nur als Fachmann oder „Spezialist" galt, war alles andere vergessen, verziehen, verjährt. Es lag ihnen an „Spezialisten", besonders auf dem Rüstungssektor so sehr, dass jede andere Überlegung daneben als nichtig gewertet wurde. Hinter dem überragenden Interesse an Reparationsleistungen (materiell oder immateriell) hatte alles andere zurückzustehen. (39, S.47)   Nur stand das in starkem Widerspruch zu den gegenüber der eigenen SBZ/DDR - Bevölkerung propagierten - und in den Fällen von Nicht-Fachleuten und/oder Personen mit politisch stark konträren Verhalten auch hart umgesetzten - politischen Vorgaben und Maßnahmen. Das Verschonen und die Wissensnutzung von Nazi-Experten wurde später im kalten Krieg durch die DDR- Propaganda regelmäßig den Westalliierten unterstellt oder nicht thematisiert.

Es fällt nicht schwer, das überragende Interesse an Reparationsleistungen mit den wirtschaftlichen Bedingungen in der Sowjetunion in Verbindung zu bringen. Viele Jahre des ungeheure materielle und personelle Opfer fordernden Krieges und die „normalen" Probleme der Planwirtschaft hatten der sowjetischen Bevölkerung aufs Äußerste zugesetzt.

Wenn also F. Eimbeck schreibt

Mitte Mai 1946 wurde in Warnemünde, Haus Hohenzollern, ein Büro für Windkraftwerke gegründet. - .- - Da ich mir dort mehr Perspektive versprach, habe ich mich entschlossen, umzusteigen.
Hier entstanden Entwürfe von leistungsfähigen Windkraftwerken und zwar in Fortführung der Projekte der einzigen Forschungsanstalt in Weimar, die ihre Tätigkeit seit Beginn des Krieges 1939 eingestellt hatte. -
Als "Techn. Büro für Windkraftwerke" existierte es vom Juli 1946 bis 15. Januar 1947 und wurde dann als·
" Windkraftwerke u. Maschinenbau " umbenannt.

wird deutlich, dass auch die Herren, die ihm sicherlich den Vorschlag gemacht hatten dorthin zu wechseln, absolut nichts über die strategische Ausrichtung des Büros und die ein paar Monate später geplante Aktion gewusst haben.

Als an einem Morgen im Spätsommer 1946 überraschend einige Fachleute von uns in die SU verlagert wurden, haben wir uns nicht lange mehr im Büro aufgehalten. Mit meinem Reißzeug in der Tasche habe ich mich mit meinem Abteilungsleiter Rudi Kapp im Park am Seerosenteich hinter dem Alten Friedhof stundenlang aufgehalten und abwartende Haltung eingenommen. - Nur dem Umstand, dass wir unsere Abteilung "Redak- tion" bezeichnet hatten, hatten wir es zu danken, dass wir einer Mitnahme entgangen sind. - Wir beschlossen, uns einige Tage später bei der Neptunwerft zu bewerben. Wir waren dort, es kam aber zu

1939, Das Haus Hohenzollern   Foto: Webseite Hotel Stolteraa, Mai 2019

Neben der Entwicklung von Windrädern wurden vor allem Entwicklungen von Katapult-Projekten und Stanznietautomaten (Karl Butter) aus der Heinkel-Zeit weitergeführt. Nach der Rekrutierung der Heinkel-Spezialisten in die UdSSR wurde das TBW am 11.11.1946 von der SMAD an Regierung des Landes Mecklenburg übergeben. Die Tätigkeit des „Technischen Büros" endete offiziell am 15.1.1947. Trotz anzunehmender erheblicher Anstrengungen konnte F. Eimbeck keine Bestätigung für seine Tätigkeit im TBW erhalten. Das galt im Übrigen auch für die in die Sowjetunion verbrachten Spezialisten.

2.04.1947 - Mit neuem Mut   Quelle: SV DMR, Archiv

Der Betriebsleiter der Windkraftwerke und Maschinenbau, Dr. Nemitz, beschreibt am 17.03 1947 diese Entwicklung im Zusammenhang mit den im Unternehmen noch bestehenden Verbindlichkeiten wie folgt.

1. <u>Entwicklung des Unternehmens</u>

a) <u>Technisches Büro für Windkraftwerke, Zweigstelle des Sonderkonstruktionsbüros (SKB) 1</u>

Das Technische Büro für Windkraftwerke wurde am 1.7.1946 als Zweigstelle des SKB 1, Dessau, eingerichtet, Dienststellenleiter Herr Oberst Potemkin. Das Büro wurde auf Anordnung der SMV-Karlshorst - Abt. Luftfahrt - am 10.11.1946 aufgelöst und mußte innerhalb von 3 Tagen liquidieren. Dem damaligen kaufmännischen Leiter war es nicht möglich, für noch nachträglich eingehende Rechnungen im Gesamtwert von RM 2.648.57 eine Geldanweisung zu erhalten. Wir haben uns jedoch nochmals an den zuständigen Dienststellenleiter in Dessau mit der Aufforderung zur Zahlung gewandt und gleichzeitig die Firmen unterrichtet. Ferner läuft über das Arbeitsgericht eine Klage des FDGB. wegen nicht ausgezahlter Kündigungszeit entlassener Werkangehöriger.

b) <u>Technisches Büro für Windkraftwerke im Auftrage der SMA - Abt. Wissenschaft und Technik</u>

Am 11.11.1946 wurde das Technische Büro für Windkraftwerke von Oberst Potemkin an die SMA Schwerin - Abt. Wissenschaft und Technik - Herrn Oberstleutnant Dimitrieff als neuem Dienststellenleiter übergeben. Auf mündliche Anordnung des Herrn Gardeoberst Mihailow übernahm die Landesverwaltung, Herr Minister Warnke, am 16.1.1947 das Büro. Die offizielle Übernahme des Grundstücks, des Inventars und der Warenbestände erfolgte am 23.1.1947 von Herrn Dir. Keil. An Verbindlichkeiten waren RM 130.569.19 vorhanden.

Quelle: Landeshauptarchiv Schwerin (LHA SN), Bestand (Best.) 6.11-14 1039

Die genaue Unterstellung des ab **16.01.1947** neu firmierenden Unternehmens

**Windkraftwerke und Maschinenbau
Landeseigner Betrieb** (WiMa)

war nach anfänglichen Unklarheiten mit der Zuordnung zur Hauptverwaltung Landeseigene Betriebe (HLB) angeordnet. Zu diesem Zeitpunkt war die Konstruktion einer 15 KW Windkraftanlage fast abgeschlossen und die einer weiterentwickelten Stanznietmaschine zu 30%. Schwerin genehmigte die Weiterentwicklung für insgesamt 53 Mitarbeiter. Der Bevollmächtigte für Reparation bestellte 20 Stanznietmaschinen vom Typ 5002, bei Windkraftanlagen für die Entscheidung zur Variante 25 KW und es sollten verstärkt Reparaturen in Mecklenburg angeboten werden, für die es erste Aufträge gab. Damit wurde eine eigene Werkstatt erforderlich, für die dann die frühere Heinkel-Lehrwerkstatt zugewiesen wurde, die jedoch erst noch in Stand gesetzt werden musste. In der „Eröffnungsbilanz" des Unternehmens war kein Pfennig Bargeld (in Zahlen: 0,- *RM*) vorhanden, so dass das Land 50 000,- *RM* erst einmal überweisen musste, um den Geschäftsbetrieb aufnehmen zu können.

Mit Start des neuen Unternehmens erhielt F. Eimbeck einen neuen Vertrag bzw. eine Mitteilung zu seinen alten „Vertrag".

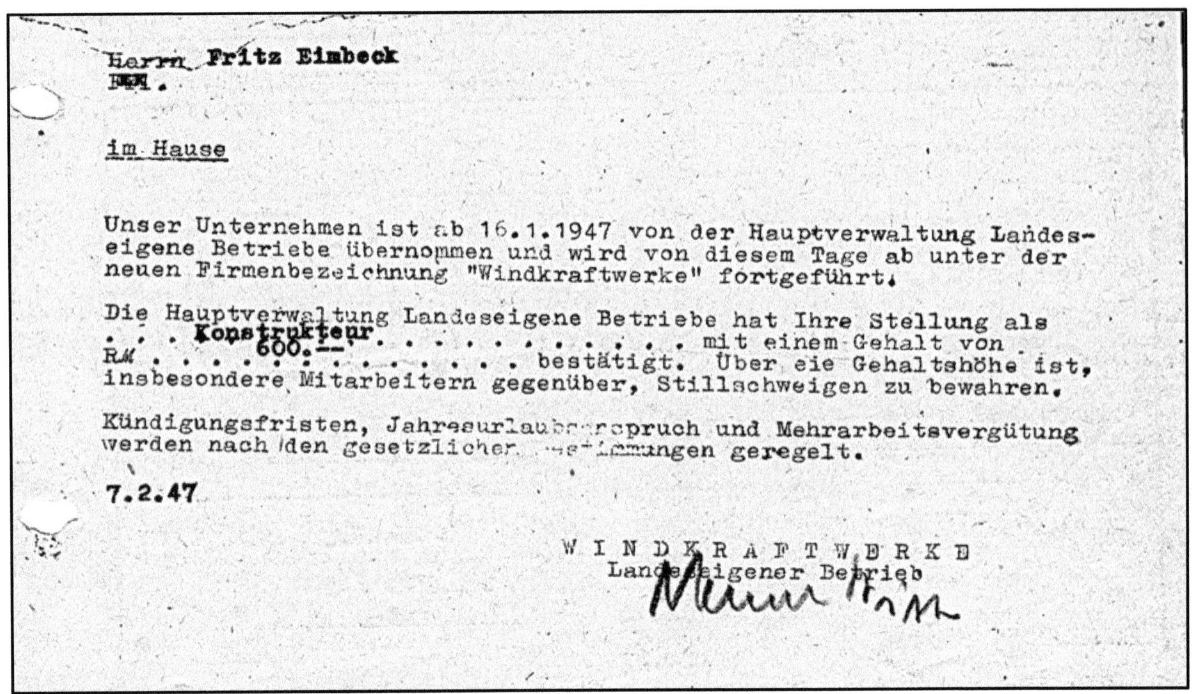

Herrn Fritz Eimbeck

im Hause

Unser Unternehmen ist ab 16.1.1947 von der Hauptverwaltung Landeseigene Betriebe übernommen und wird von diesem Tage ab unter der
neuen Firmenbezeichnung "Windkraftwerke" fortgeführt.

Die Hauptverwaltung Landeseigene Betriebe hat Ihre Stellung als
. . . Konstrukteur . . . . mit einem Gehalt von
RM . . . . 600.— . . . . bestätigt. Über eie Gehaltshöhe ist,
insbesondere Mitarbeitern gegenüber, Stillschweigen zu bewahren.

Kündigungsfristen, Jahresurlaubsanspruch und Mehrarbeitsvergütung
werden nach den gesetzlichen Bestimmungen geregelt.

7.2.47

WINDKRAFTWERKE
Landeseigener Betrieb

Er schreibt zu der damaligen Situation

Neue Perspektiven eröffneten sich : In Marienehe zog die Panzer-
abteilung aus der Lehrwerkstatt ab, und eine Übergabe an unser Büro
war in greifbare Nähe gerückt.
Neben Windkraftwerken und Reparatur der an der Küste vorhandenen
Langsamläufer, sollten auch Werkzeugmaschinen und Schiffsmaschinen
gebaut werden. — Außerdem standen Stanznietmaschinen, ein früheres
Spezialgebiet von Dr. Nemitz, auf dem Programm.
Unter dieser Devise versammelten wir uns abermals im jetzt umbenann-
ten Haus "Stolterna", um im Frühjahr 1947 nach M'ehe zu gehen.
Umzug und Anlauf gingen problemlos vonstatten.
Die Hauptständer von den Stanznietmaschinen wurden in Torgelow ge-
gossen. Die Bearbeitung erfolgte auf der einzigen, im Umkreis vor-
handenen Radialbohrmaschine in der Boizenburger Werft.
Ein Besuch der Werft machte sich im September 1947 erforderlich.
Die Nocken für diese Stanze, die aus gehärtetem Werkzeugstahl hätten
gemacht werden müssen, wurden aus Stahlguß hergestellt. !?
Die Fertigung von Netzwinden lief an. — Dienstreisen zur SMA Schwerin,
ZKM Halle, Ketschendorf, Barth, waren unumgänglich.
Die Räumlichkeiten wurden zu klein. Ein einfacher Anbau zum Abstel-
len und zum Streichen der Erzeugnisse wurde geplant und sollte in
Eigenleistungen gebaut werden.

Der Umzug von Warnemünde nach Marienehe fand am 2.04.1947 statt. Der landeseigene Betrieb hatte nun den Neubau und die Reparatur von Windkraftwerken und Wasserschöpfwerken im Programm. Und weiterhin Stanznietautomaten und den Beginn der Netzwindenfertigung mit Musterbau und ersten Anlagen. Ausrüstungsseitig standen ihnen dafür immerhin schon einige aufgearbeitete Drehmaschinen, ein Bohrwerk und Fräsmaschinen zur Verfügung.

1947 Umzug der WIMA in die Lehrlingshalle von Heinkel in M'ehe   Quelle SV DMR, Archiv

Umzugswagen mit Humor   Quelle: Seniorenverein DMR, Archiv

Neben den Stanznietautomaten, sie waren für die Flugzeugindustrie der Sowjetunion bestimmt und stellten dort wohl wirklich benötigte Reparationsleistungen dar, wurden Logger-Netzwinden für die Werft in Boizenburg ab 1948 ein wichtiges Erzeugnis für die Fischfangflotte. Nun begann auch die Herstellung von Reifenmaschinen, Dübel-Automaten und weiteren kleineren Erzeugnissen wie nachfolgende Ölmühle zeigt, die F. Eimbeck bis weit in die 50er Jahre noch im Haushalt genutzt hat. Ein wichtiger Schwerpunkt, an dem zeitweilig bis zu 100 Mitarbeiter beteiligt waren, war die Demontage der Reste des Sauerstoffwerkes in Peenemünde und dessen Neuaufbau in Bützow, das für die gesamte Industrie in Mecklenburg – insbesondere für die neu zu schaffende Werftindustrie - von großer Bedeutung war bzw. werden sollte. Im Frühjahr 1947 gab es eine „Verkaufsausstellung" in Schwerin, bei dem der landeseigene Betrieb Windkraftwerke und Maschinenbau eine Ehrenurkunde erhielt.

Ende 1947 verfügte das junge Unternehmen über folgende Auftragsbestände

<table>
<tr><td>

2. Fertigungsaufträge

a) Windkraftwerke

501/1102 - Mod.25 kW

501/1203 - Bau 2 St.2kW

501/1301 - 200 W/1St.

502/1301 - 200 W/2 St.

501/1302 - 300W/1St.

605/1303 - 200W/12 St.

Summe
Windkraftwerke

b) Stanznietmaschinen

501/5102 - Port.St.Autom.

501/5201 - Bohrn.Autom.

501/5501 - 2 Vorsch.T.

603/5001 - Stanzn.M./Dr.S.

601/5002 - 20 Stanzn.M.

603/5002 - Nacharb.Stanz nietm./Dr. S.

602/5002 - Stanzn.M.WIMA

</td><td>

1. Konstruktionsaufträge

a) Windkraftwerke

100/1101 - 1 25kW

100/1203 - 1 2kW

100/1204 - 1 6kW

100/1301 - 1 200W/Holzfl.

100/1302 - 1 300W

100/1303 - 1 200W/Metallfl.

Summe
Windkraftwerke

b) Stanznietmaschinen

100/5001 - Zus.Konstr. Halbrundkopfniet/Dr. S.

100/5002 - Forts.Konstr. Stanznietm./Ex.Rep.Auftr.

100/5102 - Portalstanzn.M. m.bewegl.Werkz.+Vorschubeinr.

Summe
Stanznietmaschinen

c) Sonstige Konstruktionsaufträge

400/0006 - Agar-Fert.

400/0010 - Fischk.Type D

400/0011 - 5 Rep.Masch.

</td></tr>
</table>

Quelle: 2x LHA SN, Best.6.11-14 1541

Die Fertigung dieser anspruchsvollen Produkte war nur möglich mit Maschinen, die u.a. von der Darguner Metallwarenfabrik – ebenfalls einem landeseignen Betrieb – geliehen(?) waren und um die es dann noch einen jahrelangen Streit geben sollte. Das Unternehmen WiMa war mit ca. 600 000 RM Krediten u.a. der Landeskreditbank Mecklenburg finanziert und hatte bei Forderungen von ca. 100 000,- *RM* Verbindlichkeiten von ca. 60 000,- *RM.* (46)

Stanznietautomaten 4.11.1948 Quelle: Seniorenverein DMR, Archiv

Ölmühle, Dreifuß Quelle: Archiv Autor

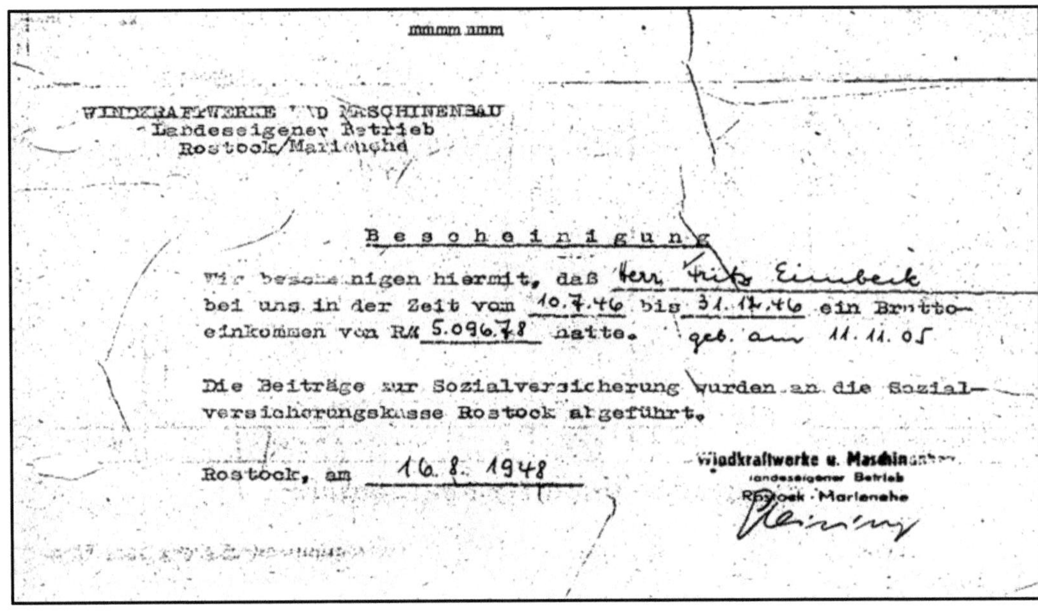

Während die Firmierung hier noch als Landeseigener Betrieb war, wurde 1948 die Eingliederung in die EKM - noch für den Standort Marienehe – verzeichnet.

Das Jahr 1948 war für die WiMa geprägt durch mehrere gravierende Ereignisse. Am 3.06.1948 teilte Dr. Nemitz der HLB mit, dass er von Berlin (SMAD) den Auftrag hat, alle Verbindungen zur HLB zu beenden, was ihn aber nicht davon abhielt, noch ausstehende Kreditvolumina zu erbitten. In diesem Zeitraum war der Kampf um die Liquidität des Unternehmens an der Tagesordnung. Die Grundlage für die Beendigung der Beziehungen war die beabsichtigte Übernahme der WiMa in die

VVB EKM Vereinigung Volkseigener Betriebe des Energie- und Kraftmaschinenbaus.

Die EKM war ihrerseits eine zonale VVB, die also der SMAD bzw. der DWK unterstand. Die Führung der EKM hat sich frühzeitig um eine klare Strukturierung „ihrer" Unternehmen bemüht, was aus nachfolgendem Schreiben an die DWK deutlich wird.

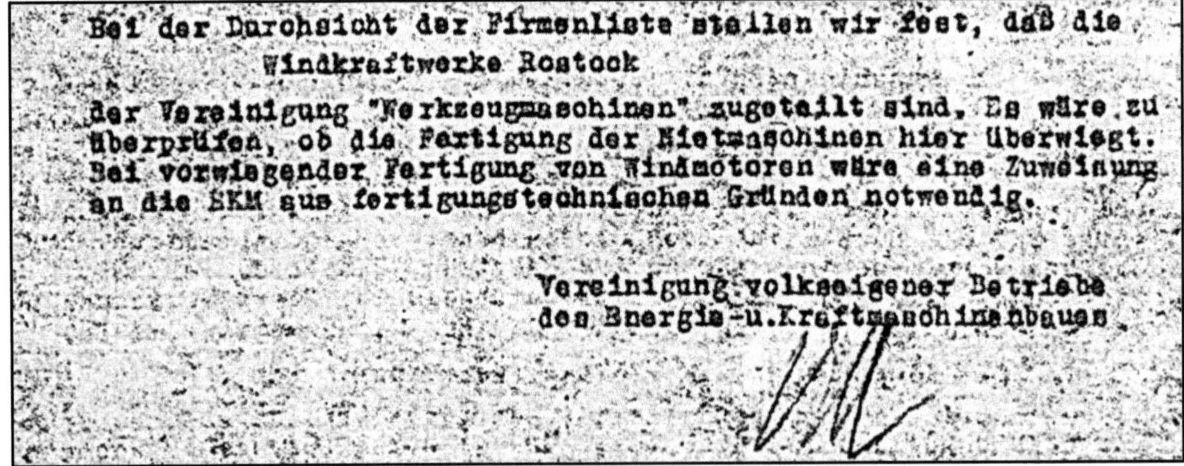

Quelle: Landesarchiv Sachsen-Anhalt Merseburg, Best. I 550 01.01 Nr. 75

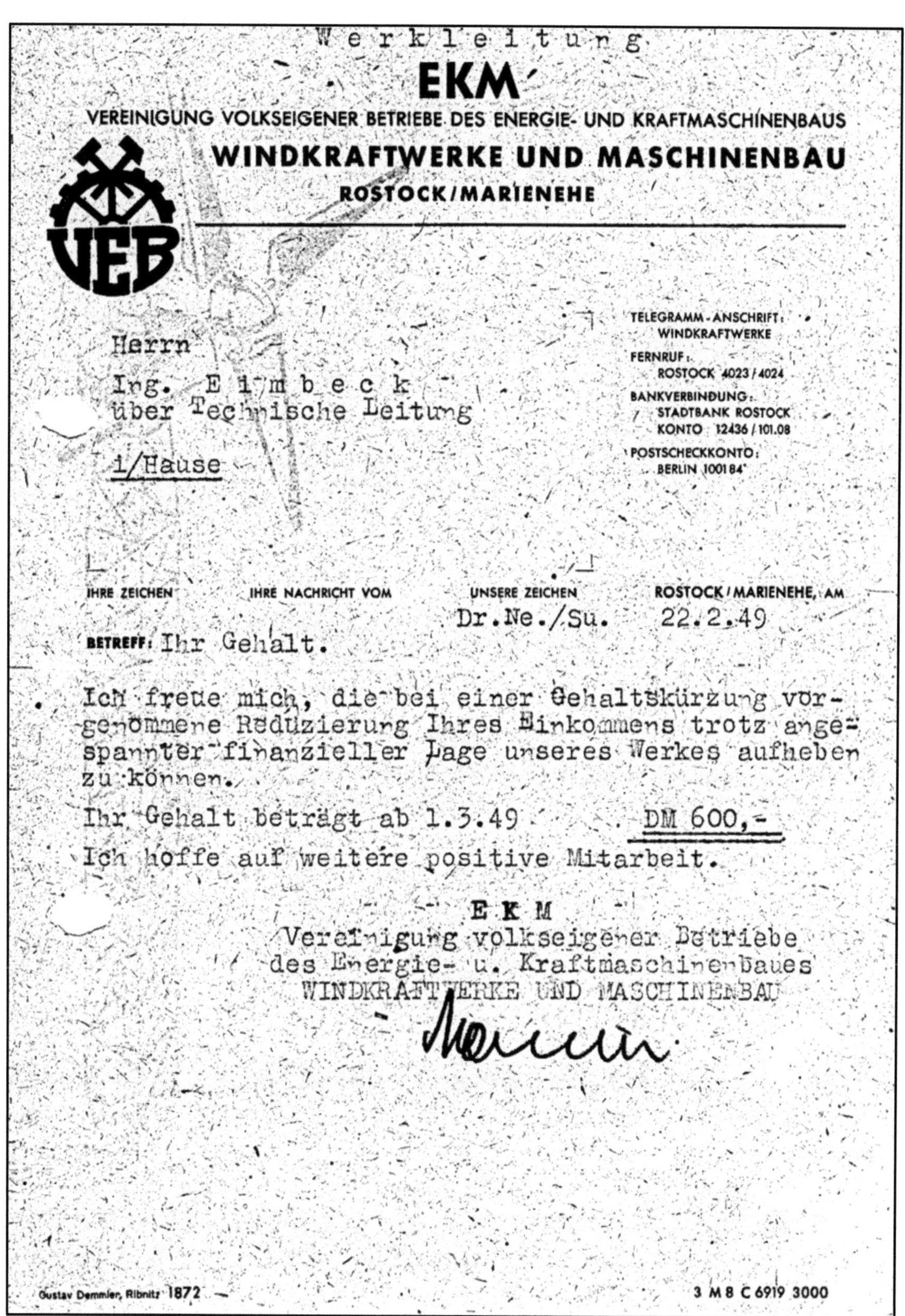

EKM

VEREINIGUNG VOLKSEIGENER BETRIEBE DES ENERGIE- UND KRAFTMASCHINENBAUS

WINDKRAFTWERKE UND MASCHINENBAU

ROSTOCK/MARIENEHE

Herrn

Ing. Eimbeck
über Technische Leitung

i/Hause

TELEGRAMM-ANSCHRIFT:
WINDKRAFTWERKE

FERNRUF:
ROSTOCK 4023/4024

BANKVERBINDUNG:
STADTBANK ROSTOCK
KONTO 12436/101.08

POSTSCHECKKONTO:
BERLIN 1001 84

IHRE ZEICHEN	IHRE NACHRICHT VOM	UNSERE ZEICHEN	ROSTOCK/MARIENEHE, AM
		Dr.Ne./Su.	22.2.49

BETREFF: Ihr Gehalt.

Ich freue mich, die bei einer Gehaltskürzung vorgenommene Reduzierung Ihres Einkommens trotz angespannter finanzieller Lage unseres Werkes aufheben zu können.

Ihr Gehalt beträgt ab 1.3.49   DM 600,-

Ich hoffe auf weitere positive Mitarbeit.

E K M
Vereinigung volkseigener Betriebe
des Energie- u. Kraftmaschinenbaues
WINDKRAFTWERKE UND MASCHINENBAU

Gustav Demmler, Ribnitz 1872 —

3 M 8 C 6919 3000

Im April 1949 gab es dann einen „ordentlichen" Anstellungsvertrag mit der Deutschen Wirtschaftskommission über EKM, allerdings ohne Unterschrift des Unternehmens. Erstaunlich ist, dass diese zentrale Struktur direkte Arbeitsverträge mit Einzelpersonen, die nicht zu den Top-Führungskräften zählten, vergab.

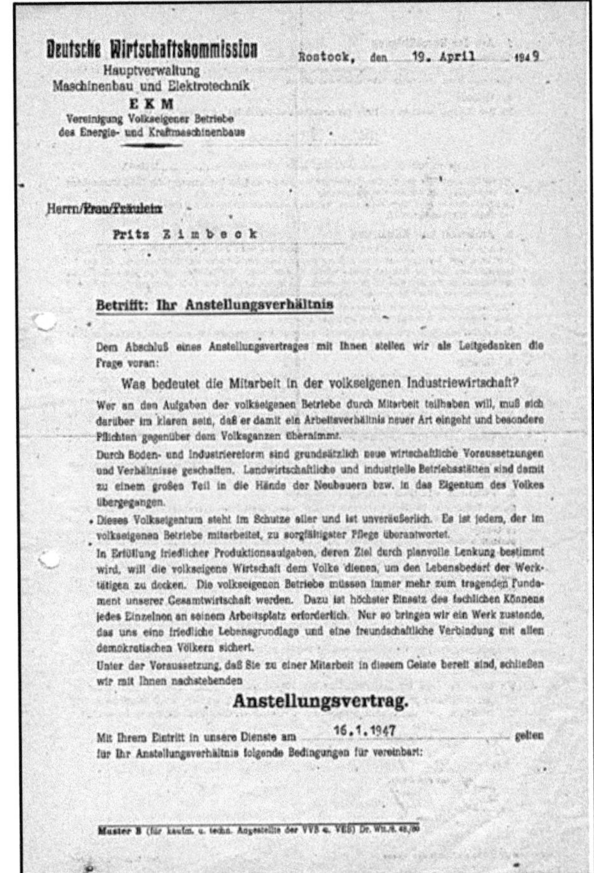

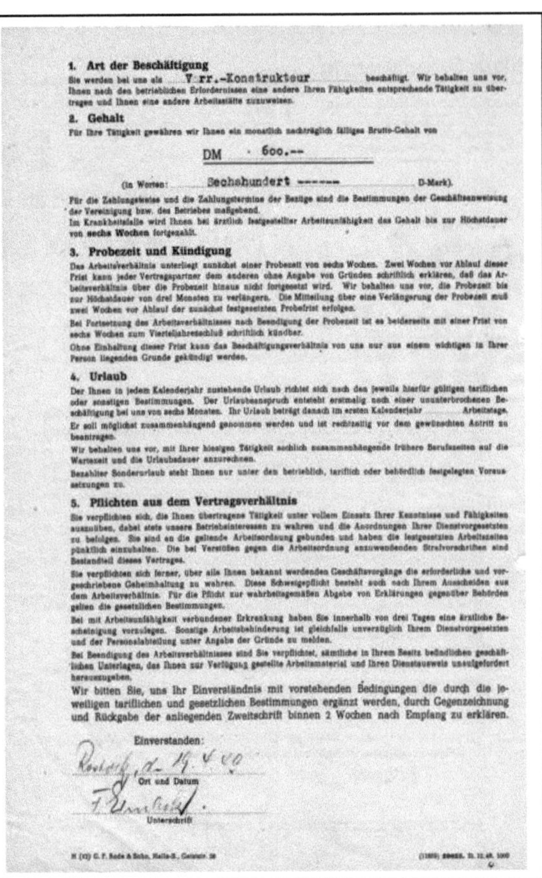

Die Organisationsstruktur der Zentralverwaltungen in der SBZ entsprach weitgehend dem Aufbau der Sowjetischen Militäradministration in Deutschland (SMAD). Da die sowjetischen Besatzungsbehörden nur in Ausnahmefällen bereit waren, deutsche Spezialisten (mit Ausnahme von Dolmetschern) direkt in ihrer Militärverwaltung zu beschäftigen, schufen sie parallel zu ihren Dienststellen auf fast allen Ebenen des nichtmilitärischen Bereichs entsprechende oberste deutsche Behörden. Mit dem SMAD-Befehl Nr. 17 vom 27.7. 1945 wurde die Gründung von Zentralverwaltungen angeordnet: Verkehrswesen, Post- und Fernmeldewesen, Brennstoff und Energie und weitere. Die Zentralverwaltungen hatten grundsätzlich die Funktion, beratende Organe der SMAD zu sein.   Mit dem SMAD-Befehl Nr. 138 vom 4. Juni 1947 wurde die Deutsche Wirtschafts-kommission (DWK) gegründet. Sämtliche zentrale planerische Arbeiten, insbesondere die Vorbereitung für eine längerfristige und umfassendere Wirtschafts-planung, wurden seit dem Sommer 1947 von der Wirtschaftsabteilung der DWK geleistet. Ab 1948 begann mit der DWK als bevollmächtigter zentraler deutscher Wirtschaftsbehörde eine mittelfristige Planungstätigkeit, selbstverständlich ohne dabei die führende Rolle der SMAD infrage stellen zu dürfen. (45) Die Wirtschaftsoffiziere in Berlin-Karlshorst wie auch in den Ländern und Provinzen hatten einen entscheidenden und direkten Einfluss auf die Lenkung und Planung der Wirtschaft.

An dieser Stelle soll kurz auf die industriepolitische Entwicklung der Sowjetischen Besatzungszone, von der Roten Armee oft selbst als Zone bezeichnet, eingegangen

werden. Besonders deutlich werden diese Phasen in der Zeitschrift „Metall" Heft 13/
14 aus 1948 beschrieben (49).

< In den ersten Monaten nach Kriegsende war die Zerschlagung von Trusts und
Konzernen im Mittelpunkt der meistens örtlichen (Belegschaft oder Gemeinde)
Interessen.
< Im nächsten Schritt verlagerte sich das Schwergewicht der Lenkung auf die
Länderebene, wo dann die entsprechenden Strukturen gebildet wurden. Auf der
Grundlage von entsprechenden Befehlen der SMA wurden dann durch
Sequestrierung und Übertragung an die Länder in Volkseigentum unter
Landesverwaltung überführt. In Schwerin war das die HLB, die ihrerseits die
Unternehmen zu bündeln versuchte.
< Diese Länderstruktur war jedoch ihrerseits ungeeignet, eine länderübergreifende
Koordinierung der Witrschaftpolitik durchzuführen. Zu anderen gab es auch keine
rechtlichen Grundlagen für eine zentrale Wirtschaftspolitik durch die Deutsche
Zentralverwaltung der Industrie und später dann die Deutsche Wirtschafts-
kommission(DWK). Erst mussten stets Befehle der SMA erlassen werden und dann
hatten noch die jeweiligen Länder die Veranwortung. Die Zentralinstanz war nur
Koodinator, so aber war eine wirkliche Zonen-Wirtschaftspolitik nicht durchsetzbar.
< Der entscheidende Schritt zum Aufbau einer neuen Verwaltungsstruktur wurde im
März 1948 getan, indem alle früheren Zentralverwaltungen der Wirtschaft aufgelöst
und der DWK unterstellt wurden. Die SAMD hat am 20.04.1948 das Recht der DWK
zum Erlaß verbindlicher Verordnungen und Anordnungen bestätigt.
< Ebenfalls im März wurde festgelegt, dass die bisherige Organisation der
volkseigenen Betriebe (in zonaler Veantwortung, in Landesverantwortung, in
Verantwortung von Städten und Kreisen) mit qualifizierten Leitungen zu besetzen ist,
ihre Organisation zu verbressern ist, ihr weiterer Aufbau finanziell abzusichern und
ihre Ertragsfähigkeit zu gewährleisten ist.
< Am 1.Juli 1948 haben die nun so „erneuerten" VVB offiziell ihre Tätigkeit
begonnen.

Aus der heutigen Sicht deutete demnach schon ab März 1948 alles darauf hin, dass
die Sowjetunion für ihre Besatzungszone eine vollständig eigene, zur sozialistischen
Planwirtschaft führende Entwicklung anstrebte, die dann mit der Gründung der DDR
ihren Abschluß fand. Erst mit der Wiedervereinigung 1990 und den Aktivitäten der
Treuhand sollte diese zentralisierende Entwicklung beendet werden.

Da in der EKM viele wichtige Betriebe (ca.30) des traditionell starken mitteldeutschen
Maschinenbaus zusammengefaßt waren, gibt die nachfolgende von der EKM damals
erstellte Tabelle einen interessanten Einblick in die Entwicklung dieser Unternehmen
über die Kriegsjahre hinweg. Das waren Unternehmen mit folgenden Produkten
Dampfkessel, Rohrleitungen, Turbinen, Pumpen,Dieselmotoren und Verdichter,
Gebläse, Guß-und Schmiedeteile. (50)

Entwicklung von EKM - Betrieben (ohne Wima)						
Jahr		**1936**	**1944**	**1946**	**1947**	**1948**	**1949**
Umsätze	in Mio RM	59	165	24	30	45	79
Personal	in Tausend	11	18	6,3	6,4	7,4	9,5

Quelle: Landesarchiv Sachsen-Anhalt Merseburg, Best. I 550 01.01 Nr. 75

Was die „Windkraftwerke und Maschinenbau" anbetrifft, so ist das in den Augen der SMAD und auch im Land Mecklenburg ein sehr besonderes Unternehmen. Denn es ist ein Neugründung ohne eigenes Firmengelände, Anfangs ohne Produkte, ohne Kapital. Aber es ist dadurch besonders interessant und wichtig, dass hier viele Fachleute und Spezialisten noch vorhanden sind, die für die Reparationsleistungen und den Wiederaufbau der Industrie dringend gebraucht wurden. Auch wenn am 22.10.1946 eine Reihe von Spezialisten in die Sowjetunion „gegangen" sind, so gab es immer noch Ingenieure und Facharbeiter, auf deren Potential man keinesfalls verzichten wollte und deren unverselle Verwendbarkeit für anspruchsvolle Aufgaben wohl immer im Hinterkopf von hohen Offizieren der SMA war. Auch dass diese bereits eigene Unternehmen gegründet und Produkte gesucht hatten und lieferten, war wohl ihnen ein Beweis dafür. So wurde auch der Reparations-Auftrag über Stanzmaschinen erteilt, von dem auch nach mehreren Monaten noch keine schriftliche Ausfertigung vorlag und erst über die EKM erneut Druck ausgeübt wurde.

„Flügel"kämpfe und das Ende der Marktwirtschaft

Aus verschiedenen Aufzeichnungen (46) geht hervor, dass die technische Kompetenz für die Herstellung von Windkraftanlagen überwiegend zuerst bei der RIW lag. Mit dem Überwechseln von Dr. Nemitz von RIW als Leiter des WiMa nahm er persönlich einige dieser Fähigkeiten mit, insbesondere kannte er die Möglichkeiten, die dieser Markt vor allem in Mecklenburg bot. Seit Mitte 1948 war die WiMa nun der VVB EKM Energie- und Kraftmaschinenbau unterstellt, das wohl hauptsächlich wegen der Windkrafttechnik. Die RIW ihrerseits war weiterhin der Landeseigene VVB Maschinenbau unf Metallwaren zugeordnet. Und die RIW war mit den vorwiegend hergestellten Produkten der Medizientechnik ziemlich defizitär und suchte dringend neue, ertragreichere Geschäftsfelder. Was lag deshalb näher, als die vorhandenen Kompetenzen im Windkraftanlagenbau zu nutzen und dem aus der RIW-Sicht ungewollten Wissenstransfer etwas Eigenes entgegenzusetzen. Plötzlich also erschienen auf den Markt RIW-Prospekte über Windkraftanlagen.

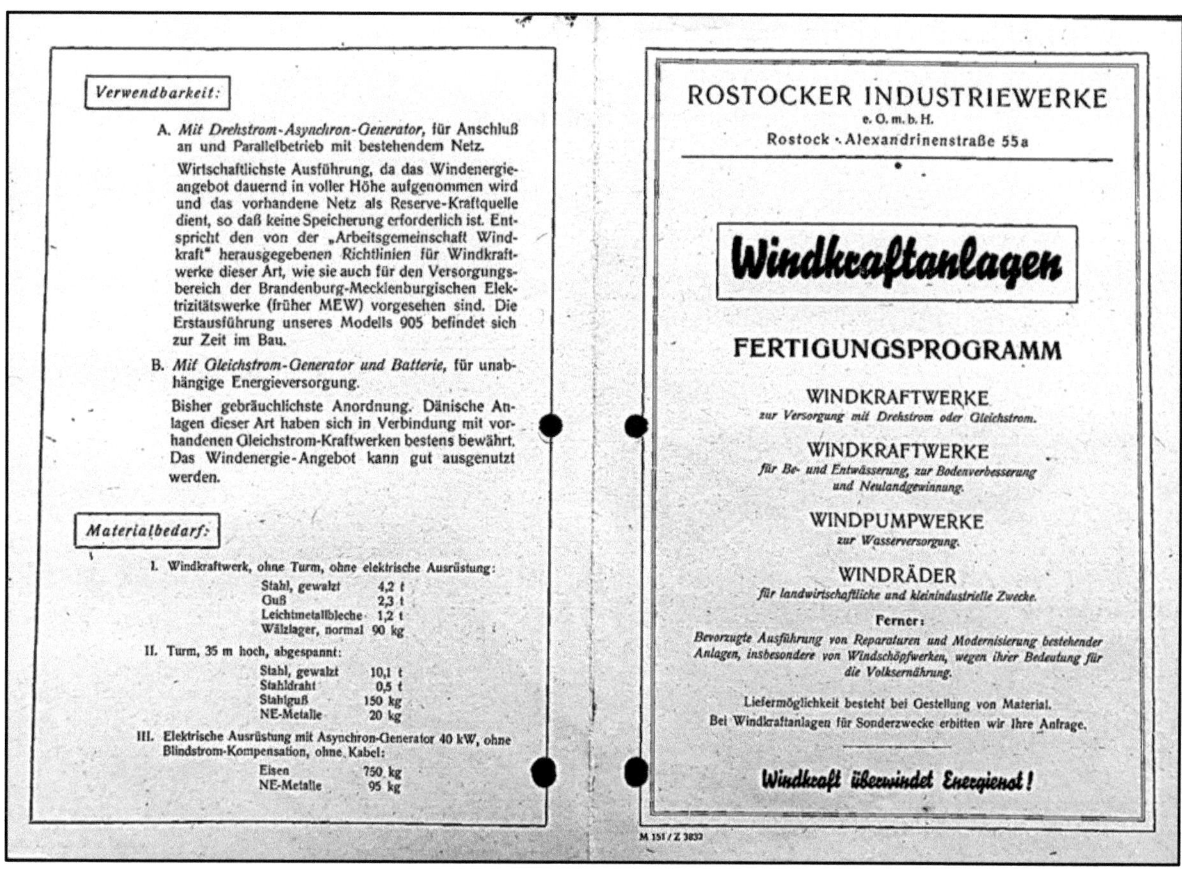

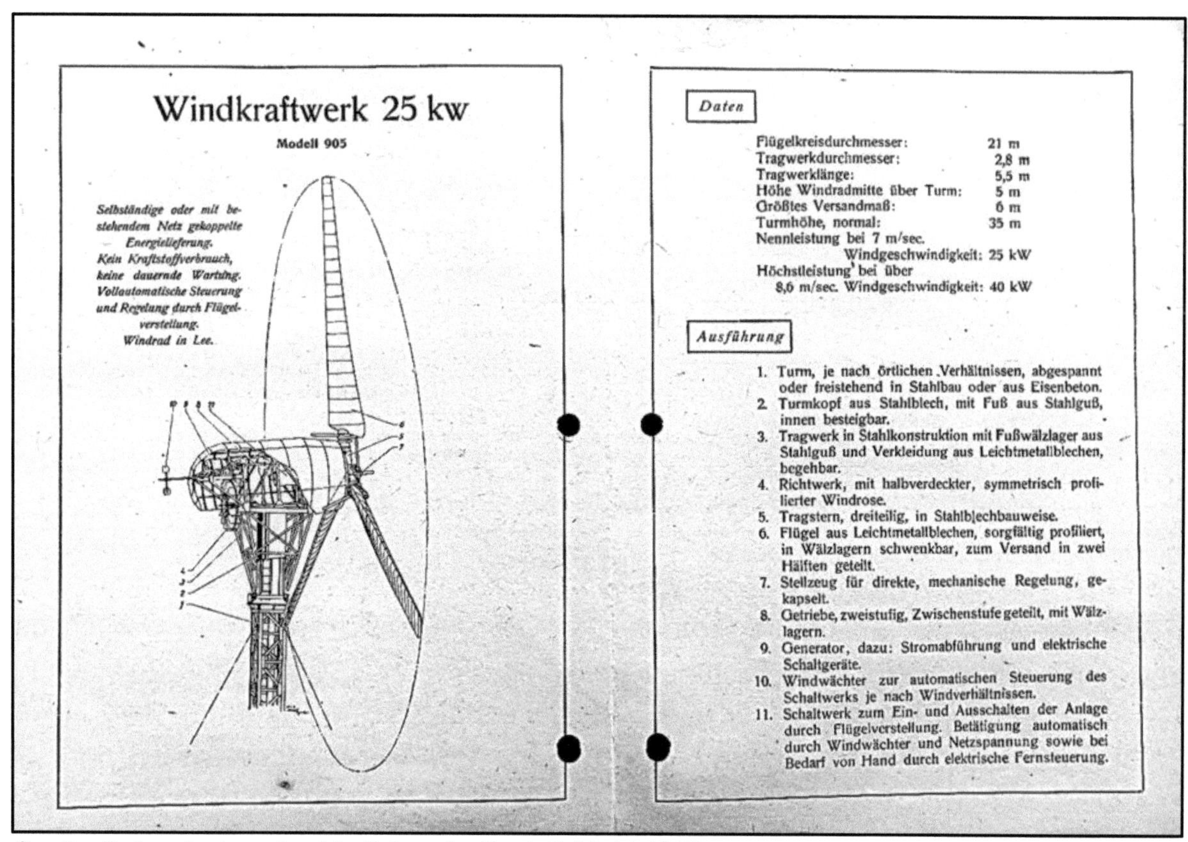

Quelle: 2x Landeshauptarchiv Schwerin, Best. 6.11-14 1039

Diese Aktivitäten bleiben der WiMa natürlich nicht verborgen und es entwicklte sich ein intensiver Schlagabtausch in den sich – wohl dank der Verbindungen von Dr. Nemitz- sofort auch höchste Stellen einschalteten.

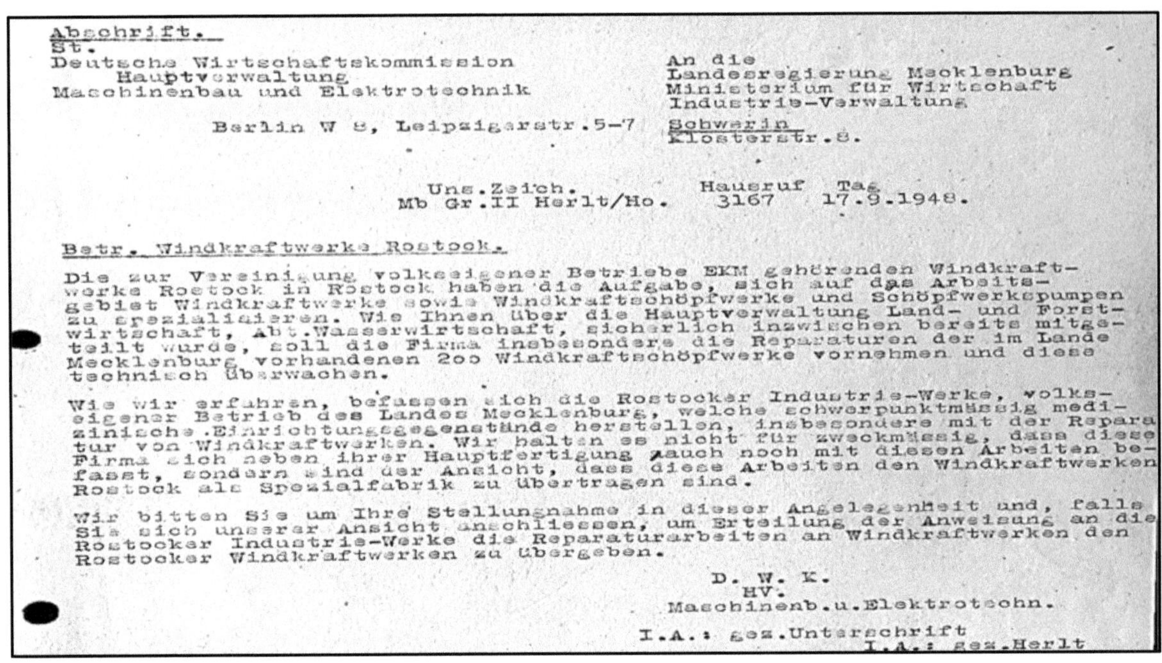

Abschrift.
St.
Deutsche Wirtschaftskommission   An die
        Hauptverwaltung   Landesregierung Mecklenburg
Maschinenbau und Elektrotechnik   Ministerium für Wirtschaft
                                                    Industrie-Verwaltung
        Berlin W 8, Leipzigerstr.5-7   Schwerin
                                                    Klosterstr.8.

                        Uns.Zeich.   Hausruf   Tag
                        Mb Gr.II Herlt/Ho. 3167   17.9.1948.

Betr. Windkraftwerke Rostock.

Die zur Vereinigung volkseigener Betriebe EKM gehörenden Windkraftwerke Rostock in Rostock haben die Aufgabe, sich auf das Arbeitsgebiet Windkraftwerke sowie Windkraftschöpfwerke und Schöpfwerkspumpen
zu spezialisieren. Wie Ihnen über die Hauptverwaltung Land- und Forst-
wirtschaft, Abt.Wasserwirtschaft, sicherlich inzwischen bereits mitge-
teilt wurde, soll die Firma insbesondere die Reparaturen der im Lande
Mecklenburg vorhandenen 2oo Windkraftschöpfwerke vornehmen und diese
technisch überwachen.

Wie wir erfuhren, befassen sich die Rostocker Industrie-Werke, volkseigener Betrieb des Landes Mecklenburg, welche schwerpunktmässig medizinische Einrichtungsgegenstände herstellen, insbesondere mit der Reparatur von Windkraftwerken. Wir halten es nicht für zweckmässig, dass diese
Firma sich neben ihrer Hauptfertigung auch noch mit diesen Arbeiten be-
fasst, sondern sind der Ansicht, dass diese Arbeiten den Windkraftwerken
Rostock als Spezialfabrik zu übertragen sind.

Wir bitten Sie um Ihre Stellungnahme in dieser Angelegenheit und, falls
Sie sich unserer Ansicht anschliessen, um Erteilung der Anweisung an die
Rostocker Industrie-Werke die Reparaturarbeiten an Windkraftwerken den
Rostocker Windkraftwerken zu übergeben.

                                        D. W. K.
                                           HV.
                                Maschinenb.u.Elektrotechn.

                        I.A.: gez.Unterschrift
                                        I.A.: gez.Herlt

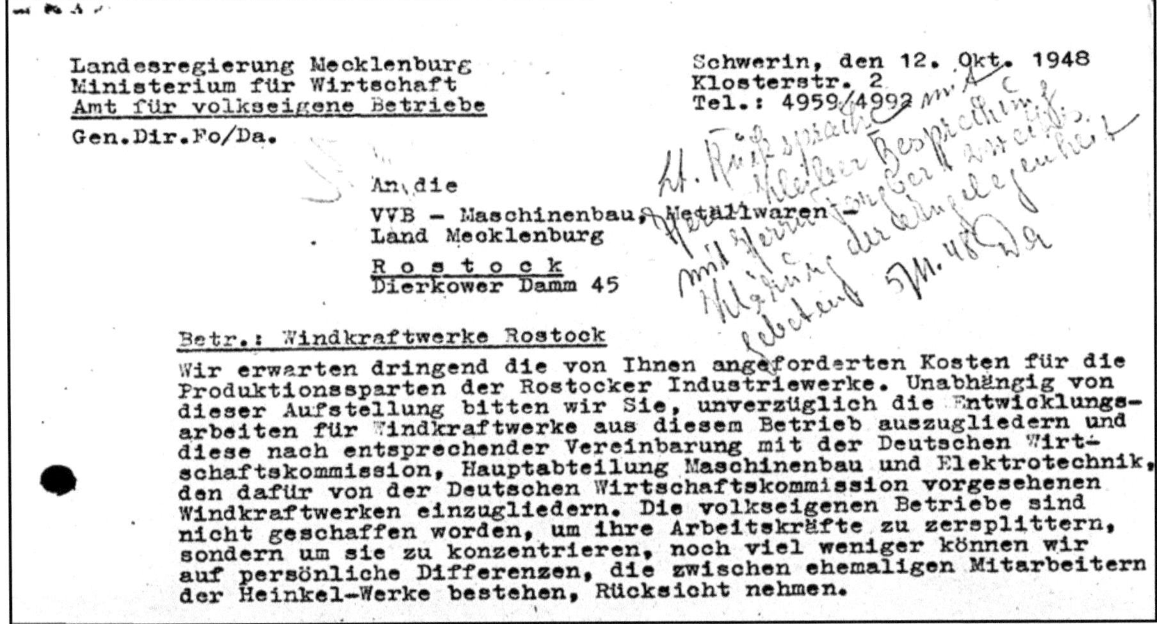

Landesregierung Mecklenburg   Schwerin, den 12. Okt. 1948
Ministerium für Wirtschaft   Klosterstr. 2
Amt für volkseigene Betriebe   Tel.: 4959/4992

Gen.Dir.Fo/Da.

                An die
                VVB – Maschinenbau, Metallwaren –
                Land Mecklenburg

                R o s t o c k
                Dierkower Damm 45

Betr.: Windkraftwerke Rostock

Wir erwarten dringend die von Ihnen angeforderten Kosten für die
Produktionssparten der Rostocker Industriewerke. Unabhängig von
dieser Aufstellung bitten wir Sie, unverzüglich die Entwicklungs-
arbeiten für Windkraftwerke aus diesem Betrieb auszugliedern und
diese nach entsprechender Vereinbarung mit der Deutschen Wirtschaftskommission, Hauptabteilung Maschinenbau und Elektrotechnik,
den dafür von der Deutschen Wirtschaftskommission vorgesehenen
Windkraftwerken einzugliedern. Die volkseigenen Betriebe sind
nicht geschaffen worden, um ihre Arbeitskräfte zu zersplittern,
sondern um sie zu konzentrieren, noch viel weniger können wir
auf persönliche Differenzen, die zwischen ehemaligen Mitarbeitern
der Heinkel-Werke bestehen, Rücksicht nehmen.

Quelle: 2x Landesarchiv Schwerin, Best. 6.11 -14 1039

Gegen die DWK als verlängerter Arm der SMAD war natürlich kein Kraut gewachsen und nach einem intensiven Schriftverkehr mit der VVB EKM und dem Land Mecklenburg als Eigentümer der VVB Maschinenbau und Metallwaren blieb keine Wahl.

Mit dieser klaren Entscheidung, die auch noch die Kompetenzen der RIW auf diesem Gebiet zum offensichtlich ungeliebten Konkurrenten WiMa überleiten sollte, war die sowjetische Linie der Planwirtschaft für den konkreten Einzelfall vollständig umgesetzt. Dass diese Durchsetzung des sowjetischen Wirtschaftprinzips letztlich zur wirtschaftlichen Wettbewerbs-Unfähigkeit des ganzen späteren Systems führte, sollte erst nach Generationen deutlich werden. Hieran zeigt sich aber auch, wie die Unternehmen in dieser Zeit um interessante und lohnende Geschäftsfelder kämpften. Die weiteren Bemühungen, auch der VVB Maschinanbau und Metallwaren der RIW zu helfen, führte dann zu weiteren Geschäftsfeldern, zumal die Produktlinie Gesundheitstechnik auch qualitativ unter Druck stand.

Der hier im letzten Satz anklingende Streit zwischen verschiedenen Führungskräften hing auch mit der Nazivergangenheit Einzelner zusammen. Besonders Dr. Nemitz fühlte sich (von Dr. Köhler) zu unrecht in die Nähe der SS gerückt und das führte u.a. möglicherweise auch zu seinem späteren Verlassen der SBZ.(46)

```
Hauptverwaltung                         Schwerih,den 6. Okt. 1948
Landeseigene Betriebe                   Klosterstr. 2
M e c k l e n b u r g                   Fernruf: 4959 und 4991/92
         i. L.                          Postschließfach Nr. 105
KR/01          Ho./Ka.


An die
Windkarftwerke und Maschinenbau
Volkseigener Betrieb


Rostock - Marienehe /Meckl.


Betr.: Treuhänderbüro der ehemaligen E. Heinkel A.G., Rostock
Bezug: Schreiben des Herrn Brügge, Rostock, Treuhänder der ehem.
       Ernst Heinkel A.G., Rostock, vom 30.9.48.
```

Quelle: Landesarchiv Schwerin, Best. 6.11 -14 1039

In dem Schreiben geht es um die Büromöbel des Treuhänders, der sein Büro aufgegeben hatte. Hintergrund des Treuhänders war, dass in allen noch materiell existierenden Werken von E. Heinkel in Frankreich, Österreich und in Stuttgart und Rostock Treuhänder eingesetzt wurden, die ihm sogar das Betreten verboten.(46) Es gab wohl diesbezüglich eine gemeinsame Festlegung der Alliierten.

Dieselmotoren und Maschinenbau

Ein aufschlussreiches Dokument (46), dass einerseits die Aufnahme eines Motorenbaus in Rostock belegt, andererseits auch Fragezeichen hinterläßt, denn von einem Walzwerk ist nur noch in einem weiteren Schreiben vom 20.02.1949 die Rede.

OOO.- Dir.He/Ke.

Schwerin, den 26. April 1949

A k t e n v e r m e r k

über die Besprechung Walzwerk und Maschinenfabrik in Rostock
am 19. April 1949.

Anwesend waren:

Herr Oberst Michailow,
Herr Major Peretjatkow,
Herr Major Litowschenko,
Herr Dr. Nemitz,
Herr Jockisch,
Herr Speck,
Herr Neuwirth.

- - -

1. Die Windkraftwerke gehen von der Zonen- in die Landesebene über.

2. Auf dem Gelände der "Fagema" (ehem. Heinkel) wird die oben genannte Fabrik aufgebaut. Das Windkraftwerk Warnemünde wird dem neuen Betrieb angegliedert, unter Leitung von Herrn Dr. Nemitz.

3. Unter Berücksichtigung der technischen Einrichtung der Windkraftwerke, soll ein neuer Dieselmotor konstruiert werden. Welche Type und in welcher Stärke, ob 50 PS, 65 PS, 70 PS oder 80 PS, soll Herr Dr. Nemitz feststellen. Er soll sich in Verbindung setzen mit der Werft Rhode in Rostock und der Boddenwerft in Stralsund um festzustellen, welche Stärke die Kutter TYpe "D" zum Antrieb benötigen. Wichtig ist dabei zu beachten, dass der Motor nicht nur die Kraft haben muss, den Kutter zu bewegen; vielmehr muss auch die Kraft in Rechnung gestellt werden, die zum Schleifen der Netze benötigt wird.

4. Herr Dr. Nemitz trug auch seine finanziellen Schwierigkeiten vor und Herr Oberst Michailow erklärte, dass er hier Hilfe leisten würde.

5. Auf der Schiffswerft in Rechlin liegen Elektromotore, die abverfügt werden sollen. Wir haben zu überlegen, wie man diese Motore ausnutzen kann. Desweiteren stellte Herr Oberst Michailow die Anlage der Molkerei in Altentrptow in Aussicht.

6. Die Ausarbeitung des Projektes hat schnellstens zu erfolgen. Über die Ausstattung mit Maschinen wird Herr Neuwirth noch im Laufe der Woche Zusagen machen, so dass von uns pünktlich die Maschinenanforderungen beim Amt zum Schutze des Volkseigentums eingehen. Im Laufe des Monats Mai muss die Organisation beendet sein und mit den Fundamentarbeiten begonnen werden.

7. Bei der Zuckerfabrik in Rostock steht eine grosse Drehbank, die dort nicht benötigt wird. Es ist festzustellen wer damit arbeitet und die evtl. Umsetzung zu verfügen.

8. Für die neue Fabrik sollen 1 Personenkraftwagen und 2 Lastkraftwagen zur bereitgestellt werden. An Reifen werden benötigt: 4 Stück 5 x 17 oder 5 x 16, für den Lkw 4 Reifen 9 x 20.

9. Um die Technologie des Werkes zu studieren wird Herr Dr. Nemitz beauftragt, zur Firma Wolf-Buckau in Magdeburg zu fahren. Herr Oberst Michailow telefonierte mit dem Industriechef bei der SMAD, Herrn Alexandrow,

b.w.

Quelle: Landeshauptarchiv Schwerin, Best. 6.11 – 14 3377

Gardeoberst
Ilja Iwanowitsch Michailow

Stellv. Leiter der SMA
Mecklenburg 1945 bis 1949,
mit sehr großem Arbeits-
pensum und Einfluss auf die
industrielle Entwicklung in
MV

Foto: Broschüren DMR

In dem folgenden Schreiben geht es um eine von Michailow angewiesene Westreise zur Beschaffung von Ausrüstungen für den Motorenbau und eines Walzwerkes, gebraucht oder neu. Um das erforderliche Westgeld (21.06.1948 – Einführung Westmark / 26.06.1948 - Ostmark) für diese Reise ging ein wochenlanger Schriftverkehr. Ein Reisebericht ist nicht überliefert. Während für die Werkzeugmaschinen für den Motorenbau wohl einige Unterlagen beschafft werden konnten, führten die Auskünfte für ein Stahlwerk wahrscheinlich zu einer Abkehr von dieser Idee. Dieses Walzwerk wurde offensichtlich nur von einer Person in der SMA Schwerin stark favorisiert und technisch bis ins Detail handschriftlich zunächst in russisch ausgearbeitet. Damit sollten die Schwierigkeiten für die Unternehmen im Bereich dieser SMA hinsichtlich Beschaffung von Profilen, Stangen und Flachstahl auch durch den Einsatz von Schrott schnell behoben werden. In einer Halle der RIW wären die lokalen und technischen Vorraussetzungen gegeben.(52)

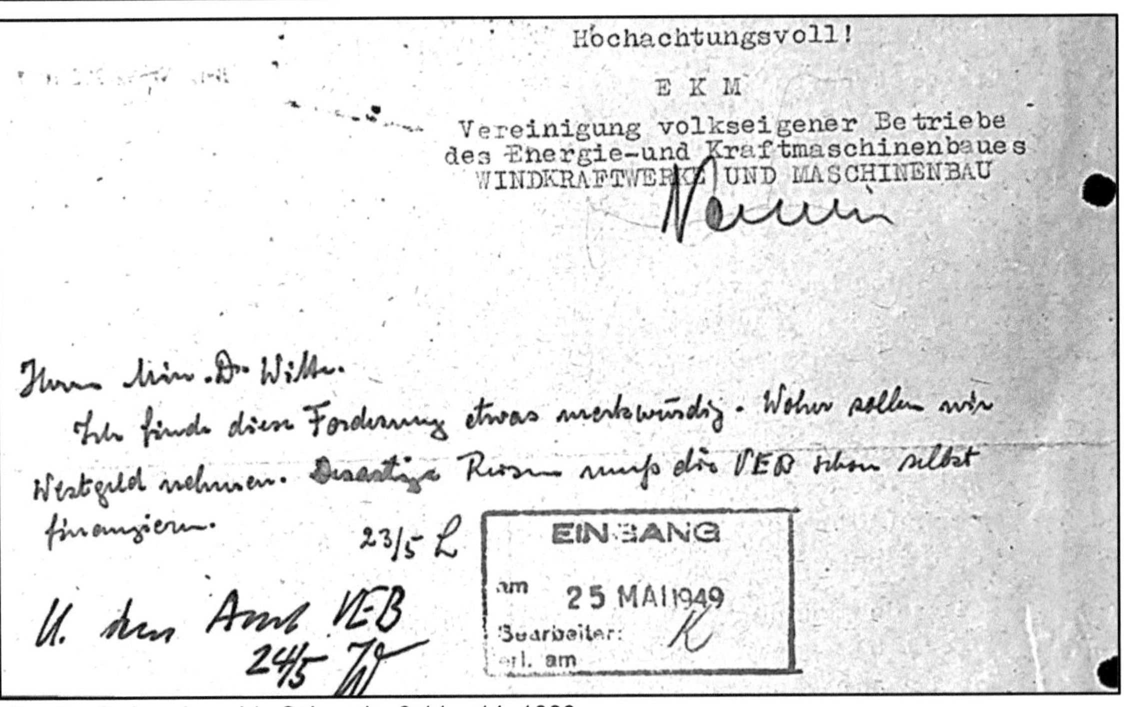

Quelle: 2x Landesarchiv Schwerin, 6.11 – 14 1039

90

Die Umsetzung der durch die SMA Schwerin festgelegten Maßnahmen durch die Windkraft und Maschinenbau beschreibt F.Eimbeck in den folgenden Zeilen.

An einem Sonntag im Mai 1949 früh trafen wir uns, um den Boden für das Streifenfundament auszuheben. (Es tobte ein Sandsturm, der uns kaum aus den Augen sehen ließ.)
Ganz unerwartet wurde ich zum Werkleiter Dr. Nemitz gerufen, der mit Koll. Kapp von einer Dienstreise aus Magdeburg zurückgekommen war und eröffnete mir :

Wir wollen Dieselmotoren bauen !

Sie fahren morgen nach Magdeburg zu Buckau- Wolf, um die Zeichnungen und Bauunterlagen zu übernehmen.
  Mein spezieller Auftrag lautete :
  "Melden beim Sowj..Generaldirektor der SAG, bitten um eine Be-
  gleitung zum Chefkonstrukteur Roß und erste Information über
  den Aufbau des 4 - Zyl.- Motors gewinnen. Die Leute von Buckau-
  Wolf sind alle sehr zugeknöpft, da sie kein Interesse daran haben,
  dass wir die Fertigung aufnehmen wollen.
  Noch ein Hinweis : Wenn Sie durch die große Produktionshalle
  geführt werden, gehen Sie langsam und halten nach rechts u. links
  Umschau, damit Sie von der Fertigung etwas mitbekommen, wie sie
  Kurbelwellen, Nocken usw. fertigen."
Die Aufgabe war ja allumfassend !
Ein Kollege vom Konstruktionsbüro wurde mir beigegeben, der aber von Fertigung unbeleckt war.

Bei Buckau- Wolf (später SKL) angekommen, meldete ich mich beim Generaldirektor an, der leider an dem Tage ohne Dolmetscher war. Der Empfang war sehr freundlich. Wir verständigten uns anhand von Bildern über Einspritzpumpen und sonstigem Zubehör, wobei ihm meine wenigen Worte russisch offensichtlich sehr gefielen. Er wies uns einen Tisch im Nebenzimmer an und liess uns im Betrieb freien Lauf. Wir gingen unbehelligt zum Konstruktionsleiter, der eine große Abneigung gegen den Bau "seines" Motors in Rostock zeigte. Im Betrieb fanden wir aber an allen Stellen gute Unterstützung. Wenngleich nur 2 Tage vorgesehen waren, hielten wir uns 1 Woche dort auf. - Als wir uns verabschiedeten, hatte ich ein Protokoll in der Tasche, mit dem wir auf allen Gebieten planen und Anschaffungen in die Wege leiten konnten.
Eine umfassende Beschaffung von Werkzeugmaschinen und Geräten sowie der Ausbau der Hallen in der Lübecker Strasse wurde aufgrund meines Magdeburger Protokolles eingeleitet.
Als dann eine Planungsgruppe um Otto Dürr, Ernst Freese usw. einstieg, fühlte ich Genugtuung, den ersten Schritt erfolgreich getan zu haben.
  Am 1. Sept.1949 : Dieselmotoren u. Maschinenbau Rostock.

Auf der Grundlage des Besuches von Dr. Nemitz und Kapp im April und einer Festlegung des Ministeriums für Wirtschaft des Landes Mecklenburg in Schwerin vom 4.Mai erfolgte dann diese Dienstreise von F. Eimbeck. nach Magdeburg zur SAG (Sowjetische Aktien-Gesellschaft) Betrieb Buckau–Wolf. Dem dortigen Direktor Schukow wurde dann, auch anhand des Reiseberichtes von F. Eimbeck, der letztlich die Machbarkeit des Vorhabens bestätigte, der Abschluss eines Lizenzvertrages vorgeschlagen. Dieser Lizenzvertrag für Bau von Dieselmotoren der Reihe 4NVD 224 wurde bereits am 28.05.1949 zwischen beiden Unternehmen abgeschlossen.

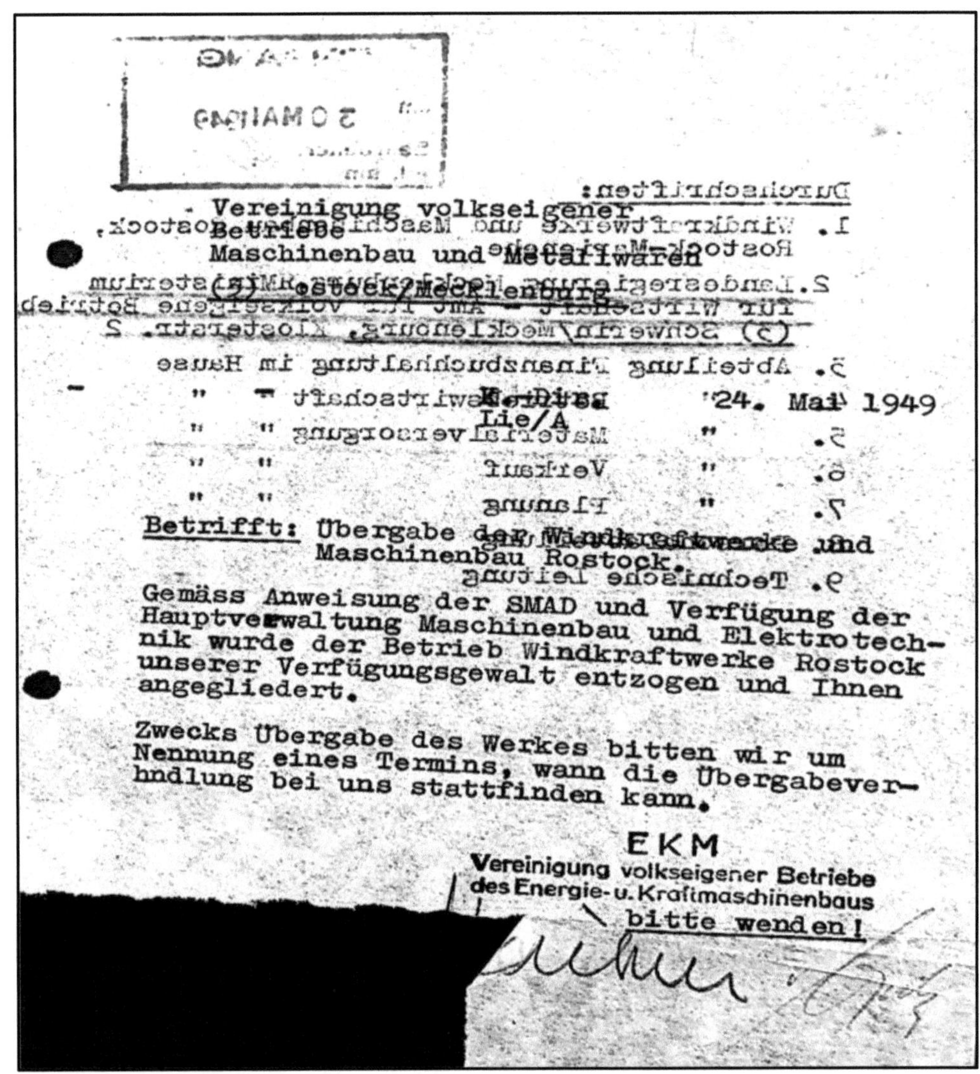

Betrifft: Übergabe der Windkraftwerke und
Maschinenbau Rostock.

Gemäss Anweisung der SMAD und Verfügung der
Hauptverwaltung Maschinenbau und Elektrotechnik wurde der Betrieb Windkraftwerke Rostock
unserer Verfügungsgewalt entzogen und Ihnen
angegliedert.

Zwecks Übergabe des Werkes bitten wir um
Nennung eines Termins, wann die Übergabever-
hndlung bei uns stattfinden kann.

EKM
Vereinigung volkseigener Betriebe
des Energie- u. Kraftmaschinenbaus
bitte wenden!

Quelle: Landeshauptarchiv Schwerin, Best. 6.11 – 14 1039

Mit Befehl Nr. 93 der SMAD vom 30.06.1949 an die SMA des Landes Mecklenburg, Gen. Michailow, wurde dann formal die Errichtung des Dieselmotorenwerkes in Rostock befohlen. Dieser Befehl war wohl auch erforderlich, weil die Pläne bei Buckau-Wolf nicht gerade auf Begeisterung stießen. Dass er im Nachgang zu den Entscheidungen erfolgte, war wohl der Bürokratie in der SMAD geschuldet.

Im Juli 1949 wurde mit der schwierigen und umfangreichen Reparatur der ehemaligen Heinkel-Hallen in der Lübecker Straße/Werftstraße begonnen. Der Umzug von der inzwischen viel zu kleinen Halle in Marienehe fand am 26.08.1949 statt. Dieses nun bereits mit der Perspektive des Motorenbaus. Und so zog mit diesen Perspektiven auch neuer Mut in der Belegschaft ein und es wurden nun immer mehr Mitarbeiter benötigt und eingestellt.

Ein neuer Optimismus wird wohl im folgenden Bild noch nicht besonders deutlich, wo einmal F. Eimbeck am Rednerpult steht und im zweiten Bild ein gemischter Chor offensichtlich etwas vorträgt.

1949, ca. August   Werftstraße, F. Eimbeck am Rednerpult

1949, ca. September - Die Fahne ist noch ohne DDR-Emblem   Am Tisch Mitte, F. Eimbeck

Mit dem Ausscheiden der WiMa aus der EKM wurde nun jedoch die Rückzahlung von Krediten der Landeskreditbank Sachsen-Anhalt in Höhe von über 303 050,83 RM gefordert, was dem Unternehmen jedoch nicht möglich war. Denn immer noch musste ein beträchtlicher Teil der Managementleistung für die Finanzierung des Tagesgeschäftes und die Finanzausstattung des Unternehmens geleistet werden. So entsteht der Eindruck, dass dieser und der spätere Wechsel der Gesellschafter durch die Geschäftsführung geschickt auch zur Liquiditätssicherung genutzt wurde.

Durch die Grundsatzentscheidung zum Dieselmotorenbau wurden nun von der Roten Armee requirierte ca. 100 Werkzeugmaschinen (vorwiegend aus Mecklenburg u.a. Dargun und Teterow) dem Unternehmen zur Verfügung gestellt. Davon war allerdings nur etwa die Hälfte bedingt nutzbar. Darüber hinaus wurden jetzt auch neue Werkzeugmaschinen z.T. aus der SBZ/DDR – Produktion beschafft, um die technologischen Herausforderungen der Motorenproduktion absichern zu können. Dennoch gab es zur sofortigen Wirksamkeit der Verlagerung eine ganze Reihe technologischer Herausforderungen, die sowohl personell als auch ausrüstungsseitig gesichert werden mussten.

Bereits am 1. September 1949 wurde die Fertigung des neuen Produktes Dieselmotor 4 NVD 224 aufgenommen. Das war natürlich nur dadurch möglich, dass von Buckau-Wolf nicht nur die Zeichnungen, sondern auch sämtliche Vorrichtungen, alle Lieferanten inklusive Lieferverträge, die Arbeitspläne, Spezialwerkzeuge und Prüfstands Zeichnungen mitgeliefert wurden. Aus der Sicht der SMAD waren die Spitzen-Fachkräfte deutschen Flugzeugbauer wie Heinkel geeignet, solche großen Herausforderungen wie eine schnellstmögliche Umstellung auf Schiffsmotoren-produktion zu bewältigen. Und dass offensichtlich mit Recht, denn nach nur 5 Monaten am 20.01.1950 konnte der erste Motor dieses Typs erprobt werden.

1949 – Optimismus in frisch renovierten Räumen in der Werftstraße
Quelle: Seniorenverein DMR, Archiv

Diese Änderung des Leistungsprofils des Unternehmens sollte nun auch im Namen deutlich werden, was ja, nun da keine Windkraftanlagen mehr hergestellt wurden, naheliegend war. So entspann sich in der zweiten Jahreshälfte 1949 eine Diskussion um den neuen Namen, die dann im Oktober zur offiziellen Umbenennung führte.

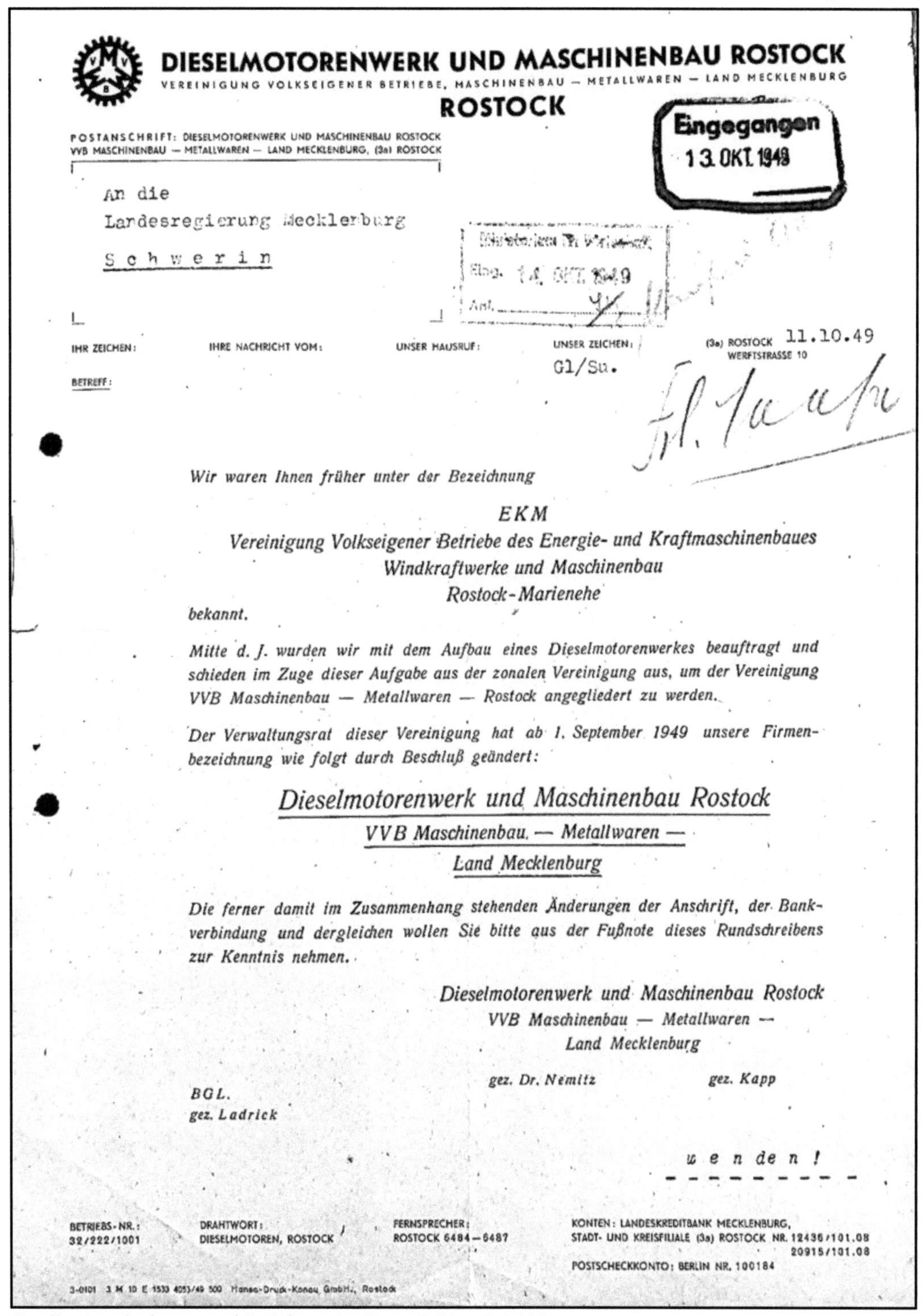

Quelle: Landeshauptarchiv Schwerin, Best. 6.11 – 2 1463

Seit dem Jahr 1948 fand die Aktivistenbewegung mit der publizistisch ungeheuer aufwendig „vermarkteten" Leistung von Adolf Hennecke am 13.10.1948 ihren Anfang. Bereits 1947/48 wurden auch im DMR die ersten Kollegen ausgezeichnet. Unmittelbar nach der Gründung der DDR erhielt F. Eimbeck diese Anerkennung, auf die er sichtlich stolz war.

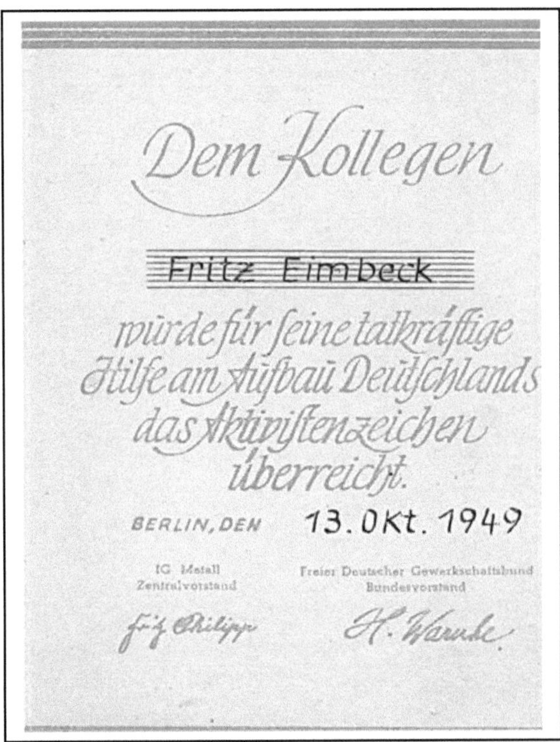

1953. Maidemonstration   -   F. Eimbeck im Vordergrund

Neben den gewaltigen beruflichen Aufgaben waren aber auch „internationalistische"
Aufgaben wie die Weltfestspiele der Jugend vom 14.08.-28.08.1949 in Budapest
vorzubereiten bzw. zu absolvieren. Hier ein Foto mit Teilnehmern, die u.a. von DMR –
Mitarbeitern begrüßt werden (F. Eimbeck, 3. von rechts).

Die erste Betriebsfeier fand 1950 im Schweizerhaus statt. Ilse Eimbeck vorn links.

Mit diesem Gesetz unmittelbar vor der Gründung der DDR wurden die Aufgaben zur Errichtung eines Dieselmotorenwerkes festgeschrieben und damit auch die große Bedeutung dieser Aufgabe.

DEUTSCHE WIRTSCHAFTSKOMMISSION
SEKRETARIAT

Berlin, den 22. September 1949

Wird nicht im ZVOBl. veröffentlicht!

Beschluß S. 311/49

Betr. die Errichtung eines Dieselmotorenwerkes VEB (L) in Rostock

Zur Deckung des Bedarfs an Motoren mit einer Leistungsfähigkeit von 100 PS für die in Bau befindlichen Fahrzeuge der kleinen Fischereiflotte hat das Sekretariat der Deutschen Wirtschaftskommission in seiner Sitzung vom 21. September 1949 beschlossen:

§ 1

Der Ministerpräsident des Landes Mecklenburg hat zu veranlassen, daß auf dem Gelände der ehemaligen Heinkel-Werke unter Einbeziehung der Fabrik „Windkraftwerke" in Rostock ein Dieselmotorenwerk errichtet wird. In diesem sollen Schiffsdiesel mit einer Leistung von 100 PS, Type „Buckau-Wolf", hergestellt werden. Die Jahresleistung soll mindestens 150 Schiffsdiesel betragen.

§ 2

Für den Aufbau des Werkes sowie für die Instandsetzung und die Ausrüstung der Fabrik „Windkraftwerke" sind für das Jahr 1949 DM 2 200 000,— in den Investitionsplan einzusetzen. Davon sind aus den unterlimitierten Beträgen 650 000,— DM und aus dem Sektor Nahrungsmittelindustrie — Position 5 des bestätigten Planes für Kapital-Investitionen (überlimitierte Beträge) — 1 550 000,— DM zuzuteilen.

§ 3

Die Projektierung, die Bauarbeiten sowie die Ausarbeitung des technologischen Prozesses des Dieselmotorenwerkes haben so rechtzeitig zu erfolgen, daß der erste Bauabschnitt zum 1. September 1949 abgeschlossen ist und die Aufnahme der Produktion erfolgen kann.

§ 4

Der Ministerpräsident des Landes Mecklenburg hat für den Rest des Jahres 1949 für das zu errichtende Dieselmotorenwerk einen Finanzplan unter Beachtung der Vorschriften der Verordnung über die Finanzwirtschaft der volkseigenen Betriebe vom 12. Mai 1948 und der dazu erlassenen Durchführungsbestimmungen aufzustellen und dem Sekretariat der Deutschen Wirtschaftskommission zur Beschlußfassung vorzulegen.

Der Leiter der Hauptverwaltung Maschinenbau und Elektrotechnik hat zu prüfen, ob im Jahre 1950 zur Vervollständigung der Fabrikationsanlage der Bau einer Gießerei oder einer Gesenkschmiede erforderlich ist.

§ 5

Der Leiter der Hauptverwaltung Materialversorgung hat unter Ausnutzung jeder ihm gebotenen Möglichkeit die in der Anlage 1 aufgeführten Maschinen sowie das in der Anlage 2 bezeichnete Material zuzuteilen.

§ 6

Der Leiter der Hauptverwaltung Interzonen- und Außenhandel hat den Einkauf von Werkzeugausrüstungen und Materialien in den Westzonen Deutschlands zu genehmigen und zu diesem Zweck 285 000,— DM West bereitzustellen. Davon sollen

- 100 000,— DM West für Werkzeugausrüstungen
gemäß Anlage 3 und
185 000,— DM West für Materialien
gemäß Anlage 4

verwendet werden.

Zwecks Durchführung dieser Maßnahmen sind die vorbezeichneten Werkzeugausrüstungen und Materialien in den Importplan für 1949 bzw. 1950 aufzunehmen und die zur Bezahlung durch Lieferung nach Westdeutschland erforderlichen Waren zusätzlich und rechtzeitig zur Verfügung zu stellen.

§ 7

Der Leiter der Hauptverwaltung Maschinenbau und Elektrotechnik hat den in der Anlage 5 genannten Zubringerbetrieben die Auflage zu erteilen, die darin aufgeführten Teile mengenmäßig und fristgerecht nach entsprechender Vereinbarung mit dem Dieselmotorenwerk zu liefern.

§ 8

Soweit es sich bei den Zubringerfirmen um SAG-Betriebe handelt, hat die SMAD dem Leiter der Verwaltung der SAG in Deutschland die Anweisung gegeben, die in der Anlage 6 genannten Einzelteile zu liefern.

§ 9

Für die Ausführung und Beendigung der Projektierungs- und der Bauarbeiten sowie für die Ausrüstung des Werkes sind unter Beachtung der bereits durchgeführten Arbeiten folgende Termine verbindlich:

a) Projektierung des Werkes — 1. August 1949
b) Beendigung der Reparaturen der Fabrikgebäude — 1. August 1949
c) Beendigung der Ausrüstung der Fabrikgebäude (Aufstellung des Transformators, Installation) — 15. August 1949
d) Ausarbeitung der Technologie und des Produktionsplanes für den Dieselmotorenbau — 1. September 1949
e) Fertigstellung der Heizungsanlagen — 1. November 1949
f) Beendigung der Aufstellung der Maschinen — 1. Dezember 1949

§ 10

Der stellvertretende Vorsitzende der Deutschen Wirtschaftskommission, Herr Selbmann, hat eine Kontrolle einzurichten, welche die Durchführung der Bauarbeiten und die Ausrüstung des Werks so überwacht, daß die in § 9 genannten Termine eingehalten werden.

Der Vorsitzende:
gez. Rau

Der stellvertr. Vorsitzende:
gez. Selbmann

Verteiler:

DWK-Mitglieder
Ministerpräsident/Mecklenburg m. Anlagen
Landtagspräsident
Amt f. Wirtschaftsplanung / Mecklenburg
Min. f. Wirtschaft
DV41
Zentralsekretariat der SED
Hauptgeschäftsstelle der CDU
Parteileitungen LDP, NDP, DBP
10 x HV Maschinenbau u. Elektrotechnik m. Anlagen
10 x HV Materialversorgung
15 x HV Interzonen und Außenhandel

Ca. Ende 1949

u.a. mit R. Kapp,
E. Freese,
Neumann,
F. Eimbeck (re.)
Jurowitsch

Im zweiten Halbjahr 1949 wurde schwerpunktmäßig die Fertigstellung des 1.Motors, die Errichtung des dafür erforderlichen Prüfstandes, die Restaurierung der Hallen in der Werftstraße und die Abarbeitung der weiteren vorhandenen Aufträge benötigt. Der Umzug von Marienehe zur Werftstraße wurde am 26.08.1949 bewältigt. Der gravierendste Einschnitt war die Entscheidung, dass die Windkraftanlagen aus dem Fertigungsprogramm der WiMa nun herausgenommen wurden.

Der verheerende Zustand der Hallen in der Werftstraße/ Lübecker Straße wird in folgenden Aufnahmen deutlich.

Fotos: 2x Landeshauptarchiv Schwerin, Best.6.11 -14 1843

Dass dennoch aus diesen Hallen innerhalb von wenigen Monaten fertige Motoren geliefert wurden, zeigt eine unglaubliche Leistungsbereitschaft aller.

1950 Der erste 4 NVD 224 aus DMR – Produktion, hier am 1.Mai 1950   Foto:(43) Broschüren DMR

Wie groß der politische, finanzielle und marktseitige Druck auf das Unternehmen war, zeigt indirekt auch das Telegramm, mit dem der erfolgreiche Probelauf angezeigt wurde. (aufgegeben um 22.00Uhr!). Externe und interne Zweifler an der Einhaltung der Aufgabenstellung, zum 31.12.1948 den Motor zu liefern, gab es reichlich.

Quelle: Landeshauptarchiv Schwerin, Best. 6.11 – 14 1843

Die Produktionsplanungen der Dieselmotoren und Maschinenbau, jetzt wieder als Mitglied der landeseigenen VVB Maschinenbau und Metallwaren Rostock (MMR), für das Jahr 1950 (vom 20.03.1950) enthielten nun folgende wesentliche Planpositionen.

Netzwinden	40 Stück
4 NVD 224 Dieselmotoren	80 Stück
Stoffschneidemaschine	1 Stück
Schlaucheinlegemaschine	5 Stück
Automatenanlagen	6 Stück
Einzelteile für Winden und Motoren	
Gesamtumsatz:	5 682 800,- DM
Gewinn:	180 000,- DM

Quelle: Landeshauptarchiv Schwerin, Best. 6.11- 14 3231

Nachdem nun Ende 1948 mit vollem Einsatz um den Erhalt der Windkraftanlagen für das Unternehmen gekämpft wurde, war nun nicht ein Stück mehr in der Planung. Entsprechende Vorhaltungen der Belegschaft wurden mit dem Hinweis beantwortet: „Es ist in Moskau an allerhöchster Stelle entschieden worden, dass hier nur noch Dieselmotoren gebaut werden sollen". Das stellte andererseits natürlich eine hoffnungsvolle Perspektive dar. (43)

Die teilweise erheblichen Probleme bei der Erfüllung dieser Vorgaben werden in folgendem Schreiben (Auszug) deutlich

<u>Dieselmotoren / Dieselmotorenwerk Rostock</u>
U.a. bestehen besondere Schwierigkeiten bei der Fabrikation durch den schlechten Maschinenguss der Giesserei Torgelow. Wenn hier ni[cht] schnellstens eine wesentliche Qaulitätsverbesserung eintritt, ist eine Erfüllung der Auflage selbst bei Vorhandensein des übrigen Materials stets gefährdet. Durch die besonders strengen Material-vorschriften können Ausweichmaterialien in anderen Stahlgüten als vorgeschrieben in den seltesten Fällen herangezogen werden, so-dass der gesamte Umfang der offenen Positionen, die in den Unter-verteilungsplänen festliegen undbedingt zu liefern sind. Es handelt sich hierbei um Stabstähle sowie Bleche, die in gröss[em] Umfange von den Walzwerken der DDR zu liefern sind, ausserdem um Stahlgüten und Abmessungen, bei denen das Dieselmotorenwerk auf den Import angewiesen ist. Das gleiche gilt für Stahlrohre. Wegen des grossen Umfanges der hiervon betroffenen Positionen kön[nen] nähere Angaben an dieser Stelle nicht gemacht werden. Ausserdem sind besondere Schwierigkeiten aufgetreten wegen des Fehlens von Lagermetall WM 83. Die Schwierigkeiten bei den Normteilen werden wahrscheinlich durc[h] inzwischen genehmigte und noch ausstehende Interzonenverträge übe[r] brückt.

Aus einem Bericht der VVB MMR an das Land   Quelle: LHA SN, Best. 6.11 -14 3377

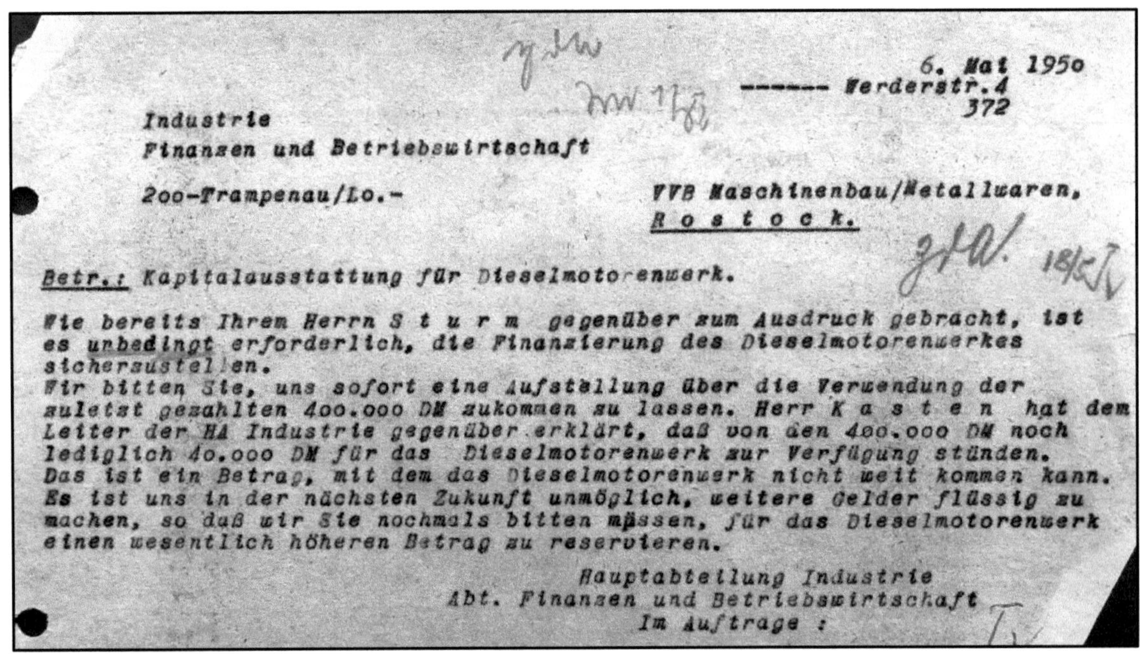

Kapitalausstattung und Liquidität – Dauerthemen   Quelle: LHA SN, Best. 6.11-14 3231

Unmittelbar vor einer erneuten Änderung der Zuordnung der Dieselmotorenwerk und Maschinenbau Rostock wurde F. Eimbeck zum Technischen Leiter ernannt.

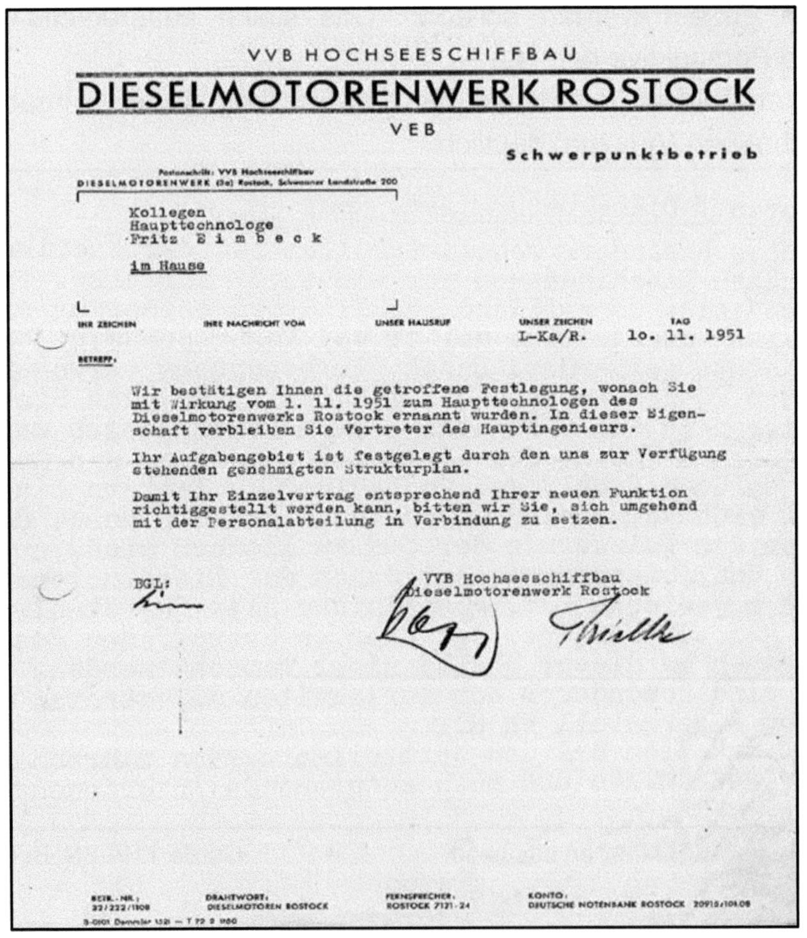

Den großen Plänen folgend, die den Aufbau von Werften für den Bau von Hochseeschiffen vorsahen, erfolgte in den Monaten Juli bis September 1950 die Herauslösung der Dieselmotorenwerk und Maschinenbau aus der VVB MMR und ihre rückwirkende Zuordnung zur VVB Hochseeschiffbau.

Entwurf. 5/9

5. September 1950
372 2376
Wittig

Industrie
Finanzen und Betriebswirtschaft
Bilanzen
200 Wi./Gö.

1.) An das
Ministerium des Innern
HA. Amt zum Schutze des Volkseigentums

hier

Betr.: Abgabe des Dieselmotorenwerkes Rostock an die VVB für Bau und Reparatur von Hochseeschiffen

Das Ministerium für Industrie teilt uns mit Schreiben vom 12. August 1950 mit, daß der o. Betrieb auf Grund eines Ministerratsbeschlusses mit Wirkung ab 1. Juli 1950 an die VVB Bau und Reparatur von Hochseeschiffen abzugeben ist.

Das Amt zum Schutze des Volkseigentums soll angewiesen sein, die Rechtsträgeränderung sofort durchzuführen. Da wir eine entsprechende Mitteilung bisher von Ihnen nicht erhalten haben, bitten wir Sie, uns möglichst sofort mitzuteilen, ob die Übertragung durchgeführt

b.w.

DEUTSCHE DEMOKRATISCHE REPUBLIK
Ministerium für Industrie
Maschinenbau und Elektrotechnik

Industrie und Aufbau
16. AUG. 1950
1212

An die
Landesregierung Mecklenburg
Ministerium für Wirtschaft
Abt. Maschinenbau

Schwerin

Berlin W1
Leipziger Straße 5-7

Ihre Zeichen | Ihre Nachricht vom | Hausruf 3138 | Unsere Zeichen K II 1 – Kp/Ju | 12.8.1950

Betreff: Änderung in der Ausübung der Rechtsträgerschaft.

Laut Mitteilung des Sekretariats des Ministeriums für Industrie wird mit Wirkung vom 1. Juli 1950 die Rechtsträgerschaft des Betriebes

Dieselmotorenwerk Rostock

der Vereinigung volkseigener Werften "Seeschiffbau", Warnemünde, übertragen.

Die Änderung in der Ausübung der Rechtsträgerschaft erfolgt mit Zustimmung des Ministers für Planung und des Ministers für Industrie aufgrund eines Ministerratsbeschlusses gemäss Paragraph 7 vom 15.12.1949 über die Bestätigung der Verzeichnisse der Industriebetriebe.

Das Amt zum Schutze des Volkseigentums ist angewiesen, diese Rechtsträgeränderung durchzuführen.

(H. Grosse)

b.w.

Ortsruf 420018 | Fernruf 425081 | Fernschreiber Berlin 1130 | Besuchszeit Dienstag und Freitag 9.30 bis 14.00

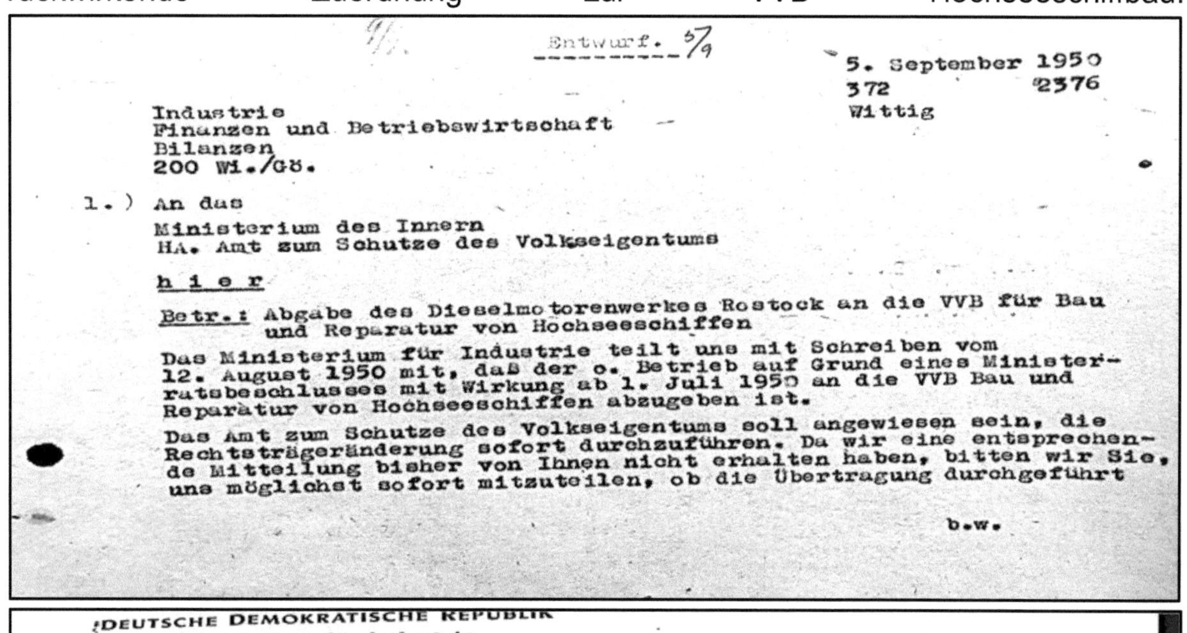

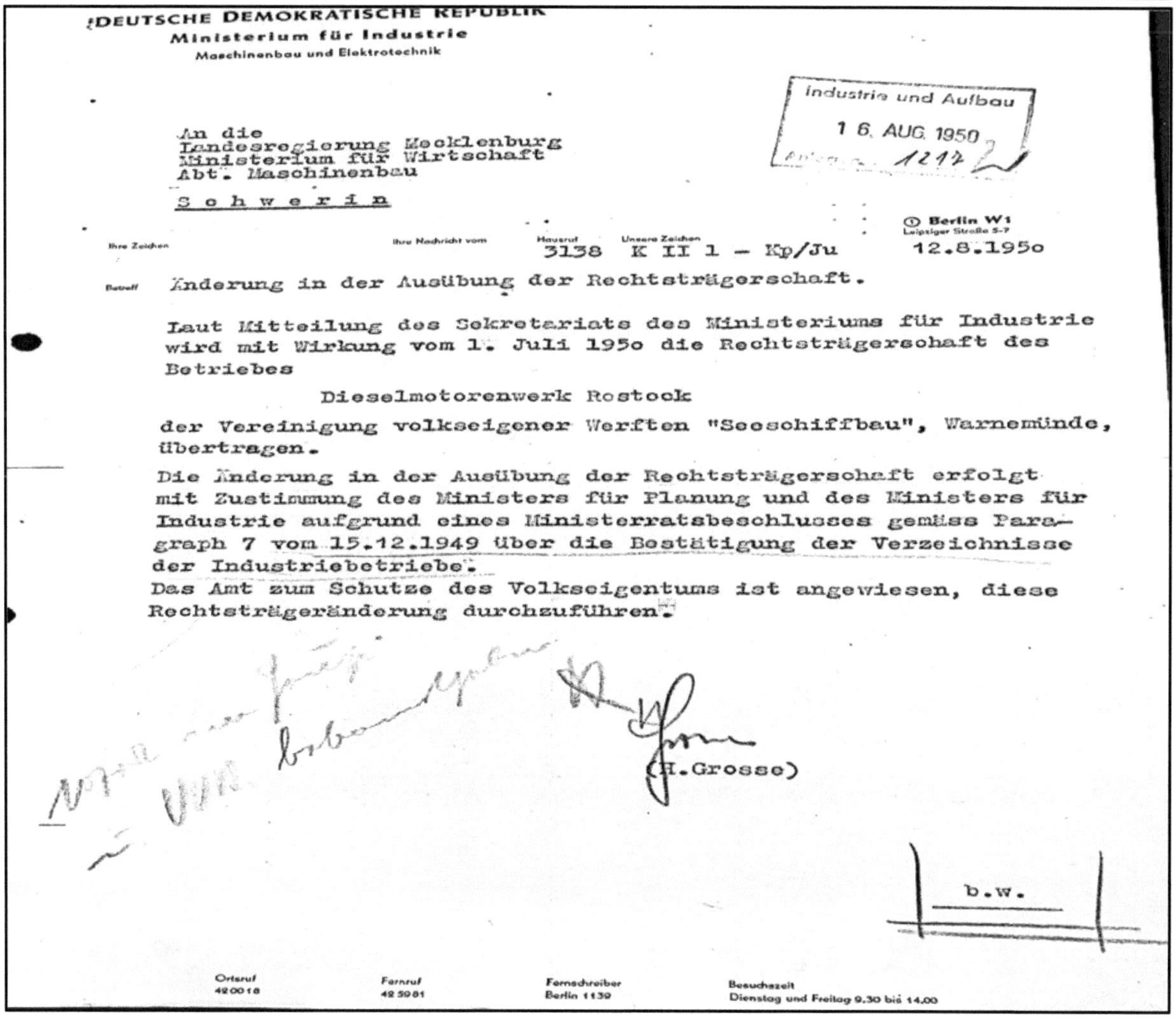

Quelle: 2x Landeshauptarchiv Schwerin, Best. 6.11 – 14 3231

Dieselmotorenwerk Rostock,

VEB
DIESELMOTORENWERK UND MASCHINENBAU ROSTOCK

VEREINIGUNG VOLKSEIGENER BETRIEBE, MASCHINENBAU — METALLWAREN — LAND MECKLENBURG

ROSTOCK
LÜBECKER STRASSE 150-151

POSTANSCHRIFT: DIESELMOTORENWERK UND MASCHINENBAU ROSTOCK
VVB MASCHINENBAU — METALLWAREN — LAND MECKLENBURG, (3 a) ROSTOCK

BANKKONTO: DEUTSCHE NOTENBANK ROSTOCK
KONTONUMMER 20915

POSTSCHECKKONTO: BERLIN NR. 100184

DRAHTWORT: DIESELMOTOREN ROSTOCK

FERNSPRECHER: ROSTOCK 7121-24

BETRIEBS-NR.: 32/222/1108

An die
Landesregierung Mecklenburg,
Ministerium für Wirtschaft,
Herrn Hauptabteilungsleiter
H e m p e l,
Schwerin i/Meckl.
Im Schloß

IHR ZEICHEN	IHRE NACHRICHT VOM	UNSER HAUSRUF	UNSER ZEICHEN	DATUM
		004	Ng/Jö.	14.Sept.1950.

BETREFF: **Firmenänderung**

Wir teilen Ihnen mit, daß wir ab 1. Juli 1950 aus der
Vereinigung VVB Maschinenbau/Metallwaren, Land Mecklenburg,
ausgeschieden sind.
Unsere Firmenbezeichnung wurde wie folgt geändert:

VVB Hochseeschiffbau
Dieselmotorenwerk Rostock, VEB
Rostock

und unser Betrieb gleichzeitig zum <u>Schwerpunktbetrieb</u>
erklärt.
Die uns im Rahmen des Aufbaues einer Hochseeflotte gestellten
Aufgaben machen es erforderlich, daß wir der neu ins Leben
gerufenen Vereinigung

VVB Hochseeschiffbau
Warnemünde

angegliedert wurden.
Wir hoffen, daß die bisherige gute Zusammenarbeit auch unter
der neuen Firmenbezeichnung bestehen bleibt.

Hochachtungsvoll!

VVB Hochseeschiffbau
Dieselmotorenwerk Rostock, VEB
Rostock

gez. Kapp   gez. Neumann

Quelle: Landeshauptarchiv Schwerin, Best. 6.11 -14 3231

Von nicht zu überschätzender Bedeutung ist der noch an EKM gestellte
Entwicklungsauftrag zur für leistungsstärkere und bessere Motoren.

Begründung und Erläuterung zu dem Entwicklungsantrag
vom 29. 7. 1950

DIESELMOTORENWERK UND MASCHINENBAU ROSTOCK
VVB Maschinenbau/Metallwaren Land Meckl.

Thema:
Weiterentwicklung des bei DMR in Serie gefertigen Dieselmotors
loo PS bei 750 U/min.

Das Dieselmotorenwerk Rostock fertigt zurzeit serienmässig
einen Schiffsdieselmotor von loo PS bei 750 Umdrehungen
pro Minute, der als Motor mit direkter Strahleinspritzung
im Viertaktverfahren arbeitet. Zylinderbohrung 175 mm,
Hub 240 mm, der mittlere Arbeitsdruck beträgt 5,23 kg/cm^2,
die mittlere Kolbengeschwindigkeit = 6 m/sec. Der Motor ist
ein Nachbau der SAG Buckau-Wolf.

Diese möglichen Qualitätsverbesserungen beziehen sich auf

    a) Herabsetzung des Brennstoffverbrauchs

    b) Einsparung von Weissmetall und Versuche mit Guss-
       kurbelwellen

    c) Leistungssteigerung durch Aufladung

    d) Leistungssteigerung durch Drehzahlerhöhung unter
       Verwendung von Leichtmetallkolben

    e) Leistungssteigerung durch Erhöhung der Zylinderzahl,
       z.B. als Zwölfzylindermotor in V-Form.

2. Thema: Weiterentwicklung des von DMR in Serie gefertigten
Dieselmotors loo PS bei 750 U/min

3. Kosten für das Planjahr 1950:

Art der Kosten		Kosten im einzelnen DM	Summen der Einzelkosten DM
1. Personalkosten:	Geschätzte Stundenzahl		
a) Wissenschaftler à 5,--	2000	lo.000,--	
b) Techniker, Kon-strukteure usw. à 3,5o	3000	lo.5oo,--	
c) techn. Hilfskräfte Handwerker à 1,3o	25oo	3.25o,--	
Summe der Stundenzahl:			Summe von 1) 23.75o,--
2. Allgem. Unkosten (Miete, Licht usw.) für Personal			
zu 1a) 4o %		4.000,--	
zu 1b) 5o %		5.25o,--	
zu 1c)2oo %		6.5oo,--	
zu 3a) lo %		loo,--	
Reisen, Literatur usw.		2.0oo,--	

Quelle: 3x Landeshauptarchiv Schwerin, Best. 6.11 -14 3377

Mit einer Gesamtsumme von über 180 000 DM war er auch deshalb zwingend
erforderlich, um die kompetenten Motorenbauer halten und bezahlen zu können. Für

betriebliche Vorleistungen gab es keinerlei finanziellen Spielraum, zumal mit der Bestätigung dieses Antrages auch die Zukunft als Motorenbauer bestätigt wurde. Dass es auch schnell anders kommen konnte, hatte das Unternehmen bei den Windkraftanlagen gerade erfahren müssen.

Am 1.09.1950 wurde das Gelände des Reichsbahnausbesserungswerkes (RAW) in der Schwaaner Landstraße an das Dieselmotorenwerk Rostock, VEB übertragen. Zu diesem Zeitpunkt hatte das Unternehmen bereits etwa 810 Mitarbeiter. Damit war die Belegschaft seit Ende 1948 mit damals ca.150 Mitarbeitern enorm gewachsen!

RAW – Halle zum Übergabezeitpunkt   Quelle: Broschüren DMR (43)

Mit dem Übergang des DMR von der VVB Maschinenbau und Metallwaren des Landes Mecklenburg zur VVB Schiffbau entwickelte sich ein veritabler Streit über fast 500 000,- DM, die das DMR noch von der landeseigenen VVB beanspruchte und dabei hatte es – natürlich - die VVB Hochseeschiffbau an seiner Seite.

Erst im Januar 1951 wurde dieses enorm wichtige Problem durch Protokoll unter Federführung des Landes positiv für das DMR zu Ende gebracht.

V V B

HOCHSEESCHIFFBAU

VEREINIGUNG VOLKSEIGENER BETRIEBE FÜR
BAU UND REPARATUR VON HOCHSEESCHIFFEN

Landesregierung Mecklenbg.
Min.f.Industrie u.Aufbau
HA Industrie
Abt.Finanzen u.Betriebswirtsch.
Refer. Bilanzen, Herrn Wittig
S c h w e r i n
Werderstr.4

WARNEMÜNDE
Strandweg 16
Telefon 263, 355, 394, 546
Nachtruf: 361

den 6.12.5o

Ihr Zeichen	Ihre Nachricht vom	Unser Zeichen	Unsere Nachricht vom
2oo Wi/Ku		K / Tv.	3.11.5o

Betr.: Übergabe des Dieselmotorenwerks

In Verfolg unseres obigen Schreibens übersenden
wir in der Anlage Protokoll einer am 29.11.5o
im Ministerium der Finanzen stattgefundenen Besprechung in Abschrift.

Wir bitten um Auskunft, wann Ihrerseits mit Ab-
deckung des Verlustes des Dieselmotorenwerkes
zu rechnen ist.

VVB - Hochseeschiffbau
Vereinigung Volkseigener Betriebe
für Bau und Reparatur von Hochseeschiffen

1 Anl.

Nach den abgegebenen Erklärungen zeigt die Übernahmebilanz des
VEB zum 3o.6.195o einen Verlust von DM 487.o84,81.

Es wurde Einvernehmen darüber herbeigeführt, daß der zum 3o.6.195o
von der VVB HSB bzw. dem VEB Dieselmotorenwerk Rostock ausgewie-
sene obige Verlust als Forderung gegenüber dem früheren Rechts-
träger, der VVB Maschinenbau, Land Mecklenburg, auszuweisen ist.

Ministerium der Finanzen

gez. Hengst gez. Kathe

Ministerium für Maschinenbau

gez. Oertel

VVB Hochseeschiffbau

gez. Gambke   gez. Schwardt

Der Einzelvertrag

Die Schwierigkeit im Umgang mit den qualifizierten Fachkräften bestand für die DDR-Führung darin, sie trotz ihrer bürgerlichen Herkunft und Denkweisen für die neue Gesellschaft zu gewinnen. Das war ein permanenter Balanceakt zwischen Hofieren ihrer benötigten Kompetenzen und politischer Unterdrückung. Seit 1949 beschloss das SED-Politbüro mehrmals den Aufbau von Zusatzversorgungssystemen für Angehörige der Intelligenz. 1951 wurden die "Intelligenzrente" eingeführt und Einzelverträge abgeschlossen, was teilweise auch die Kinder privilegierte. Die Versorgung mit Wohnraum und in den ersten Jahren noch mit Nahrungsmitteln und Konsumgütern schufen bessere Arbeits- und Lebensbedingungen und sollten die qualifizierten Führungskräfte an ihre Funktion innerhalb der Planwirtschaft binden. (48)

Im Falle der im DMR mit einem solchen Einzelvertrag ausgestatteten Führungskräfte, wie auch F. Eimbeck, gab es noch eine Reihe weiterer Aspekte. Als ehemalige Heinkel-Mitarbeiter standen sie unter einem besonderen Druck. So waren die als Experten in die Sowjetunion „eingeladenen" Heinkel-Spezialisten immer noch dort und ihre Rückkehr schien ungewiss, was die Sorge um die eigene Sicherheit nicht kleiner werden ließ. Gleichzeitig hatten viele ihrer ehemaligen Heinkel - Kollegen inzwischen einen Platz in der westdeutschen Industrie gefunden und übten eine gewisse Sogwirkung aus, denn auch dort wurden ja die Fachleute gebraucht und 1951 waren politische Repressalien dort bestimmt nicht mehr zu befürchten. Bei F. Eimbeck kam hinzu, dass er seit etwa dieser Zeit ziemlich regelmäßig (u.a. öfters auf dem Friedhof!) um Mitgliedschaft in der Partei angesprochen wurde, was ihn stark belastete. Auch hatte er Bekannte aus den Wiener Heinkel-Zeiten z.B. in Friedrichshafen und im Schwarzwald. Seine Bindungen zu Schulfreunden in den Südharz waren immer noch eng und in Bremen war später Verwandtschaft von seiner Frau. Dazu kamen auch noch solche Geschäftspartner, die die SBZ und die DDR „schon" verlassen hatten. Besonders schwer fiel es ihm aber, seinem in Hamburg lebenden Bruder, der ihn auch regelmäßig in Rostock besuchte, dorthin nicht nachzufolgen. Wenn er dennoch blieb, so hatte das sowohl familiäre Gründe, seine in der Ausbildung befindlichen Kinder, die betreuungsbedürftigen Eltern seiner Frau und auch weitere Aspekte hielten ihn in Rostock. Aber auch sein ihn ausfüllender verantwortungsvoller Beruf, die immer noch vorhandene starke Bindung an ehemalige und aktuelle Kollegen und das mit ihnen gepflegte „Netzwerk" waren für ihn starke Argumente zum Bleiben. Und diese starken Argumente wurden durch den Einzelvertrag noch weiter verstärkt, denn mit diesem Vertrag wurden neben finanzieller Besserstellung u.a. auch jede mögliche Ausbildung seiner Kinder und eine verbesserte Rentenversicherung vereinbart. Das alles hätte er sich im Westen erst einmal neu aufbauen müssen.

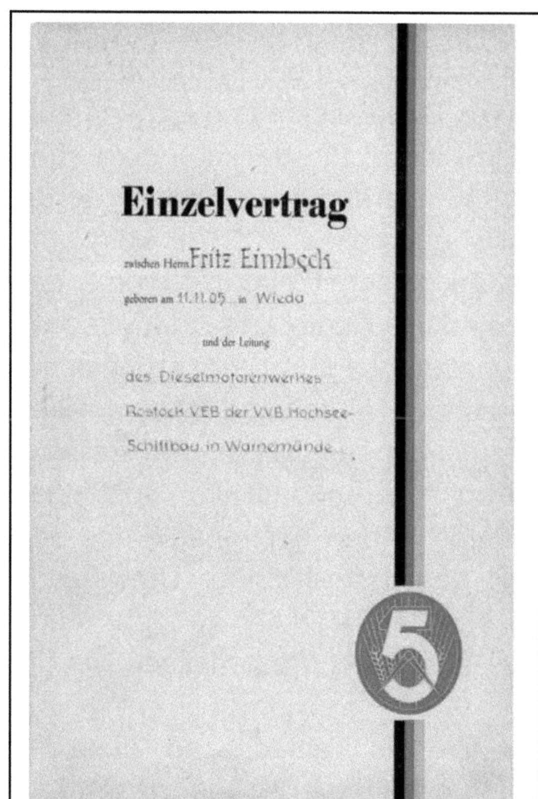

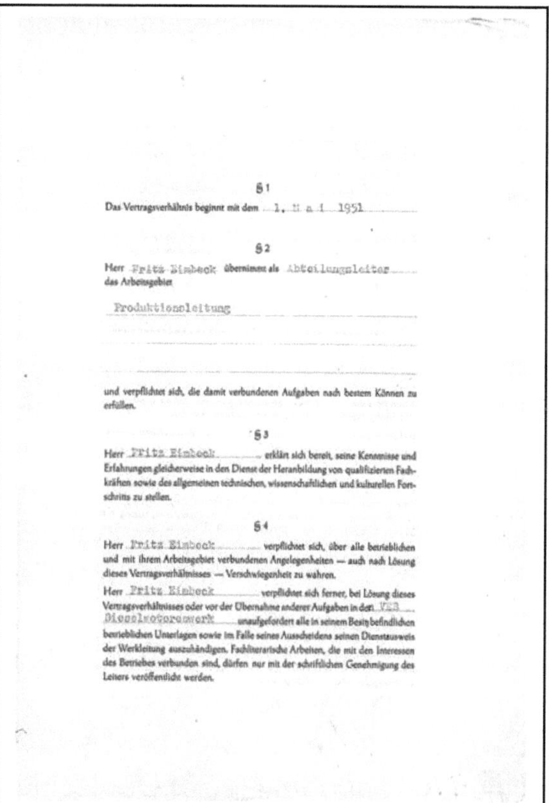

Foto: F. Eimbeck 1949

Einzelvertrag: Umschlag und Seite 1,2

Entnazifizierung in der SBZ und der WiMa

In der sowjetischen Besatzungszone wurde die Entnazifizierung am konsequentesten durchgeführt und am schnellsten geschlossen. Sie erfolgte hier im Zusammenhang mit der antifaschistisch- demokratischen Umwälzung.
Die Entfernung der ehemaligen NSDAP-Mitglieder aus allen wichtigen Stellungen war Bestandteil dieser politischen und sozialen Neustrukturierung, die unter dem

Schlagwort "Auseinandersetzung zwischen der Arbeiterklasse und der Monopol-bourgeoisie" die SED als bestimmende Kraft durchsetzen sollte. Ende Oktober 1946 standen in der sowjetischen Zone eigene "Richtlinien für die Bestrafung der Naziverbrecher und die Sühnemaßnahmen gegen die aktivistischen Nazis" zur Verfügung. Sie waren von einem gemeinsamen Ausschuss der im "Demokratischen Block" unter Dominanz der SED zusammengefassten Parteien verfasst worden. Der Katalog der Sühnemaßnahmen beinhaltete: 1.Entlassung aus öffentlichen Verwaltungsämtern und Ausschluss von Tätigkeiten, die öffentliches Vertrauen erfordern; 2. zusätzliche Arbeits-,Sach- und Geldleistungen; 3. Kürzung der Versorgungsbezüge und Einschränkung bei der allgemeinen Versorgung, solange Mangel besteht; 4.Nichtgewährung der politischen Rechte einschließlich des Rechts auf Mitgliedschaft in Gewerkschafts- oder anderen Berufsvertretungen und in den antifaschistisch- demokratischen Parteien."
Aber wie in den Westzonen wurde auch in der Ostzone bei der Entnazifizierung Rücksicht genommen auf Fachleute wie Techniker, Spezialisten und Experten die für das Funktionieren bestimmter Einrichtungen oder für den Wiederaufbau unentbehrlich waren oder schienen. Ende 1946 waren in der sowjetischen Besatzungszone trotzdem insgesamt 390 478 ehemalige NSDAP-Mitglieder entlassen bzw. nicht wiedereingestellt worden. Zu diesem Zeitpunkt wurde das Säuberungsverfahren neu organisiert. Unter direkter Regie des sowjetischen Geheimdienstes waren in der sowjetischen Besatzungszone Internierungslager eingerichtet worden, in denen – wie in den Westzonen – ehemalige Nazis arretiert waren, um sie zur Rechenschaft ziehen zu können. Diese Speziallager unterschieden sich jedoch in einem Punkt grundsätzlich von den Internierungslagern in den Westzonen. Sie dienten neben der Inhaftierung von Nationalsozialisten auch dazu, Gegner der gesellschaftlichen Umwälzung (Sozialdemokaten, Liberale und Konservative) aus dem Verkehr zu ziehen und mundtot zu machen. Schlechte Behandlung war ebenso charakteristisch wie die Willkür, mit der man inhaftiert wurde.
Besonders perfide mutet aus heutiger Perspektive die Tatsache an, dass die ehemaligen KZ auf dem Gebiet Deutschlands dafür direkt weiter genutzt wurden. Das ehemalige KZ Buchenwald war Speziallager Nr.2, Sachsenhausen diente ab August 1945 als Speziallager Nr.7 und war bis 1950 die größte Haftstätte der SBZ/DDR. Etwa 50 000 Menschen waren im Laufe der 5 Jahre in diesen Lagern gefangen, etwa 12 000 sind darin umgekommen und wurden oft in Massengräbern beerdigt, oft wohl nur verscharrt.

Den entlassenen Insassen war es bei Strafandrohung verboten, über diese Zeit und alle damit zusammenhängenden Fragen zu sprechen. In der DDR wurde diese Vorgänge bis zu ihrem Ende tabuisiert und totgeschwiegen. Viele Angehörige konnten erst nach der Wende wieder die Suche nach den Opfern aufnehmen.

Die Arbeit vor Ort wurde von Kreiskommissionen zur Entnazifizierung unter dem Vorsitz der Oberbürgermeister bzw. Landräte getan. Die Kommissionen entschieden nur über Entlassung oder Weiterbeschäftigung. Sie arbeiteten sich von oben nach unten durch die Behörden und mussten unter ziemlichem Zeitdruck auch die zunächst erlaubten Fälle von Weiterbeschäftigung wieder aufrollen. Schwierigkeiten bereitete besonders der Austausch der Fachleute. Allmählich wurde aber auch der Gedanke der Rehabilitierung propagiert. Ab Februar 1947 wurde stärker zwischen nominellen NSDAP-Mitgliedern und Aktivisten unterschieden. Die erste Gruppe sollte so schnell wie möglich integriert werden, weil man sie zum Wiederaufbau brauchte. Die letzte Phase der Entnazifizierung wurde im August 1947 durch den Befehl Nr. 201 der Sowjetischen Militär-   Admi nistration eingeleitet. Er stellte endgültig die Weichen zur Rehabilitierung aller nur nominellen NSDAP- Mitglieder. (51)

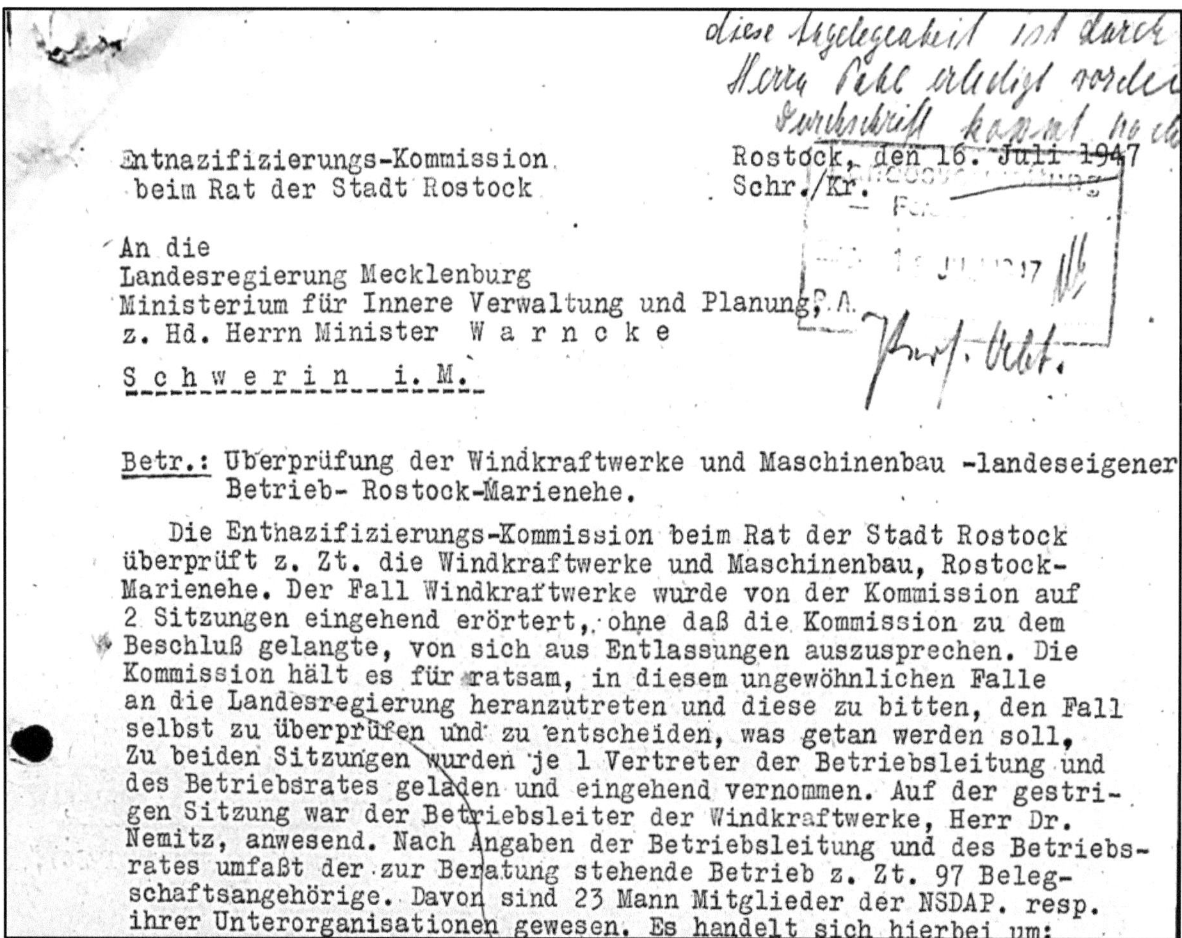

Entnazifizierungs-Kommission   Rostock, den 16. Juli 1947
beim Rat der Stadt Rostock   Schr./Kr.

An die
Landesregierung Mecklenburg
Ministerium für Innere Verwaltung und Planung
z. Hd. Herrn Minister W a r n c k e

S c h w e r i n   i. M.

Betr.: Überprüfung der Windkraftwerke und Maschinenbau -landeseigener
       Betrieb- Rostock-Marienehe.

       Die Entnazifizierungs-Kommission beim Rat der Stadt Rostock
    überprüft z. Zt. die Windkraftwerke und Maschinenbau, Rostock-
    Marienehe. Der Fall Windkraftwerke wurde von der Kommission auf
    2 Sitzungen eingehend erörtert, ohne daß die Kommission zu dem
    Beschluß gelangte, von sich aus Entlassungen auszusprechen. Die
    Kommission hält es für ratsam, in diesem ungewöhnlichen Falle
    an die Landesregierung heranzutreten und diese zu bitten, den Fall
    selbst zu überprüfen und zu entscheiden, was getan werden soll,
    Zu beiden Sitzungen wurden je 1 Vertreter der Betriebsleitung und
    des Betriebsrates geladen und eingehend vernommen. Auf der gestri-
    gen Sitzung war der Betriebsleiter der Windkraftwerke, Herr Dr.
    Nemitz, anwesend. Nach Angaben der Betriebsleitung und des Betriebs-
    rates umfaßt der zur Beratung stehende Betrieb z. Zt. 97 Beleg-
    schaftsangehörige. Davon sind 23 Mann Mitglieder der NSDAP. resp.
    ihrer Unterorganisationen gewesen. Es handelt sich hierbei um:

Quelle: Landeshauptarchiv Schwerin, Best. 6.11 – 14 8010

Für die Windkraftwerke und Maschinenbau ergab sich vielfach genau dieses Dilemma aus der Verantwortung während der Nazizeit und dem jetzt benötigten Fachwissen.

Die in diesem Schreiben namentlich aufgeführten Personen sind heute deshalb interessant, weil ihre Nazivergangenheit die ganze Bandbriete der Verstrickung des Einzelnen deutlich macht, wie folgende Beispiele zeigen:

Schlosser   NSDAP seit 1933, SA-Scharführer seit 1934
Einkäufer   NSDAP seit 1939, SA- Rottenführer 1933 – 1939
Lagerist   NSDAP seit 1937, SA- Oberscharführer seit 1943
Arbeiter   NSDAP seit 1938
Schlosser   NSDAP seit 1941
Konstrukteur   NSDAP seit 1943
Ingenieur   SS seit 1934 -Rottenführer, NSDAP seit 1930
Ingenieur   NSDAP seit 1943

Nicht enthalten sind Mitarbeiter die keinerlei Mitgliedschaft hatten und damit nicht unter die Entnazifizierung fielen, wie auch F. Eimbeck. Aber auch der Werkleiter Dr. Nemitz, sein Stellvertreter Kapp und andere fehlen auf der Liste. Weiter heißt es in dem Schreiben

> Wenn auch die 23 belasteten Faschisten Spezialisten sind, auf deren Mitarbeit bei dem Aufbau der Wirtschaft nicht verzichtet werden kann, so hält es die Kommission doch für ratsam, aus Gründen der politischen Sicherheit irgendeine Änderung in den Betrieb eintreten zu lassen. Der Leiter des hiesigen Kreisarbeitsamtes, Herr Oberregierungsrat Kleinitz, der mit beratender Stimme an den Arbeiten der Kommission teilnimmt, würde sich gern bereitfinden, durch Austausch mit anderen Spezialkräften allmählich die starke Anhäufung aktiver Faschisten zu beseitigen.

> Da die Überprüfung der Windkraftwerke die Kommission schon längere Zeit beschäftigt und die Betriebsleitung der Windkraftwerke um baldige Erledigung bat, dürfen wir die Landesregierung höflichst bitten, umgehend Stellung zu nehmen und der Kommission aufzugeben, wie sie sich in diesem Falle verhalten soll.
>
> Bürgermeister,
> Vorsitzender der Entnazifizierungskommission.

Quelle: 2x Landeshauptarchiv Schwerin, Best. 6.11 -14 8010

Während auf der Liste handschriftlich vermerkt ist, dass von den 23 Mitarbeitern offensichtlich 17 später entlassen wurden (oder entlassen werden sollten?), konnten einige der am meisten belasteten Mitarbeiter bleiben.

Es entsteht der Eindruck, dass mit den Entlassungen das Alibi für die fachlich oder als Führungskraft benötigten Verbleibenden geschaffen wurde. Offensichtlich war es wohl auch so, dass durch die Produktion der Stanznietautomaten als Reparationsleistungen für die Sowjetunion sowie der neu entwickelten Windkraftanlagen und durch gemeinsames Eintreten von Betriebsrat und Firmenleitung genügend Argumente gegeben waren, um die Kommission von der Wichtigkeit des jeweiligen Mitarbeiters zu überzeugen.

Die fast hilflose („irgendeine Änderung") Bitte an die Landesregierung in Schwerin macht deutlich, wie sehr sich die Kommission ihrer Verantwortung auch für den wirtschaftlichen Aufbau bewusst war.

Mit der Zuordnung des DMR zur VVB Hochseeschiffbau war die jahrelange Einbindung dieses neuen Betriebes jedoch noch nicht beendet. Mit der enorm gestiegenen Bedeutung des ebenfalls neu aufzubauenden Hochseeschiffbaus traten auch die vielen strukturellen Disproportionen beim Aufbau einer nicht gewachsenen Industriestruktur deutlich zutage. In sehr vielen Bereichen fehlten für den insbesondere für Reparationen beabsichtigten Hochseeschiffbau die Zulieferer. Vom Stahl über die Motoren bis zur Elektrik musste zu Beginn nahezu alles importiert werden. Der Aufbau einer eigenen Zulieferindustrie war somit unerlässlich und dabei kam es immer wieder auch zu Strukturänderungen im Schiffbau selbst und in der Zulieferindustrie.

B e s c h l u s s

zur Auflösung der VVB – Hochseeschiffbau – Vereinigung volkseigener Betriebe für Bau und Reparatur von Hochseeschiffen –
ab 1. 1. 1952

– 2 –

Das Dieselmotorenwerk Rostock wird daher ab 1.1.1952 dem
Ministerium für Maschinenbau, HV. Schwermaschinenbau, direkt
unterstellt.

Die technologische Betreuung des Dieselmotorenwerkes und
die Kapazitäts-Auslastung erfolgt ab sofort durch die HV.
Schwermaschinenbau.

Quelle: 2x Bundesarchiv Lichterfelde   Best. Nr. NY 4090 354 Entwicklung Werften 19511125

Die Unterstellung direkt dem (Ministerium für Maschinenbau) wurde dann über viele Jahre auch real so praktiziert, auch wenn formal das Unternehmen dann später der VVB DPV (Dieselmotoren, Pumpen und Verdichter) zugeordnet, was wohl aus Planungs-, Abrechnungs- und Statistikgründen erforderlich war und die fachliche Koordinierung für die DDR- Dieselmotorenhersteller mit einschloss.

Die für die Neuordnung gegebene Begründung entsprach sicherlich den Gegebenheiten. Auch wenn die fachliche Anleitung aus der HV Schiffbau eher nicht kommen konnte, so zeigte sich bei der weiteren Entwicklung des Unternehmens, dass insbesondere für den Aufbau des Großmotorenbaus diese direkte Unterstellung außerordentlich hilfreich war. Auch hatte das DMR den Rücken damit in politischer Hinsicht frei, denn es gibt in diesen schwierigen Zeiten des kompletten Neuaufbaus keine Hinweise auf Maßnahmen der gefürchteten Kontrollkommissionen. Im Gegenteil wurde das DMR mit Preisen und Auszeichnungen sowohl als Unternehmen als auch für Einzel-Personen reichlich bedacht.

Erst 1968 sollte die Zuordnung des Dieselmotorenwerkes zur VVB Schiffbau erneut erfolgen, was aus heutiger Sicht auch folgerichtig war und eher zu spät erfolgte.

Die Rückkehr der Spezialisten aus der Sowjetunion

Im August 1951 beendete der Ministerrat der UdSSR per Direktive die weitere Mitarbeit deutscher Spezialisten an rüstungsrelevanten Forschungen „mit geheimen und Verteidigungscharakter." Das bedeutete jedoch nicht, dass damit eine Rückkehr in Aussicht stand, was alle sehnlichst erhofften, denn weder beruflich noch im persönlichen Umfeld fanden sie eine Befriedigung, die einen solchen Aufenthalt erträglich gemacht hätte. Es sollte sich in den meisten Fällen noch etwa 3 Jahre hinziehen, bis sie zurückkehren konnten. Diese Rückkehr erfolgte wieder mit allem, was sie auch in die UdSSR mitgenommen hatten. Sie hatten in Deutschland Anspruch auf eine sehr gute Wohnung und einige stellten auch im Bewusstsein ihrer Bedeutung noch deutlich weitergehende Forderungen auf (z.B. Ardenne). Dennoch war auch die erste Zeit in Deutschland für die meisten Rückkehrer nicht einfach, da z.B. der Tausch der mitgebrachten Rubel mehrere Monate dauerte, Renten-Ansprüche und zusätzliche Altersvorsorge mussten erst geregelt werden. So war die Rückkehr auch für die staatlichen Stellen der DDR eine umfangreiche und komplizierte Aufgabe. De facto kann bereits während des Aufenthalts in der Sowjetunion von einer konstanten Überwachung der Spezialistengruppe ausgegangen werden, die sich in der DDR fortsetzte. Das Ziel blieb dabei identisch. Es galt, die politische Meinung und Einstellung der Spezialisten zur Sowjetunion und der DDR zu eruieren und gleichsam die Chancen auf einen Verbleib in der DDR bzw. die Gefahr eines Wechsels in die Bundesrepublik einzuschätzen. Die Mehrheit der Spezialisten verblieb nach ihrer Rückkehr aus der Sowjetunion in der DDR. Die Universitäten der DDR fungierten insbesondere für die naturwissenschaftlichen Experten der Fachgebiete Physik, Mathematik und Chemie als Integrationselement.

Allerdings war auch der Aderlass der Universitäten in Halle, Jena und Leipzig gewaltig, denn insgesamt betraf allein die amerikanische Deportation gut 200 Professoren, Dozenten und Assistenten der Hochschulen und ihre Familien. Die sowjetischen Eingriffe, die an den Universitäten und Hochschulen der gesamten SBZ lediglich knapp fünfzehn Universitätsangehörige umfassten, erscheinen dagegen fast marginal. (45)

Die Rückkehr von Heinkel-Spezialisten an die Universität Rostock ist also auch der Versuch der Sowjetunion, das wissenschaftliche Potential in der DDR zu erhöhen, um den Nachwuchs für eine leistungsfähige Industrie sicherzustellen. Dass dieser Zusammenhang sich kaum der ostdeutschen Bevölkerung erklären ließ, war die Ursache für ein vollständiges Verschweigen der Heinkel-Vergangenheit der betreffenden Rostocker Professoren. Die Webseite *Catalogus Professorum Rostochiensium* (am 28.10.2018) nennt 12 Hochschullehrer mit Heinkel -Bezug, von denen 9 direkt bei Heinkel beschäftigt waren. In das Dieselmotorenwerk kehrten zwei der Rückkehrer zurück, Karl Butter und Phillipp Gräff, dieser wurde bald Technischer Direktor des Unternehmens, die beim Aufbau des Unternehmens eine Menge Erfahrungen einbrachten, jedoch über die Quellen dieser Erfahrungen natürlich nicht sprechen durften.

Auch nach fast 70 Jahren bleibt das Erstaunen unverändert groß, mit welcher politischen Dreistigkeit die Propaganda der DDR das Wiedererstarken des Militarismus und Faschismus in der BRD brandmarkte und an Namen wie Oberländer, Globke, Flick und vielen anderen - völlig zurecht - festmachte. Und saß jedoch selbst im Glashaus, was hier z.B. den Einsatz von Spitzen der Nazi-Flugzeugindustrie an Hochschulen und in der Industrie anbelangte. Denn in Rostock waren die Universität und das Dieselmotorenwerk „berufliche Heimstatt" der meisten Heinkelianer geworden, die als Experten in ihrem Fach den Aufbau des Sozialismus maßgebend voranbrachten. Dass diese Zusammenhänge im Westen von Einzelnen vielleicht gesehen, jedoch ernsthaft nie öffentlich in Richtung der ostdeutschen Bevölkerung thematisiert wurden, ist mindestens ebenso erstaunlich.
Die Akten des BND aus dieser Zeit (1948 bis 1958) im Bundesarchiv in Koblenz belegen hinsichtlich der Unternehmen RIW und DMR, dass es – um im Bild zu bleiben – keine Steine gab, die man hätte werfen können.   Von RIW (teilweise noch als Heinkel Rostock bezeichnet) gibt es dort nur von 1948 mehrere Dossiers über den Windkraftanlagenbau. Über das DMR sind nur von 1958 ausschließlich drei (3) Bilder von der neu errichteten Halle 5 enthalten, keinerlei Text. (65)

Motorenbau im Dieselmotorenwerk Rostock

Bevor mit dem Bau der lange Jahre bestimmenden Großmotoren begonnen werden konnte, fand beim Dieselmotorenwerk Rostock eine erstaunliche und unter den Umständen der damaligen Zeit bewundernswerte Entwicklung statt. Ausgangspunkt dieser Entwicklung war einerseits die Erkenntnis der SMAD, dass in der SBZ von drei Betrieben einzig SKL als nennenswerter Motorenhersteller (bis 1000 PS) nach dem Krieg verblieben war, während sich 32 Werke (bis 12 000 PS) in den Westzonen befanden, allein in Kiel drei Betriebe. Zum anderen sollte strategisch darüber weit hinaus, neben dem Ausbau der SKL- Motorenfertigung, auch der Schiffbau in der SBZ und später in der DDR groß ausgebaut werden, um Reparationsleistungen bzw. Lieferleistungen für die Sowjetunion erbringen zu können. So fiel dann die Entscheidung der SMAD zum Neubau eines Dieselmotorenwerkes in Rostock, was dann ein paar Wochen später durch ein Gesetz der DWK / DDR in die Form gegossen wurde, so dass es eine Staatsaufgabe höchster Priorität wurde. (siehe vorn). Bis zum Mai 1949 gab es in Rostock und in ganz Nord-Ost-Deutschland keinen Motorenbau. Im Januar 1950 verließ dann bereits der erste Motor der von SKL übernommenen Baureihe 4 NVD 224 das Werk in der Lübecker Straße.   Die Serienfertigung dieses Motors lief dann schon Mitte des Jahres an und es wurden bis Jahresende noch 80 dieser Motoren fertiggestellt, am Ende waren es   - bis 1960 die   Produktion   im   DMR   auslief   –   insgesamt   5171Stück.

1950 - Montagestraße 4 NVD 224, hier Werftstraße   Quelle: (43) Broschüren DMR, Autor

1950 fiel dann die Entscheidung für den Standort auf dem Geländes Reichsbahn-Ausbesserungswerkes (RAW). Aus den Trümmern dort entstanden dann neue Hallen mit völlig neuen Möglichkeiten. Der Umzug fand im September 1951 statt, bei Einhaltung der Produktionsvorgaben!

Die bereits für den alten Standort maßgeblich von F. Eimbeck entwickelten recht umfangreichen technologischen Planungen mussten nun an die neuen, deutlich besser geeigneten, Verhältnisse angepasst werden.

Maschinen aus der Ostzone.

Ifd. Nr.	Stck	Maschine	Type	Hersteller	Preis		Bestell tag	Termin	Bemerkung
1	1	Hobelmaschine	5000 x1600	Aschersleben	20 000.-	088177 / 26.8.	21.7	2.Quart 1950	[handschr.]
2	1	Hobelmaschine	3000 x1000						gestrichen
3	1	Hobelmaschine	1000 x 650	Blell-Zeulenroda	20 000.-	088186/ 26.8.	21.7.	Dez. 1949	
4	1	Horiz. Bohrmasch.	W 110 m/m	Niles-Chemnitz	24 500.-	M494a F	22.7.		geliefert 22.9.
5	1	Horiz. Bohrmasch.	W 110 m/m	Niles-Chemnitz	24 500.-		22.7.	1950	
6	1	Horiz. Bohrmasch.	BF 80+	Union-Chemnitz	20 000.-	088181/ 26.8.	21.7.	Mitte Nov.49	geliefert 22. XI 49
7	1	Horiz. Bohrmasch.	BF 80+	Union-Chemnitz	20 000.-		21.7.	I.Qart. 1950	
8	1	Horiz. Bohrmasch.	BF 65+	Union-Chemnitz	15 000.-	088182/ 26.8.	21.7.		geliefert 15.8.
9	1	Horiz. Bohrmasch.	BF 63+	Union-Chemnitz	15 000.-	088182/ 26.8.	21.7.	1950	
10	1	Drehbank	N8/460x4000	Niles-Chemnitz	27 000.-	088179/ 26.8.	22.7.	I.Quart 1950	wird nach unseren Angaben umgebaut
11	1	Drehbank	N8/460x4000	Niles-Chemnitz	27 000.-	088179/ 26.8.	22.7.	1950	
12	1	Drehbank	N8/460x4000	Niles-Chemnitz	27 000.-	088179/ 26.8.	22.7.	1950	
13	1	Drehbank	N8/460x4000	Niles-Chemnitz	27 000.-	088179/ 26.8.	22.7.	1950	
14	1	Drehbank	N6/370x3150	Niles-Chemnitz	18 500.-	088179/ 26.8.	22.7.		geliefert 30.8.
15	1	Drehbank	N6/370x3150	Niles-Chemnitz	18 500.-	088179/ 26.8.	22.7.	Okt. 1949	geliefert 3. XI 49
16	1	Drehbank	N6/370x3250	Niles-Chemnitz	18 500.-	088179/ 26.8.	22.7.	Nov. 1949	unterwegs
17	1	Drehbank	BR63/310x2000	Meuselwitz	15 400.-		22.7.		geliefert 10.9.
18	1	Drehbank	BR63/310x2000	Meuselwitz	15 400.-	39981 v. 6.10.	22.7	Okt. 1949	geliefert 8. XI 49
19	1	Drehbank	BR63/310x2000	Meuselwitz	15 400.-	39981 v. 6.10.	22.7.	Okt. 1949	geliefert 2. XI 49
20	1	Drehbank	BR63/310x2000	Meuselwitz	15 400.-	39981 v. 6.10	22.7	Okt. 1950	
21	1	Drehbank	BR63/310x2000	Meuselwitz	15 400.-	39981 v. 6.10.	22.7.	1950	
22	1	Drehbank	N2/225x1600	Niles-Chemnitz	9 500.-	M4940a/22.8.	22.7.	1949	geliefert
23	1	Drehbank	N2/225x1600	Niles-Chemnitz	9 500.-	"	22.7	1949	geliefert
24	1	Drehbank	N2/225x1600	Niles-Chemnitz	9 500.-	39990 v. 6.10.	22.7.	Nov. 1949	Rücksage v. WMW
25	1	Drehbank	N2/225x1600	Niles-Chemnitz	9 500.-	39990 v. 6.10.	22.7.	Nov. 1949	Bestätigung Niles
26	1	Drehbank	N2/225x1600	Niles-Chemnitz	9 500.-	39990 v. 6.10.	22.7.	Dez. 1949	fehlt noch.
27	1	Werkzeugschleifm.	Mod. V	Großenhain	9 500.-	39987 v. 6.10.	2.8.		geliefert 7.10.
28	1	Werkzeugschleifm.	Mod. V	Großenhain	9 500.-	39987 v. 6.10.	2.8.	Nov. 1949	geliefert 13/XI 49
29	1	Karusseldrehbank	EK4 1300+	Niles-Chemnitz	32 000.-	M494a/22.8.	25.7	Okt. 1949	geliefert 29.10.
30	1	Revolverbank	47 Sp. 36 Durchl.	Germania-Chemnitz	4 000.-	088178/ 26.8.	26.7		geliefert 13.9.
31	1	Revolverbank	47 Sp.36 Durchl.	Germania-Chemnitz	4 000.-	"	26.7.		"
32	1	Revolverbank	47 Sp.36 Durchl.	Germania-Chemnitz	4 000.-	"	26.7.		"
33	1	Revolverbank	47 Sp.36 Durchl.	Germania-Chemnitz	4 000.-	"	26.7.		"
34	1	Revolverbank	47 Sp.36 Durchl.	Germania-Chemnitz	4 000.-	"	26.7.		"
35	1	Revolverbank	47 Sp.36 Durchl.	Germania-Chemnitz	4 000.-	"	26.7.		"

Quelle: 2x Landesarchiv MV, Best. Nr. 6.11-14 1843 19491027

Bereits 1951 wurden die Fertigstellung der Werkstätten und der Konstruktionsbeginn eines neuen Motors realisiert. Der Einstieg in die Reparatur von Motoren (aller Hersteller) für die Fischerei und die vorhandenen Werften erfolgte. Aber auch die Entwicklung und die Fertigungs- Einführung neuer Technologien für Kurbelwellen, Pleuel, Nocken, Zylinderköpfe und Montage waren entscheidende technische Grundlagen für die Aufnahme neuer und größerer Motorentypen.

Quelle: Fotoarchiv Seniorenverein DMR e.V.

Gleichzeitig mussten die übernommenen Mitarbeiter des RAW und seit 1.1.1952 auch die des RIW integriert und qualifiziert werden und das Produktionsprogramm des Unternehmens bereinigt werden. Denn Motoren, Motoren, Motoren war die Devise.

1952, Ausspindeln der Lagergasse KVD in Halle 1 - Quelle SV DMR, Archiv

Das war dennoch eine äußerst schwierige Aufgabe, denn die ehemaligen Flugzeugbauer mussten nun Schiffsmotorentheorie lernen und sofort auch anwenden. So mussten alle Zeichnungen neu erstellt werden, die theoretischen Grundlagen erworben und Fertigungs-Einrichtungen hergestellt werden. Marktarbeit war kaum nötig, denn Motoren wurden dringendst gebraucht, Export war nicht vorgesehen. Irgendwelche Einsprüche durch MWM sind nicht dokumentiert. Der Einkauf von Guss- und Schmiedeteilen und deren Bearbeitung im Unternehmen und auch die aller anderen Teile blieb eine gewaltige Herausforderung.

Erfolgreiche Erprobung 6 KVD 43- 21.08.1952   Quelle: Archiv Seniorenverein DMR
ganz links Meister Passehl   Mitte Werkleiter Kapp   2. von rechts Montageleiter Freese

Von diesem Typ wurden noch 1952 fünf Stück ausgeliefert und es verließen bis 1956 insgesamt 169 Stück das Werk. Neben den Schiffsmotoren wurden 20 davon als Generatorstationen für Bulgarien ausgeliefert. Von diesem Motorentyp hat das Unternehmen dann 20 Stück für die 10 Minenabwehrschiffe (MLR- Boote) der Volksmarine der DDR geliefert. Auch die Generatormotoren dieser und vieler anderer Schiffe kamen vom DMR. Der kleine „Geburtsfehler" des Motors wurde dabei diskret verschwiegen. Er war, neben dem 4 NVD 224. das „Brot- und Buttergeschäft" des Unternehmens in den ersten Jahren.

Montage 6 KVD 43, Foto (43)

Die Rationalisierungseffekte in den neuen Hallen werden in dem folgenden Bild aus dem Jahre 1953 gegenüber 1950 in der Lübecker Straße ganz deutlich.

Montagestraße des 4 NVD 224.(43)   Quelle: 2x Seniorenverein DMR, Archiv

Der schon im ersten vollen Jahr erreichte Seriencharakter dieser Motorentype 6 KVD 43 wird in folgendem Bild deutlich. Diese Serie sollte bis 1964 anhalten und durch Aufladung und weitere Maßnahmen wurden bis zu 1200 PS als Leistung erreicht.

1953/54 - 6KVD43 versandbereit (43)   Quelle: Archiv Autor

Der Druck auf das Unternehmen zur Entwicklung weiterer Motoren blieb sehr hoch. Die erste „echte" Neuentwicklung, der NVD 26 mit den verschiedenen Zylinder-Varianten 3,4 und 6, sollte der nächste, eminent wichtige Teil des Kerngeschäfts des Unternehmens werden. Dieser unglaublich vielseitig einsetzbare Motorentyp wurde im Zeitraum von 1954/55 bis 1962 mit einer Gesamtstückzahl von 1764 Motoren im DMR gebaut. Nachfolgend nur einige der Anwendungen, bei denen eine Leistung von bis zu 360 PS je Motor abgerufen werden konnte.

6 NVD 26

Montage

Quelle:(43)

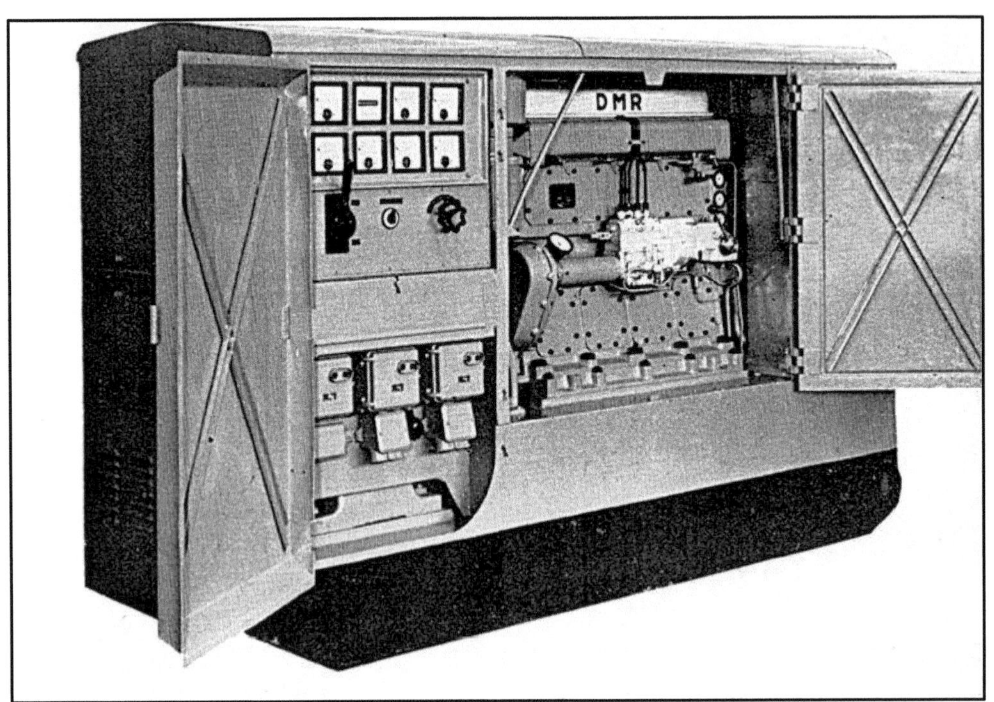

Foto: 4 NVD 26 Generatorstation

Foto: 2x 6NVD 26 als Schiffsantrieb, ca. 1955   Quelle: 2x Broschüren DMR

Mit diesen Motorentypen war der Seriencharakter der Fertigung gegeben und damit wurden auch an die technologischen Prozesse gewaltige Herausforderungen gestellt. In allen Bereichen der Fertigung mussten die Vorrausetzungen geschaffen werden, dass die Fertigungsaufwendungen ständig gesenkt werden konnten. Das betraf nicht nur die Zerspanungsleistungen in der mechanischen Fertigung, sondern auch die Schlosserstunden in den Montageprozessen und beim Prüflauf. Es ging bei diesen großen Stückzahlen nicht nur um Stunden, sondern um Reduzierungen im

Minutenbereich! Dieses genaue Hinschauen bei jedem Vorgang war für viele der ehemaligen Heinkel-Mitarbeiter ja nichts Neues. Genau das wurde unter Heinkel-Tempo verstanden, auch wenn natürlich im DMR nicht darüber geredet werden durfte. Die Erfahrungen von F. Eimbeck, die er in seinem beruflichen Leben sammeln konnte, kamen ihm hier sehr zu statten. Zusammen mit vielen anderen Ingenieuren in Konstruktion, Arbeits-Vorbereitung und Produktion konnten auch deutliche Erfolge verzeichnet werden. So sanken die Fertigungsaufwendungen von 19,7 h/PS im Jahre 1950 auf 10 h/PS im Jahre 1957 über alle Motorentypen, bei einer Steigerung der Motorenzahl von 80 auf 927.(43) Eine Bewertung dieser Entwicklung im Lichte eines nationalen oder internationalen Vergleichs z.B. mit der MAN ist jedoch schwer möglich. Aber die neuesten (2009) Forschungen von Prof. Heske anhand der offiziellen Statistiken der DDR und der BRD belegen, dass Leistungsfähigkeit und Produktivität der DDR Wirtschaft in den 50er und auch in späteren Jahren NICHT hinter denen der BRD zurückgeblieben sind. „Aufschlussreich sind auch die Indizes und die Relationen der Produktivitäts-Entwicklung im Vergleich, die Heske für jedes fünfte Jahr ab 1950 zeigt. Danach lag die DDR im Indexstand immer über dem der BRD bezogen auf das Brutto-Inlands-Produkt (BIP) sowohl in der Kennzahl „BIP je Einwohner" als auch in der „BIP je Erwerbstätigen" (bezogen auf 1950 = 100).   Und weiter: „Aus gesamtwirtschaftlicher Sicht resultierte der fortwährende Leistungsrückstand der DDR bis 1989 im Vergleich zur BRD aus den zum Gründungszeitraum der DDR **1949/1950 erreichten Niveau**, das sich aus den bestehenden ökonomischen Bedingungen und Voraussetzungen, ergab." . (55; S.66,) Weitere Ergebnisse dieser Untersuchungen lassen eben NICHT den Schluss zu, dass allein das Planungssystem die Ursache des Leistungsrückstandes war. (55; Bewertung der „äußeren und außenwirtschaftlichen Hemmfaktoren" unter Fußnote 2.)

Man könnte eine Bestätigung dieser Ansicht ausgerechnet aus einem fünfzehn-seitigen Brief Ulbrichts an Chruschtschow im Januar 1961 herauslesen, in dem er die Schuld an der DDR - Misere bei der Sowjetunion ablädt: „Während wir in den ersten zehn Nachkriegsjahren die Wiedergutmachung leisteten durch Entnahme aus den bestehenden Anlagen und aus der laufenden Produktion, leistete Westdeutschland keine Wiedergutmachung aus der laufenden Produktion, sondern erhielt obendrein von den USA größere Kredite, (...) Milliardenhilfe (...). Das ist der Hauptgrund dafür, dass wir in der Arbeitsproduktivität und im Lebensstandard so weit hinter Westdeutschland zurückgeblieben sind. Der konjunkturelle Aufschwung in Westdeutschland, der für jeden Einwohner der DDR sichtbar war, ist der Hauptgrund dafür, dass im Verlaufe von zehn Jahren rund zwei Millionen Menschen unsere Republik verlassen haben." (63)

So begannen etwa 1952 bereits die Vorarbeiten für eine weitere DMR-Neuentwicklung, den NZD 48. Dieser Motor hatte in seiner aufgeladenen Ausführung 1750 PS, wurde jedoch nur in geringen Stückzahlen hergestellt. Sein Einsatz fand er nur auf Schiffen des Fischkombinates Rostock z.B. auf den Fang- und Verarbeitungsschiffen „Junge Welt" und „Junge Garde" als Generatorantrieb für den dieselelektrischen Schiffsbetrieb, pro Schiff 4 Motoren. Ein Motor dieses Typs wurde auf dem Trawler „ROS 204" eingebaut. Der 8-Zyl. - Muster – und Erprobungsmotor wurde später aus Platzgründen verschrottet.

1 – Zylinder – Versuchsmotor NZD 48, in Halle 2   Quelle: Archiv des Seniorenvereins

Die Verarbeitungsschiffe liefen noch bis 1992 und wurden dann abgewrackt. Obwohl durch „Techno-Commerz" dieser Motor auch auf Messen beworben wurde, kamen keine weiteren Kunden hinzu. Im Fertigungsprogramm ab 1960 tauchte dieser Motor bereits nicht mehr auf. Dennoch war er hinsichtlich Leistungsgröße, Bauteilabmessungen und Betriebs-Erfahrungen eine unverzichtbare Brücke zu der unmittelbar darauf begonnen Entwicklung des NZD 72. Vor allem wurde mit der umfangreichen Erprobung an dem 1 - Zylinder – Versuchsmotor hinsichtlich Leistungserreichung, Teillastverhalten, Überlast, thermischer Belastungen von z.B. von Lagern und Kolben, Ölauswahl und Brennstoffverbrauch solide Forschungsarbeit geleistet, die sich vor allem beim NZD 72 auszahlen sollte.

Foto: 8 NZD 48, (50)   Quelle: Archiv Autor

Für das DMR sollte mit diesem Typ NZD 48 eine neue Leistungsstufe mit der Entwicklung des ersten Zweitakt-Motorentyps erreicht werden. Diesem Wechsel des Motorenprinzips gingen umfangreiche Diskussionen insbesondere mit SKL voraus, die vehement auf der weiteren Umsetzung des 4-Takt-Prinzips auch für die DMR-Weiterentwicklungen bestand. Letztlich hat das DMR jedoch - auch mit Unterstützung der TU Dresden - ein Konstruktionskonzept für einen 2-Takt-Motor umgesetzt, das wohl von Deutz stammt, jedoch dort nicht umgesetzt worden ist. Diese Entscheidung ist von den damaligen Führungskräften des Unternehmens mit aller Umsicht und nach vielen Konsultationen gefällt worden und hat sich auch aus heutiger Sicht als richtig erwiesen, denn insbesondere der dann darauf folgende NZD 72 (A) hat sich mit fast 50 Motoren als zuverlässiger Schiffsantrieb bewährt. Die Entwicklung dieses Motors NZD 72 zuerst ohne und später mit Aufladung (A) in verschiedenen Zylindervarianten beruhte bereits auf umfangreichen (6000 h) Programm von Erprobungen und Versuchen an den o. g. Versuchsmotoren. (51)

Der NZD 72 wurde zu einem bestimmenden Motor für die Fischfangflotte und er wurde mit den 6 – und 8- Zylinder- Varianten in den Werften in Wolgast, Wismar und der Neptunwerft Rostock eingebaut. Seine Referenzliste umfasste 1972 46 Motoren, darunter auch 4 Schiffe für Norwegen, 6 für die Seereederei, 3 für die UdSSR, 1x für DDR-Geophysik.

(siehe Anhang)

Grundwanne NZD 72   Quelle: Archiv Autor

Dieser Motor stellte mit seinen 4350 PS (aufgeladen) bereits einen „Großmotor" dar und hat erhebliche Anforderungen an die Belegschaft hinsichtlich der erforderlichen Qualität und Betriebssicherheit, aber insbesondere auch für eine Importablösung gestellt, denn immer noch mussten eine Reihe von Komponenten aus der BRD, dem harte D-Mark verlangenden Klassenfeind, bezogen werden. Daraus ergaben sich Aufgabenstellungen u.a. für eine verbesserte Kolbenkühlung, Schmierölfilter und weitere Teile, die sehr oft mit der Importablösung durch DMR-Eigenfertigung oder Bezug aus der DDR (bei dem sehr oft durch Ingenieure des DMR, wie auch F. Eimbeck, Entwicklungshilfe geleistete wurde) gelöst wurden. Auch waren die Erfahrungen mit diesem Motor z. B. durch umfangreiche Erprobungen über 6000h mit einem 6 -Zylinder NZD 72 in der Halle 2 sowie auf bereits eingebauten Fischereischiffen eine wesentliche Grundlage für die nächste Entwicklungsstufe, die ab 1972 beginnend in großen Stückzahlen gebaut werden sollte, den ZD 72/48, eine Weiterentwicklung des NZD 72. Für das Antriebskonzept des 8 NZD 72 mit Verstellpropeller wurde auf der Leipziger Messe eine Goldmedaille vergeben, was jedoch keinen NSW- Exportauftrag zur Folge hatte. (NSW - Nicht Sozialistisches Wirtschaftsgebiet) Siehe Bild Seite 183.

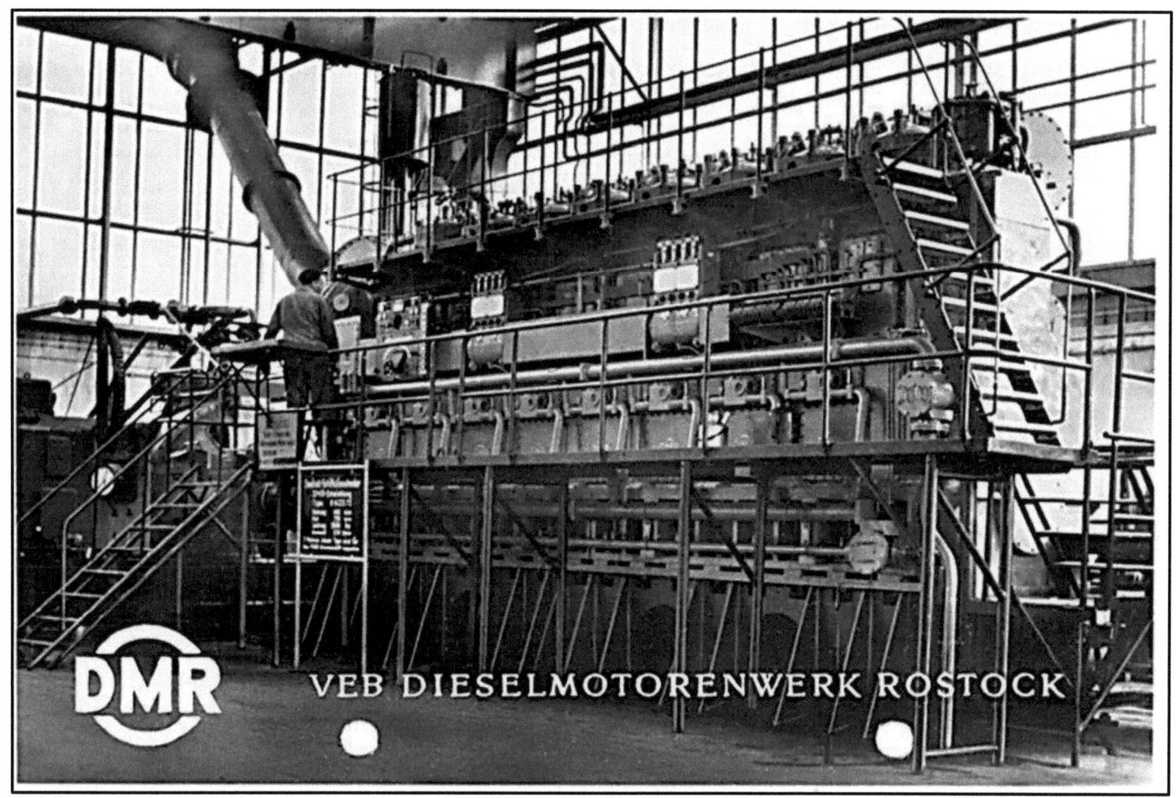

Foto: 8 NZD 72 ca. 1959, bereits in Halle 5, auf dem Prüfstand   Quelle: 2x Archiv Autor

Wie stark und erfolgreich F. Eimbeck auch in diese Aufgabestellungen zur Importablösung eingebunden waren zeigen wiederholte Auszeichnungen als Aktivist und Anerkennungen in Form von Gehalts-Erhöhungen.

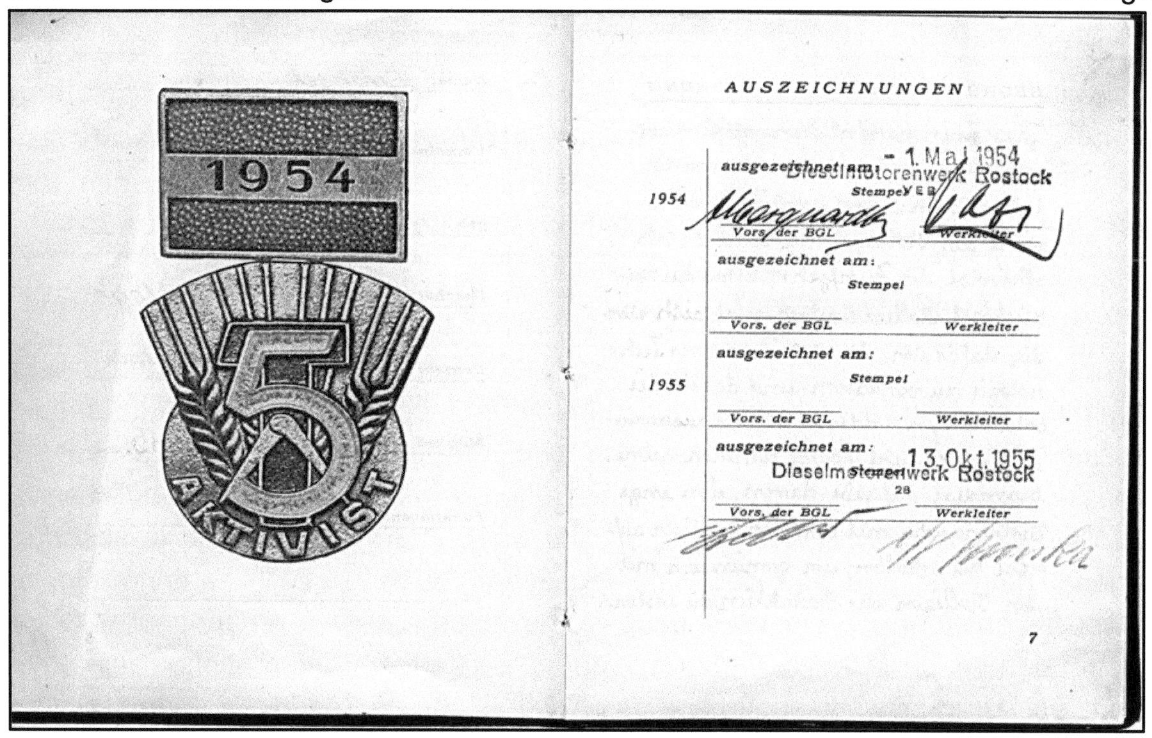

Im September 1955 wurde F. Eimbeck noch eine besondere Aufgabe erteilt. In enger Abstimmung mit DIA sollten er zusammen mit dem Betriebsdirektor Kapp zur St. Eriks Messe nach Stockholm fahren.

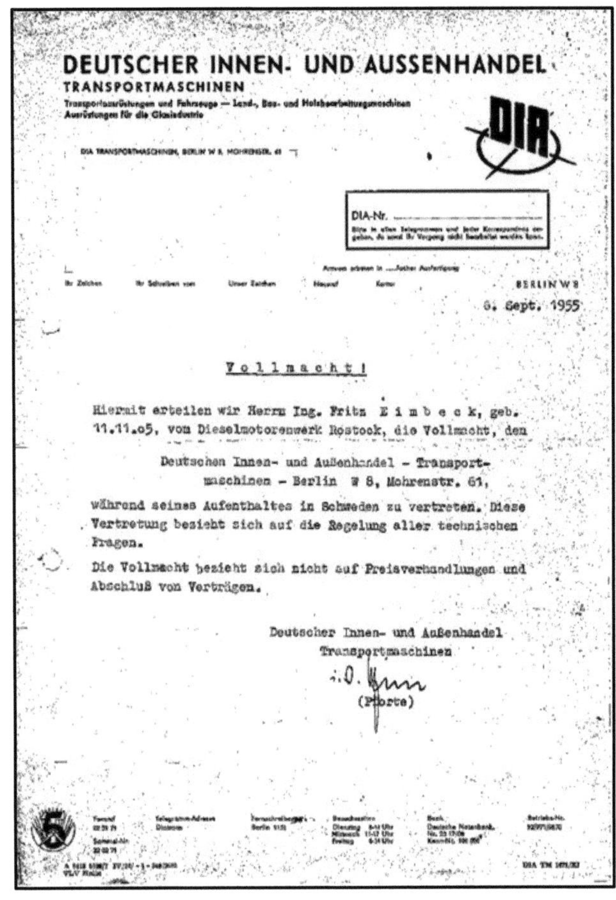

Aufgabenstellung

1. Betriebsvergleich für
    Motoren, Konsumgüter, Werk-
    Stattausrüstungen

2. Marktanalyse Motoren
    Welche ausgestellt, deren
    Preise und Lieferbedingungen

3. Absatzanalyse
    + Suche von Handelsvertretern
    + Motorenbedarf in Schweden
        < Schiffsdiesel
        < Generatormotoren
        < Elektrifizierungsanteil

Die Reise selbst konnte dann nur F. Eimbeck antreten. Sein ausführlicher Reisebericht geht auf alle Punkte ein. Für die DMR - Motoren ergab der Vergleich zu dem ihm vorgegebenen Preisen für den 4 NVD 224 und den 6 KVD 43:

> **Während sich der 1oo PS Motor im Rahmen der ausgestellten Motoren bewegt, ist der Preis des Großmotors unwahrscheinlich hoch !**

Auch zu den Konsumgütern brachte er Prospekte, Preise und Produktideen mit. Er nahm darüber hinaus auch Kontakt auf zu mehreren möglichen Handelsvertretern auf und besuchte dann zum Abschluss noch zwei Werften in Göteborg. Besonderes Interesse zeigte die Schwedischen Partner an den in der Entwicklung befindlichen 2-Takt-Motoren. Obwohl die DIA selbst auf der Messe vertreten war, fühlte sich dort niemand kompetent genug für das Motorengeschäft. Auch das DMR hatte noch keine Vertriebsingenieure. F. Eimbeck nahm viele interessante Anregungen mit zur Rationalisierung der eignen Fertigung, dabei zählten der international verstärkte Einsatz von Druckluftwerkzeugen und das Angebot von großen Werkzeugmaschinen zu den wichtigsten. Im privaten Reisebericht schrieb er u.a., dass er mit Deutsch sehr gut klarkam und dass nur der Linksverkehr sehr ungewohnt gewesen sei.

In dieser Zeit erhöhten sich die marktseitigen Anforderungen an die Werften zu immer größeren Schiffen und deren Forderungen für immer stärkere Motoren führten dann in Berlin zu der Erkenntnis, dass dieser Weg nicht mehr mit den Eigenentwicklungen des DMR (bzw. der DDR) zu leisten ist. Deshalb wurden ab 1954/55 strategische Überlegungen zur Lizenznahme von Motoren der MAN in Augsburg angestellt.

DMR – Großmotoren, Entscheidungen und Entwicklungen

Bevor die Entscheidungen zur Produktion von Großmotoren im DMR fallen sollten, gab es für das Unternehmen weitere Wechselbäder, was die Zukunft anbetraf. Eine dramatische Unterauslastung des VEB Industriewerke Ludwigsfelde mit immerhin 1800 Beschäftigten und bei gleichzeitigem langfristigen Bedarf (8000 Stück) an dessen Erzeugnissen (u.a. E- Karren, kleine LKWs) führte dazu, dass der stellv. Ministerpräsident Heinrich Rau den Auftrag erteilte, die Verlagerung der Dieselmotorenproduktion vom Dieselmotorenwerk Rostock nach Ludwigsfelde zu untersuchen. Dazu wurden Arbeitsgruppen gebildet, an denen jedoch das DMR nicht direkt beteiligt war. Die Untersuchungen mündeten in einen fast 20 Seiten langen Bericht, in dem viele Aspekte einer solchen Verlagerung betrachtet wurden.

Betr.: Auftrag des Stellvertreters des Ministerpräsidenten,
Herrn Heinrich R a u , vom 12. Juli 1953
– Rostock / Ludwigsfelde –

Zur Erledigung des Auftrages wurde folgende Kommission gebildet:

1.) Für die Koordinierung der Teilaufgaben und Anleitung der Kommissionsmitglieder

Ing. D o p i e r a l a   Zentrale techn. Leitung im Min.f.Transportmittel- und Landmaschinenbau

2.) Untersuchung der Verlagerung Rostock nach Ludwigsfelde, insbesondere der Fragen 1 a) bis d) und f)

Dipl.Ing. S e i d e l   Technischer Leiter im Min.f.Schwermaschinenbau

Ing. S c h r ö d e r   Technischer Leiter im ZKB Schwermaschinenbau

Ing. S t r e h l e   Technologe im ZKB Schwermaschinenbau

3.) Untersuchung der Verwendungsmöglichkeit des Dieselmotorenwerkes Rostock durch die Neptun-Werft Rostock und des sich daraus ergebenden volkswirtschaftlichen Nutzens. (Frage 1 c), 1 – 3).

Dipl.Ing. K ü n z e l   Technischer Leiter der HV Schiffbau

Ing. K l e w i t z   HV Schiffbau

Das Arbeitskräfteproblem durch Verlagerung der Mitarbeiter zur Neptunwerft war eines der wichtigsten. Das führte dann wohl auch zu dieser abschließenden Bewertung:

Quelle: 2x Bundesarchiv Lichterfelde.   Best. Nr. DG 3 3203

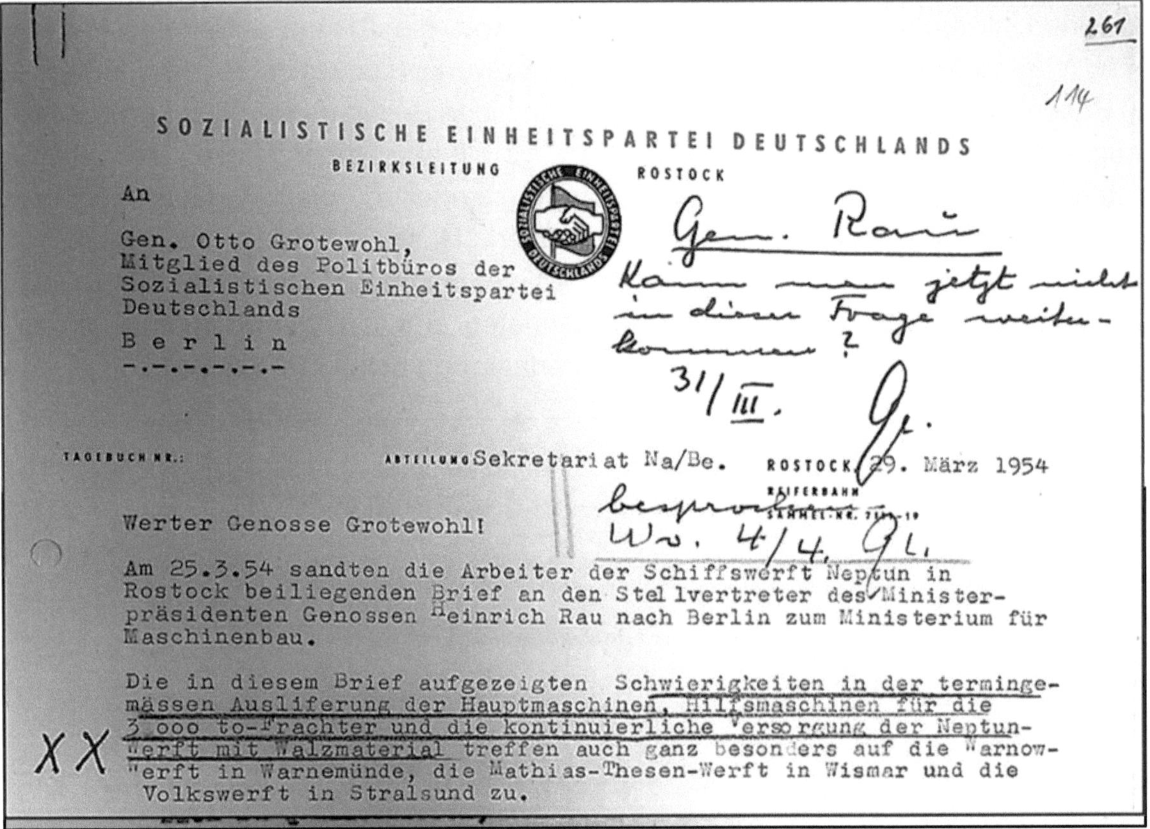

Dass überhaupt eine ernsthafte Untersuchung hier eingeleitet wurde, scheint aus

heutiger Sicht kaum nachvollziehbar, denn seitens der Werften nahm der Druck auf den Motorenhersteller immer weiter zu und – wie üblich in Fällen scheinbarer Aussichtslosigkeit - wurde dann der Weg über die Parteileitungen, hier die des Bezirkes, gesucht.

Quelle: Bundesarchiv Lichterfelde, Best. Nr. NY 4090 354

Dazu kam weiterhin ein Schreiben von Rat des Bezirkes Rostock (vom 28.05.1954), in dem vorrangig die mangelhafte Zulieferung aus dem Schwermaschinenbau für die Nichterfüllung der Ziele der Werften verantwortlich gemacht wurde. Das galt sowohl für Hochseeschiffe als auch für Binnenschiffe. Auch die Errichtung eines Seehafens in Rostock entsprechend Ministerratsbeschluss vom 28.08.1952 (weil Wismar wegen der Demarkationslinie nicht infrage kommt, obwohl es dramatisch billiger sei) und der Ausbau der Werften und Schaffung von Binnenverkehrs-wasserstraßen wurden darin bekräftigt bzw. angeregt.

Eine Analyse der Schiffbausituation durch die Hauptverwaltung (HV) Schiffbau im Ministerium für Schwerindustrie (Min. Selbmann) vom Oktober 1954 kommt zu dem Schluss, dass

> Durch den hohen Anteil an Zulieferungen und den Bedarf an hochwertigen Materialien ist der Industriezweig Schiffbau im besonderen Maße von der Leistung anderer Industriezweige abhängig. Es bestehen umfangreiche und komplizierte Kooperationsbeziehungen. Die einzelnen Industriezweige haben mit der Vergrößerung der Schiffbaukapazität nicht Schritt gehalten. Es bestehen Schwierigkeiten bei der Termin- und qualitätsgerechten Lieferung von Elektromaschinen, Funk- und Fernmeldeanlagen, Schiffshaupt- und Hilfsmaschinen. Zum Teil sind diese Schwierigkeiten auf zu kurz-

> Die Produktion von Schiffbaumaterial (Schiffsbleche und Walzprofile) ist in den Walzwerken der DDR nach Menge und Qualität nur in geringem Umfang gewährleistet. Im Jahre 1955 werden ca. 75 % des benötigten Walzmaterials aus der SU bezogen.

Die Folgen dieser massiven Zulieferprobleme, und anderen, auch werftspezifischen Problemen, sind 57 Millionen Mark Verluste.

> Der Plan im ersten Halbjahr 1954 wurde sortimentsgerecht nicht erfüllt, und wertmäßig nur durch zu hohe Produktionskosten.
> Folge: 23 Schiffe nicht ausgeliefert und Gewinnplan untererfüllt.

Quelle: 3x Bundesarchiv Lichterfelde, Best. Nr. NY 4090 354

Der Mangel an und die Lieferprobleme bei Motoren für den Hauptantrieb und/oder die Hilfsmaschinen stehen nahezu immer an vorderster Stelle bei den Störungen in den Werften. Darüber hinaus sollte jedoch die weitere Entwicklung des Schiffbaus und vor allem des Großschiffbaus vorangetrieben werden. Dies jedoch war nur mit deutlich größeren Motoren möglich. Das führt dann unmittelbar zu der Konsequenz. des Importes von Motoren. Dafür kommt Mitte der 50iger Jahre nur der deutsche Hersteller MAN in Augsburg infrage. Deshalb gibt es bereits im Januar 1955 erste Gespräche zwischen dem DDR -Außenhandelsunternehmen DIA und der MAN in Augsburg wie der Protokollauszug zeigt. Diese liefen sowohl auf den kompletten Kauf der ersten Motoren für die Werften durch das DMR und dann die Lizenznahme für die Typen KZ 57/80 und KZ 70/120 und später noch KZ 60/105 hinaus.

Aktenvermerk

Über eine Besprechung mit den Herren des
DIA Masch. Berlin am 21.1.55 in unserem Werk.

Betr.: Einplanung von Großschiffsmotoren

Die Herren des DIA Masch., Herr Dir.Brendel/Ramm bzw. Herr
Tiefensee als Technischer Leiter der Hauptverwaltung Schiffbau
wünschen die Einplanung folgender Großschiffsmotoren in das
Bauprogramm der M.A.N. 1957:

```
2 K 6 Z 57/80 m.A.    Anfang Januar 57
2     "       "       Anfang August 57
2     "       "       Anfang November 57
1 K 7 Z 70/120 "      Anfang Januar 57
1     "       "       Anfang April 57
1     "       "       Anfang Juli 57
1     "       "       Anfang September 57
```

Ein paar Tage später erfolgte eine Präzisierung durch das Ministerium

Lizenzvertrag mit M.A.N

Im Ergebnis der Reise nach Augsburg wurde uns von Koll. Tiefensee
folgende Situation bekanntgegeben:

Im Jahre 1956 werden über den DIA (Maschinen-Import, Kontor 11)
von M.A.N. 4 Maschinen gekauft, und zwar

```
1 Maschine  Type K 6 Z 570 C  Ausliefg.: 10.3.56  ) sind für
                                                   ) Fahrgast-
1 Maschine  Type K 6 Z 570 C  Ausliefg.: 25.3.56  ) schiffe
                                                     Wismar vor-
                                                     gesehen.

1 Maschine  Type K 7 Z 70/120 Ausliefg.: Sept. 56  ) sind für
                                                    ) Erzfrachter
1 Maschine  Type K 7 Z 70/120    "      : Okt.  56  ) bestimmt.
```

Es werden weiterhin Vorverträge abgeschlossen über die Lieferung von
7 kompletten Maschinen im Jahre 1957 bzw. über Lieferung von Teilen von
M.A.N., die wir für die Fertigung der ersten Maschine bei uns benötigen.

Der Kaufvertrag 1956 sieht im § 12 folgenden Passus vor:

"Mit dem Kauf dieser genannten Maschinen sind beide Partner
übereingekommen, einen Lizenzvertag zum Bau von Dieseltypen
KZ 70/120 zu schließen. Für die Vorarbeiten zum Abschluß des
spezifizierten Lizenzvertrages gibt M.A.N. an DIA (Maschinen-
Import, Kontor 11) schon jetzt in beratender Weise die erforderlichen Angaben und technischen Aufschlüsse."

Quelle: 2x Bundesarchiv Lichterfelde, Best. Nr. DG 3 21741

Wesentlich beteiligt an den Vorabstimmungen zu einem Lizenzvertrag war Herr Fries,
vom Karl Liebknecht Magdeburg (KLM). Er war offensichtlich der einzige Fachmann in
der gesamten DDR, der für diese großen Motoren Kompetenz hatte, wie sich später
noch zeigen wird.

Von der für die Dieselmotorenwerke zuständigen HV Energie- und Kraftmaschinen hat dessen Leiter Dumke in einem internen Schreiben vom 28.01.1955 festgehalten

keine terminlichen Zusagen machen. Von mir aus ist als Hersteller-betrieb für diese Maschinen Schwermaschinenbau Karl Liebknecht Magdeburg oder Görlitzer Maschinenbau vorgesehen.

Quelle: Bundesarchiv Lichterfelde, Best. Nr. DG 3 21741

Zur Leipziger Messe 1955 im September trafen sich mehrere Unternehmen (ohne DMR) unter Führung der HV Energie- und Kraftmaschinen des Ministeriums für Maschinenbau (EKM) und gaben am 16.09.2019 zu Protokoll, dass diese Motoren entweder bei SKL oder in Görlitz gebaut werden sollen. Dazu wurde auch eine Reihe von Festlegungen zur Umsetzung getroffen. Insbesondere sollte versucht werden, ob die HV Schiffbau von der MAN bereits Unterlagen zu den Schweißbauteilen zu erhalten kann, obwohl noch kein Lizenzvertrag geschlossen war. Denn das Zeitfenster zur Fertigung der Motoren innerhalb von zwei Jahren sei sonst nicht zu halten Auch gab es bereits Festlegungen zu den Kurbelwellen aus der CSR.

In Laufe des Jahres 1955 hat dann mit zunehmender Detailkenntnis zu den großen Motoren insbesondere in Magdeburg ein Umdenken begonnen bzw. regte sich Widerstand. So sollte von KLM, Karl Liebknechtwerk Magdeburg, später SKL, die große Kesselhalle in Salbke geräumt und dafür genutzt werden, was zu deutlichem Protest des zuständigen Leiters führte. Es erscheint darüber hinaus nachvollziehbar, dass auch Görlitz bei den nunmehr genauen bekannten Massen und Volumina der Bauteile der Großmotoren passen musste. Auch aus logistischen Gründen scheint es - mit der heutigen Kenntnis von Fertigung und Transport der großen Komponenten - eine fast abwegige Idee, diesen Hersteller so küstenfern anzusiedeln. Der Name Großmotoren hatte sich inzwischen für die MAN – Kreuzkopfmotoren-Typen im Sprachgebrauch festgesetzt, obwohl leistungsmäßig auch bereits die Eigenentwicklung des DMR, NZD 72, in dem Bereich um 4000 PS angesiedelt war.

Noch Mitte 1955 hat die HV EKM im DMR u.a. bei TVF (F. Eimbeck) eingegriffen, um mit Zulieferungen fertiger Motoren 4VD 224 von SKL und mit der Aufnahme des Mehrschichtbetriebes den Ausstoß des DMR zu erhöhen. Dazu wurde ein sogar vom Minister unterzeichneter Maßnahmeplan vorgelegt. In diesem Zusammenhang wurde im DMR von einem Entscheidungskonzept zur Entwicklung des Werkes für die Fertigung

80 Motoren   800 Motoren   8000 Motoren

gesprochen. Dabei wurde der technologischen Planung eine besondere Stellung und Verantwortung eingeräumt. Das zeugt von großem Vertrauen in die Fähigkeiten des Leiters F. Eimbeck.

Dieses Konzept wurde auch bis ins letzte Detail ausgearbeitet, jedoch sollte es mit der innerhalb der HV Energie- und Kraftmaschinen (EKM) getroffenen Entscheidung für den Standort Rostock für die Großmotoren- Fertigung nicht mehr relevant werden.

Denn nun wurden die entscheidenden Schritte zur Lizenznahme von MAN in schnellster Abfolge getroffen.

< 20.12.1955 Entscheidung des Ministerrates zur Motorenproduktion durch Lizenznahme von MAN

< 29.12.1955 Schreiben der HV EKM an DMR wg. Produktion Großmotoren

< 06.01.1956 Besprechung HV – DMR zu den Vorgaben für Verhandlungen

Die Vertreter des Dieselmotorenwerk Rostock sind berechtigt, für die

    einmalige Zahlung nach Lizenzabschluß und
    einmalige Zahlung nach Zeichnungsübergabe

über einen Wert in Höhe von 2oo - 3oo TDM Bdl zu verhandeln.

Als Lizenzhöhe sind für die Type

    4ooo PS   DM 5,-- pro PS und
    54oo PS   DM 7,-- pro PS

als Verhandlungsgrundlage festgelegt, während MAN ursprünglich DM 1o,-- pro PS fordert.

Quelle: Bundesarchiv Lichterfelde, DG 3 6526

< 19.01.1956 Besprechung mit Stellv. Minister Schomburg: Gräff, Dr. Witt, verhandeln für DMR sowohl Lizenz plus den Motorenkauf über DMR

< 23.01.1956 bis 28.01.1956 Reise zu MAN

< 26.01.1956 Abschluss des Lizenzvertrages

Dieser Vertrag sollte die gesamte Entwicklung des Dieselmotorenwerkes bis in die 90er Jahre bestimmen. Dass mit diesem Vertrag auch der technische Höchststand in der Motorenfertigung „eingekauft" wurde, kann man auch daran ablesen, dass DMR der 23. Lizenznehmer war, mit dem ein Vertrag abgeschlossen wurde. Die Bedingungen des Lizenzvertrages wurden durch Gräff und Witt als günstig eingeschätzt. (warum der technisch und wirtschaftlich äußert beschlagene Werkleiter Kapp nicht fahren sollte/durfte bleibt im Dunkeln, erst Ende 1957 fuhr er zu MAN).

Es waren im Einzelnen folgende wesentliche Regelungen vereinbart worden:

< Herstellung in den eigenen Werkstätten möglich, plus Zulieferungen   <
Lizenzgebiet DDR + Groß-Berlin   <
Lieferungen nur für Schiffe im Lizenzgebiet, also DDR-Werften   <
Genehmigung der MAN für Lieferung in BRD und andere Länder   < Einmalige
Zahlungen nach Vertragsschluss   - 225 000,- DM

< Die laufende Lizenzabgabe beträgt   - 8,- DM / PS
< Für Ersatzteile sind vom zu zahlen   - 3% vom DMR-Umsatz

Neben vielen weiteren Regelungen war von Bedeutung, dass DMR bis zum 31.12.1958 mit dem Bau von Motoren begonnen haben muss, sonst wäre MAN zum Rücktritt vom Vertrag berechtigt. Die erste Befristung des Vertrages lief bis zum Ende 1960. Das waren die Leistungsdaten der betreffenden Motorentypen.

MAN-Werk Augsburg — Technische Verkaufsunterlagen — Leistungstabelle — KZ 57/80 — D 2915

Motortyp KZ 57/80
Zweitakt-Dieselmotor mit Nachladung bzw. Aufladung

1, für Schiffsanlagen (umsteuerbar)
2, für ortsfeste Anlagen

Kreuzkopfbauart mit Spülluftpumpe bzw. Turboaufladegebläse
Zylinderbohrung 570 mm ∅   Hubvolumen 204,1 ℓ/Zyl.
Kolbenhub 800 mm   Kurbelwelle 380 mm ∅
mit Kolbenkühlung durch Öl   mit Kolbenschmierung
Leistungen gelten bei 20 °C und 735 mm Hg

Motordrehzahl	u/min.	187	200	214	225
Mittl. Kolbengeschw.	m/sek.	5,0	5,35	5,7	6,0

Motorleistungen [PSₑ] für Dauerbetrieb (tägl. 24 Std.)

Zylinderleistung	PSₑ	440	470	505	530
Mittl. eff. Druck p_e / ind. p_i	kg/cm²	5,2 / 6,3	5,2 / 6,3	5,2 / 6,3	5,2 / 6,3
5 Zyl.	PSₑ	2200	2350	–	–
6 "		2640	2820	3030	3180
7 "		3080	3290	3530	3710
8 "		3520	3780	4040	4240
9 "		3960	4230	4540	4770
10 "		4400	4700	5050	5300

mit Aufladung (ca 25 %)

Zylinderleistung	PSₑ	550	590	633	665
Mittl. eff. Druck p_e / ind. p_i	kg/cm²	6,5 / 7,4	6,5 / 7,4	6,5 / 7,4	6,5 / 7,4
6 Zyl. mit Aufladg.	PSₑ	3300	3540	3800	3990
7 "		3850	4130	4430	4650
8 "		4400	4720	5070	5320
9 "		4950	5310	5700	6000
10 "		5500	5900	6330	6650

Datum: 11.11.53   gefertigt: [Unterschrift]

Die Tabellenwerte gelten für:
1, Propellerbetrieb (Schiffsantriebe)
Überlast von 10 % für 2 Std. während der Probefahrt zulässig
(Drehzahlerhöhung hierbei 3,2 %).
2, Ortsfeste Dieselanlagen
Überlastbarkeit von 10 % während 1 Std. zulässig.

Niedrigste Motordrehzahl ca 1/3 der Betriebsdrehzahl

MAN-Werk Augsburg — Technische Verkaufsunterlagen — Leistungstabelle — KZ 70/120 — D 3115a

Motortyp KZ 70/120
Einfachwirkender Zweitakt-Dieselmotor

1, für Schiffsanlagen (umsteuerbar)
2, für ortsfeste Anlagen

Kreuzkopfbauart mit Nachladeschieber, mit Spülluftpumpe bzw. Turboaufladegebläse
Zylinderbohrung 700 mm ∅   Hubvolumen 461 ℓ/Zyl.
Kolbenhub 1200 mm   Kurbelwelle bis 6 Zyl. / ab 7 Zyl.
445 mm ∅ ohne Aufl. | 455 mm ∅ ohne Aufl.
485 mm ∅ mit Aufl. | 480 mm ∅ mit Aufl.
mit Kolbenschmierung   mit Kolbenkühlung durch Wasser
Leistungen gelten bei 20 °C und 735 mm Hg

Motordrehzahl	u/min.	110	115	120	125	130
Mittl. Kolbengeschw.	m/sek.	4,4	4,6	4,8	5,0	5,2

Motorleistungen [PSₑ] für Dauerbetrieb (tägl. 24 Std.)

Zylinderleistung	PSₑ	588	615	640	667	695
Mittl. effekt. Druck p_e / indiz. p_i	kg/cm²	5,2 / 6,1	5,2 / 6,1	5,2 / 6,1	5,2 / 6,1	5,2 / 6,1
4 Zyl.	PSₑ	2350	2460	–	–	–
5 "		2940	3080	3200	3340	3480
6 "		3530	3690	3840	4000	4170
7 "		4110	4300	4480	4670	4870
8 "		4700	4920	5120	5340	5560
9 "		5290	5540	5760	6000	6260
10 "		5880	6150	6400	6670	6950

Mit Aufladung (ca 25 %)

Zylinderleistung	PSₑ	735	770	800	830	870
Mittl. effekt. Druck p_e / indiz. p_i	kg/cm²	6,5 / 7,35	6,5 / 7,35	6,5 / 7,35	6,5 / 7,35	6,5 / 7,35
6 Zyl. mit Aufladung	PSₑ	4420	4650	4800	5000	5250
7 "		5150	5400	5600	5850	6100
8 "		5880	6160	6400	6650	7000
9 "		6650	6950	7200	7500	7850
10 "		7350	7700	8000	8300	8700

Datum: 14.12.53   gefertigt: [Unterschrift]

Die Tabellenwerte gelten für:
1, Propellerbetrieb (Schiffsantriebe) nur bis 125 u/min.
Überlast von 10 % für 2 Std. während der Probefahrt zulässig.
(Drehzahlerhöhung hierbei 3,2 %).
2, Ortsfeste Dieselanlagen
Überlastbarkeit von 10 % während 1 Std. zulässig.

Niedrigste Motordrehzahl ca 1/4 der Betriebsdrehzahl

Ersatz für: D 3115   H. 13.5.53

Quelle:2xBundesarchiv Lichterfelde, DG 3 6526

Der Minister für Maschinenbau hat am 31.01.1956 dem Minister für Außenhandel der DDR die bedenkenlose Annahme dieses Vertrages empfohlen und seine urkundliche Zustimmung erbeten. Mit dem Abschluss dieses Vertrages setzten nunmehr nahezu hektische Aktivitäten ein, die jedoch auch zeigten, dass das Unternehmen bereits seit längerem vorbereitet war und es viele der Maßnahmen fertig in der „Schublade" hatten. Eine wohl entscheidende Personalie war der Einsatz des Herrn Wernitz (früher Vulkanwerft Danzig), der als Beauftragter des Ministeriums mit höchstem Einsatz die Interessen dieses Projekts und des DMR vertreten hat. Viele Entscheidungen hat er maßgebend inhaltlich beeinflusst und dann als übergeordnetes Organ auch durchgesetzt. Sogar der innerbetriebliche DMR-Organisationsplan für dieses Projekt stammt von ihm.

Der gesamte Schriftverkehr von ihm zeigt die hohe Identifikation mit seiner Aufgabe und es findet sich im umfangreichen Schriftverkehr keinerlei kritische Bemerkungen in Richtung DMR.

Im Laufe der kommenden zwei Jahre sollten mehr als 20 DMR – Mitarbeiter für mehrere Tage nach Augsburg fahren, was dann bald zu einem Stein des Anstoßes werden sollte.

F. Eimbeck fuhr bereits Ende Februar 1956 als erster Techniker zusammen mit dem Planungsleiter Dürr und dem Herrn Fries (zu diesem Zeitpunkt noch KLM). In ihrem Reisebericht scheuten sie sich nicht, die bereits verlorenen Zeit deutlich anzusprechen.

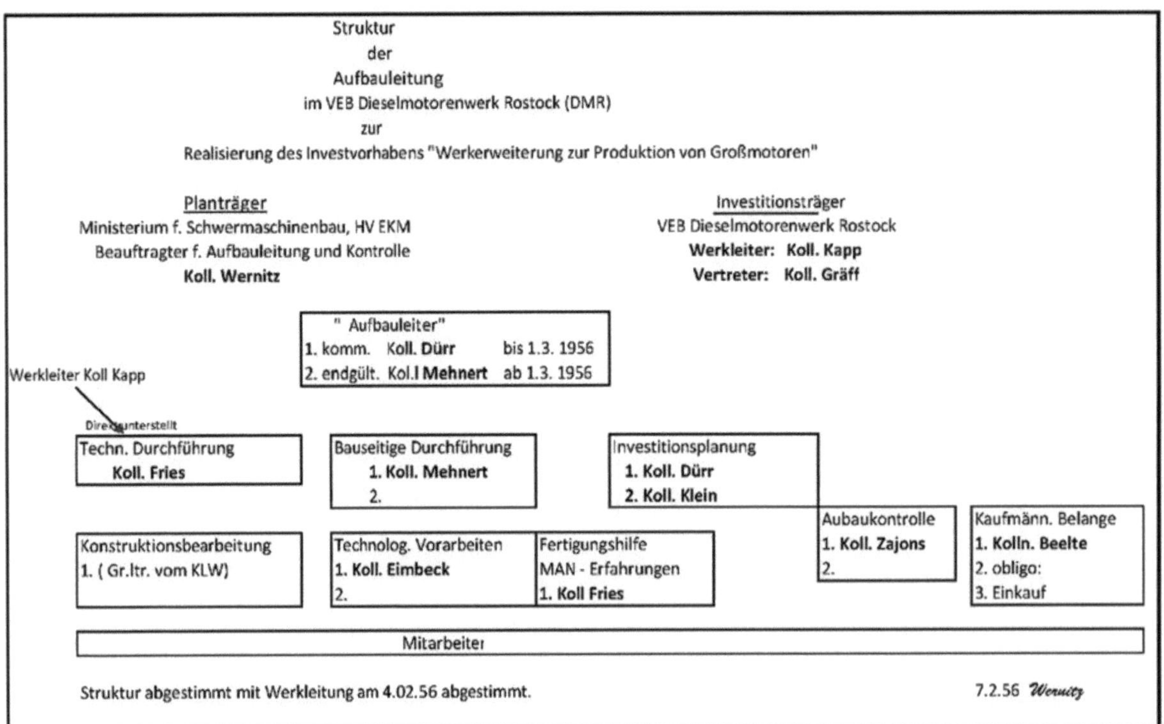

Quelle: Bundesarchiv Lichterfelde; Best. Nr. DG 3 6526, Organigramm, hier nachgeschrieben

Herr Fries hatte zu diesem Zeitpunkt noch keine Wohnung in Rostock und es sollte sich ein recht umfangreicher Schriftverkehr mit OB und Rat des Bezirkes entwickeln, bis das 1957 erledigt war und er dann im DMR einer der wichtigsten Mitstreiter für dieses Projekt wurde. Ein Projekt, das in allen Belangen eine starke Belastung der DDR - Volkswirtschaft war. Finanziell, weil der Einkauf bei MAN zu DM BdL (Bank deutscher Länder), also Westmark, erfolgte und z.B. für jede Reise nach Augsburg erst mühselig die Devisenerlaubnisse eingeholt werden mussten. Technisch, weil für die meisten Fertigungsaufgaben sowohl im DMR als in der DDR- Maschinenbau-Industrie keine entsprechend großen Maschinen oder speziellen Anlagen vorhanden waren. Und die Entwicklung betreffend, weil manche Fertigungsprozesse erst noch entwickelt werden mussten, um die betreffenden Bauteile nicht langfristig aus dem Westen importieren zu müssen.

Auch die Investitionen im Dieselmotorenwerk führten bei ihrer Realisierung regelmäßig an solche Grenzen, so dass im Lauf der ersten Jahre die Bauprojekte und Ausrüstungen immer wieder das Einschalten der jeweiligen Ministerien erforderte. Deshalb wurden monatlich Berichte über den Stand des Vorhabens abverlangt. Und immer wieder Gefährdungs-Meldungen an den zuständigen Minister. Zement, Baustahl, Nadel-Ventile, Turbolader Wasserwirbelbremse, Kurbelwellen, Ladeluftkühler, Stahl Grundwanne und Ständer, Zylinderbuchsen und viele weitere spezielle Materialien waren zeitweise oder für länger jeweils ein Riesenproblem.

Aus dem Reisebericht Dürr / F. Eimbeck / Fries

Trotzdem musste im Anschluss an die am 29.4.55 abgeschlossene Vorprojektierung am 4.1.56 die Projektierung begonnen worden. Das heute durchgeführte Stadium über die Konstruktion und die Fertigung der Motoren bei der MAN zeigt uns, dass erhebliche Fehler in der Projektierung stecken, deren Beseitigung die Fertigstellungstermine gefährdet, aber auch zusätzliche Investmittel erfordern worden. Es war zurück unbedingt ein Fehler, dass diese Informationsreise von der HV immer wieder bis zum Abschluss des Lizenzvertrages verschoben wurde.

Die leitenden Herren bei der MAN haben durch ihre grosszügige Bereitschaft zur Klärung unserer Fragen immer wieder gezeigt, dass sie daran interessiert sind, dass durch die bestmöglichste Einrichtung unserer Werkerweiterung und Ausrüstung mit modernsten Bearbeitungsmaschinen wir die weltbekannte Qualität eines MAN – Motors erreichen.

b) Aufgefallen ist ein sehr hoher Einsatz von Pressluftwerkzeugen für Zylinder – Schlitzbearbeitung für Einwalsen der Rohre in die Kolbenstange usw.   TVP

c) Bei der MAN werden alle Messerköpfe in dreifacher Ausführung gehalten.
1 Stück im Einsatz, das 2. in der Werkzeugausgabe und das 3. in der Werkzeugschleiferei.

d) Die Zahl der Produktionsgrundarbeiter beträgt 65 % der Produktionsarbeiter.

Quelle Bundesarchiv Lichterfeld, Best, Nr. DG 3 21741

Neben den auf 13 Seiten ausführlichen technischen Erläuterungen, gab es aber noch einige weitere Ergebnisse, die einen Produktivitäts -und Kostenvergleich zuließen. In schneller Abfolge werden nun weitere Entscheidungen getroffen zu diesem fast den gesamten ostdeutschen Maschinenbau betreffenden Großprojekt, das seinerseits wieder integriert ist in die nicht weniger ambitionierte Erweiterung der Werften. Das sind u.a. ein betriebswirtschaftliches Gutachten des Ministeriums, der Beschluss zum Bau der Hallen 5 und 6, der Einkauf von Zylinderbuchsen, Kurbelwellen, Brennstoffpumpen, -nadelventilen und weitere Importentscheidungen. Und im März 1956 trifft das Präsidium des Ministerrats der DDR den Beschluss zu dem Entwurf vom Oktober 1955.

Auszugsweise Abschrift

aus dem

B e s c h l u ß   30/17

des Präsidiums des Ministerrates über die Entwicklung
der Schiffbau-Industrie im 2. Fünfjahrplan

vom 15. März 1956

Der Ministerrat beschließt:

. . . .

b) den weiteren Ausbau der Dieselmotorenwerke Rostock
und Halberstadt zur Überwindung der größten Disproportionen zwischen der Werftindustrie und der Zuliefer
industrie.

Der Werftausbau und der Aufbau der Dieselmotorenwerke sind
vorrangige Investitionsvorhaben des Ministeriums für
Schwermaschinenbau.

Quelle: 2x Bundesarchiv Lichterfelde, Best. Nr. DG 3 6526

Detailliert wurden in dem Beschluss auch die Projektierung und der Bau der Hallen 5 und 6, sowie die entsprechenden Maßnahmen für Halberstadt. Die Staatliche Plankommission macht aber im April deutlich, dass die Vorlage eines Gesamtprojektes notwendig ist, um die Finanzierung komplett zu bestätigen können. Da wirken die monatelangen Verzögerungen der Entscheidungen nach, weil erst jetzt die vielen technische Fragen und damit die Investitionen nach und nach geklärt werden. Von besonderer Bedeutung ist darüber hinaus die Beschaffung der Kurbelwellen aus der CSR, die auf vielerlei technische und organisatorische Probleme stößt, bis hin zu einer Reiseerlaubnis, die dorthin mehr als drei Monate braucht. Dennoch gibt es schon im Februar einen ersten Terminplan für die KZ-Motoren. Und an den Bauten für die Hallen 5 und 6 wird intensiv und auch mit sehr hohen Prämien für die Fertigstellung der Projektunterlagen gearbeitet. Die Protokolle zeigen den Kampf um die Einhaltung der Termine, die vom Ministerium dem Ministerrat zugesichert wurden, trotz seitenlanger Fehlmateriallisten. Sehr große Probleme gab es mit den in diesem Projekt vereinbarten 20 Wohnungen für das DMR, die durch die Stadt Rostock bereitzustellen waren.

Die zeitlichen Abläufe für die großen Wasserwirbelbremsen, die in der DDR erst noch entwickelt werden müss(t)en und auch für das äußerst wichtige Froriep – Feinst-Bohrwerk lassen bereits im Oktober 1956 wieder alle Alarmglocken klingen.

III. Froriep Feinstbohrwerk:

Es handelt sich um das im MB Halberstadt lagernde Großsenkrecht-bohrwerk, welches wegen angeblich mangelnder Verwendungsmög-lichkeit verschrottet werden sollte. Die Verwendung ist aber durch die Großmotoren-Produktion im DMR gegeben.

Den Auftrag, das Bohrwerk herzurichten, hat WMW Union Gera bereits von DMR erhalten. Dazu sind diesem Betrieb DM 3.000,- überwiesen, zwecks Ausarbeitung eines ordentlichen Angebotes. Bis jetzt hat Gera nur, man muß sagen, aus der Luft gegriffene Angaben gemacht, die sich etwa auf DM 450-500.000,-- beziffern. Es erweckt den Anschein, daß mit dieser unqualifizierten Preis-angabe DMR Abstand von der Instandsetzung dieses Bohrwerkes nehmen soll. DMR ist sich aber darüber klar, welche wirtschaft-liche Bedeutung dieses Bohrwerk für die Bearbeitung der Zylinderblöcke und Zylinderlaufbuchsen für die Großmotoren-Produktion hat.

Es muß also die WMW in äußerst korrekter Kalkulation die Instandsetzungskosten nachweisbar für DMR ermitteln.

Quelle: Bundesarchiv Lichterfelde, Best. Nr. DG 3 6526

Neben den DMR-eigenen Problemen wurde F. Eimbeck auch noch herangezogen, um den Maschinenbau Halberstadt auf die beschlossene Aufnahme der Motorenfertigung nach MAN – Lizenz vorzubereiten. Dazu fuhr er mit Herrn Wernitz, der für KZ-Motoren in beiden Unternehmen zuständig war, nach Halberstadt und sie teilten dort ihre DMR-Erfahrungen mit den Großmotoren detailliert in einem 6 –seitigen Protokoll zu jeder wichtigen   Komponente.

Halberstadt, den 14.8.57
Wtz-Einb./Wi-Sch.

H i n w e i s e
für die Großmotoren-Vorplanung im VEB Maschinenbau Halberstadt

Betr.: Typen K ...Z 57/80 und 8 SV 66.

Auf Grund der heutigen Besprechung zwischen der HV-Leitung Kraft- und Arbeitsmaschinen und der Werkleitung des VEB Maschinenbau Halberstadt, im Beisein von Vertretern des DMR-Rostock und KLW-Mag-deburg, ist vom Maschinenbau Halberstadt eine Vorplanung mit 2 Varianten als Grundlage für den Bau obiger Großmotoren entsprechend den nachstehenden Forderungen der HV Schiffbau bis zum 7.9.57 fertigzustellen.
Die anfängliche Beratung zu dieser Vorplanung erfolgte durch die Koll. W e r n i t z , HV S und Koll. E i n b e c k, DMR Rostock mit Koll. W i t t m a c k , MB Halberstadt, Abt.TVP, welcher auch in Kürze die technologischen und zeichnerischen Unterlagen in DMR Rostock einsehen wird.

Quelle: Bundesarchiv Lichterfelde, Best. Nr. DG 3 6526

In dieser Phase der Vorbereitung Ende 1956 /1957 werden auch Interessen der Sowjetunion deutlich, neben dem Kauf von Schiffen auch Motoren bis 15.000 PS aus dem DMR direkt zu beziehen. Es wurden nun umfangreiche Untersuchungen angestellt, die sich mit der Produktion von Motoren des deutlich größeren Typs   K 12 Z 78/140 beschäftigten. Auch dazu war erst einmal die Technologische Planung unter Leitung F. Eimbeck gefordert. Beim Besuch des sowjetischen Ministers im Juli 1957 war davon jedoch dann nicht mehr die Rede. Vielmehr sollten im Zeitraum 1961 bis 1965 jährlich ca. 100 000 PS mit den Typen 70/120 und 60/105 direkt in die UdSSR geliefert werden, was aber die bisherigen Planungen, die nur auf die DDR-Werften ausgerichtet waren, deutlich übertraf. Und so auch nicht umgesetzt wurde.

Bauzustand Halle 5, Ende 1956   Quelle: Archiv Seniorenverein DMR

Trotz aller – oft unüberwindlich scheinenden – Schwierigkeiten wurden im Dezember 1957 die Hallen 5 und 6 des VEB Dieselmotorenwerk Rostock als Investitionsobjekte erster Priorität für den DDR - Schiffbau fertig.

Hallen 5 und 6 Ende 1957   Quelle: Archiv Seniorenverein DMR

Wir erlauben uns, Sie zu dem am
20.12.57. stattfindenden Richtfest
auf der Baustelle des
Dieselmotorenwerkes Rostock
an der Halle 5 um 15^{00} Uhr und
zum Richtschmaus um 19^{00} Uhr
im Schweizerhaus, einzuladen

VEB DIESELMOTORENWERK ROSTOCK

Quelle: 3x Bundesarchiv Lichterfelde, Best. Nr. DG 3 21741

Einweihungsfeier: Betriebsdirektor Kapp spricht

Quelle: 2x Archiv Seniorenverein DMR

VEB DIESELMOTORENWERK ROSTOCK

Postanschrift: VEB Dieselmotorenwerk, Rostock,
(3a) Rostock, Schwaaner Landstraße 200

IHRE ZEICHEN	IHRE NACHRICHT VOM	UNSER HAUSRUF	**Bei Antwort angeben!**
			UNSERE ZEICHEN TAG

Rostock, 14.11.1957

BETREFF:

Vollmacht

Gem. § 5, Abs. 1 und 5 des Statuts der zentral geleiteten Betriebe
der volkseigenen Industrie (Min.Bl. 137/52) erteile ich als Werkdirektor des VEB Dieselmotorenwerk Rostock dem Kollegen

Eimbeck, Fritz
Leiter der Abteilung Großdiesel-Technologie
geb. 11.11.1905, DPA I o412911, Betriebsausweis-Nr. 40156
wohnhaft: Rostock, Dehmelstraße 5

Vollmacht, den Betrieb im Rahmen seiner angegebenen Funktion
rechtsverbindlich zu vertreten.

Er ist bevollmächtigt, Verhandlungen zu führen und bindende Erklärungen im Rahmen seines Arbeitsgebietes abzugeben.

Er ist berechtigt, Schreiben mit oder ohne verpflichtenden Inhalt, die den Bereich Großdiesel-Technologie betreffen, rechts
in Verbindung mit einem Direktor zu unterzeichnen.

In Vertretung des Haupttechnologen ist er berechtigt, Schreiben
ohne verpflichtenden Inhalt (Anfragen, Mitteilungen usw.) dieses
Arbeitsgebietes links zusammen mit einem anderen Bevollmächtigten
zu unterzeichnen.

Diese Vollmacht hat nur Gültigkeit in Verbindung mit dem Be-
triebsausweis des VEB Dieselmotorenwerk Rostock. Sie endet mit
dem Ausscheiden des Bevollmächtigten aus dem Betrieb oder durch
Zurückziehung.

VEB
Dieselmotorenwerk Rostock

(Dr. Kapp)
Werkdirektor

Neben den vielen „äußeren" Aufgaben wie Importe, Zulieferungen aus der DDR, Bauleistungen in ihrer ganzen Breite, waren im Unternehmen viele Aufgaben-Stellungen gegeben, die im DMR selbst gelöst werden mussten. Auch dabei spielte F.Eimbeck eine maßgebende Rolle. Einen sehr guten Überblick dieser Probleme sind seinem Vorlesungsmanuskript zu entnehmen, dass er für Vorlesungen an der TH Magdeburg über die Probleme im Großmotorenbau entwickelt hat. Eine genaue Rekonstruktion der Berufung von F.Eimbeck an die TH Magdeburg lässt sich heute nicht mehr nachvollziehen, da es auch in Magdeburg und in den persönlichen Unterlagen keinerlei Hinweise darauf gibt. Wahrscheinlich sind zwei Wege: Zum einen ist seine jahrelange, sehr erfolgreiche Tätigkeit in Fachkommissionen und Fachunterkommissionen des Ministeriums für Maschinenbau der DDR (siehe unten), die oft auch in der TH stattfanden, dort nicht verborgen geblieben, zum anderen ist auch eine Anfrage der TH Magdeburg bei der Universität Rostock denkbar, wo der Dekan Prof. Dr. Kapp sich dann seines früheren Kollegen erinnerte und diesen vorschlug. Beginnend 25.03. – 26.03.1962 haben dann jeweils für zwei Tage im Jahr seine Vorlesungen dort begonnen. Nach seinen Erzählungen ließe er keinen Besuch in Magdeburg ohne Besuch der „Bötelstube" verstreichen, um dort genüsslich ein Eisbein zu verzehren. Seine Besuche in Magdeburg hat er oft mit dienstlichen Besuchen bei SKL, bei Härtol, der VVB Dieselmotoren Pumpen und Verdichter in Halle und beim Wissenschaftlich Technischen Zentrum (WTZ) in Roßlau verbunden.

Im Gegensatz zu den aktuellen Motoren des Unternehmens mussten jetzt die Grundwanne und der Ständersatz aus Blech gefertigt werden. Dafür fehlten jedoch bisher die Vorrausetzungen, so dass die ersten zugeschnittenen Bleche aus den Werften kommen sollten. Das Verschweißen dieser Komponenten zu einer oder einer geteilten Grundwanne benötigte aber auch die Stahlguß-Lagerstühle, die einschweißfertig angeliefert werden sollten. Das Schweißen selbst musste in schräger Lage stattfinden und dafür wurde ein Grube benötigt. Nach dem Abschweißen der Grundwannen musste diese spannungsarm geglüht werden und danach noch vor der weiteren Bearbeitung gesandstrahlt und einer Farbgebung unterzogen werden. Genau dafür wurde eine neue Halle konzipiert und als Halle 6 dann gebaut. Für alle diese Prozesse wurden Ablaufpläne, Schweißverfahren, Schweißfolgepläne, Stundenaufwendungen, Meßverfahren für die Qualitätskontrolle, Mengengerüste von Grund- und Hilfsmaterial und Weiteres entwickelt und in Stücklisten und Arbietsplänung niedergelegt werden. Erst die in Halle 6 fertiggestellte Grundwanne bzw. die Ständer konnten dann zur mechanischen Bearbeitung in die ebenfalls neue Halle 5 transportiert werden.

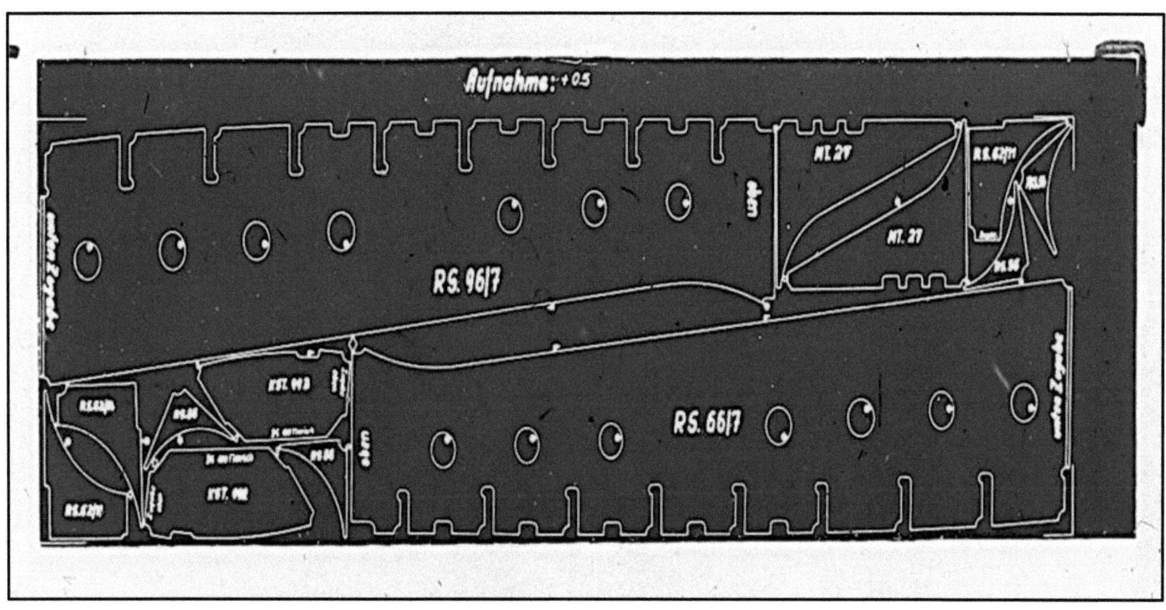

Program für den Blechzuschnitt eines Seitenteils der Grundwanne

Für den Blechzuschnitt wurde später Halle die Halle 11 errichtet, in der eine Sicomat-Brennanlage die gesamten Brennschnitte des Unternehmens ausführte. Die gebrannten Belche wurden dann über eine Schienenverbindung in die Halle 6 transportiert oder unter einer Kranbahn zwischengelagert

Lagerstühl fertig zum Einschweißen in die Grundwanne

Grundwannenseitenteil vorbereitet zum Zusammenbau

Grundwannenteil in der Schweißgrube

Abgeschweißte Grundwanne beim Nachmessen

Grundwanne im Glühofen, hier nicht der DMR -Glühofen (Bild ist wohl von MAN)

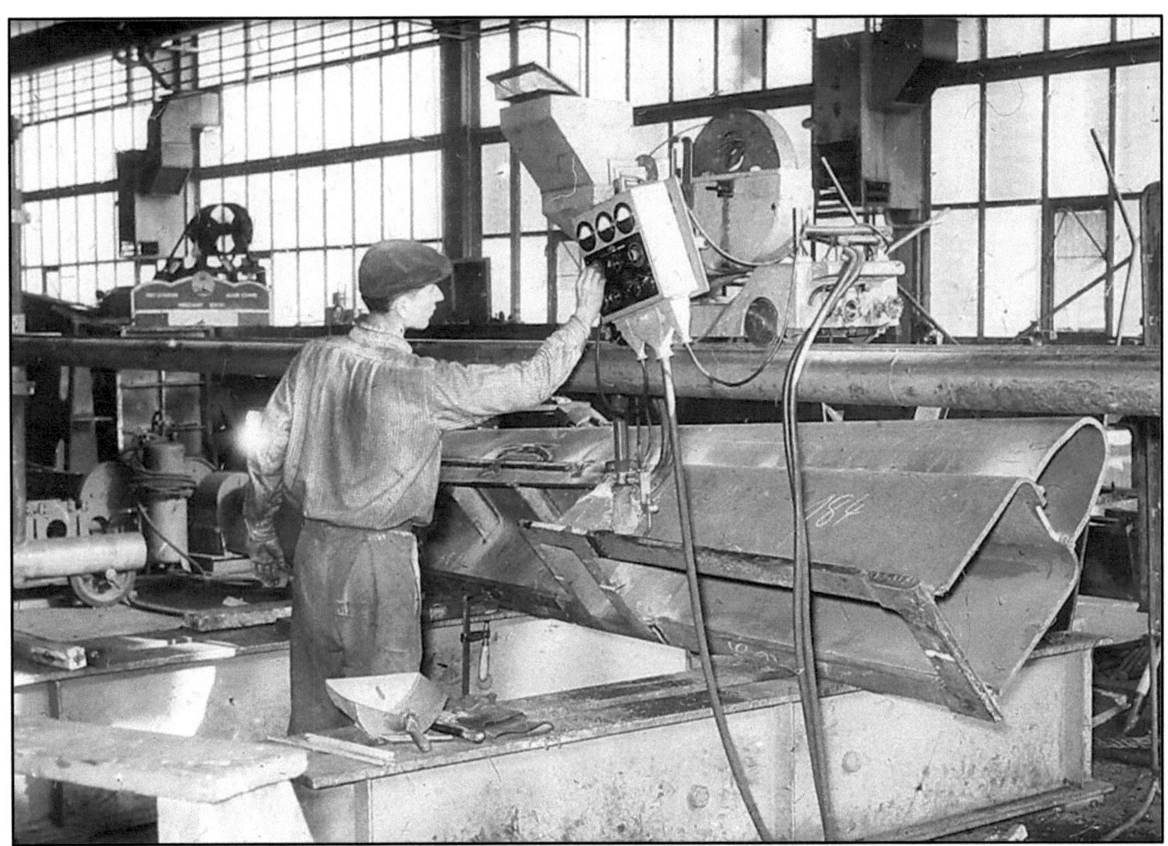

Schweißen eines Einzelständers

Grundwanne auf dem Langhobel in Halle 5, Schiff 3 // Ständer // NZD- Zylinderblocks

Schruppen der Lagergasse in einer Aufspannung in Halle 5

Die Bearbeitung der Lagerstühle in der Grundwanne muss bei geteilten Grundwannen in einer Aufspannung erfolgen, um schon bei der Vorbearbeitung, dem Schruppen; die Genauigkeit in der Fertigbearbeitung sicherzustellen. Die Fertigbearbeitung der Lagergasse erfolgt dann zusammen mit den Lagerdeckeln und die erforderlichen Genauigkeiten liegen im Bereich von hundertstel bis zehntel Millimeter! Die Fertigung der später dort eingelegten Gleitlager erfolgt ebenso genau. Damit werden Lebensdauer und Laufruhe des Motors wesentlich bestimmt.

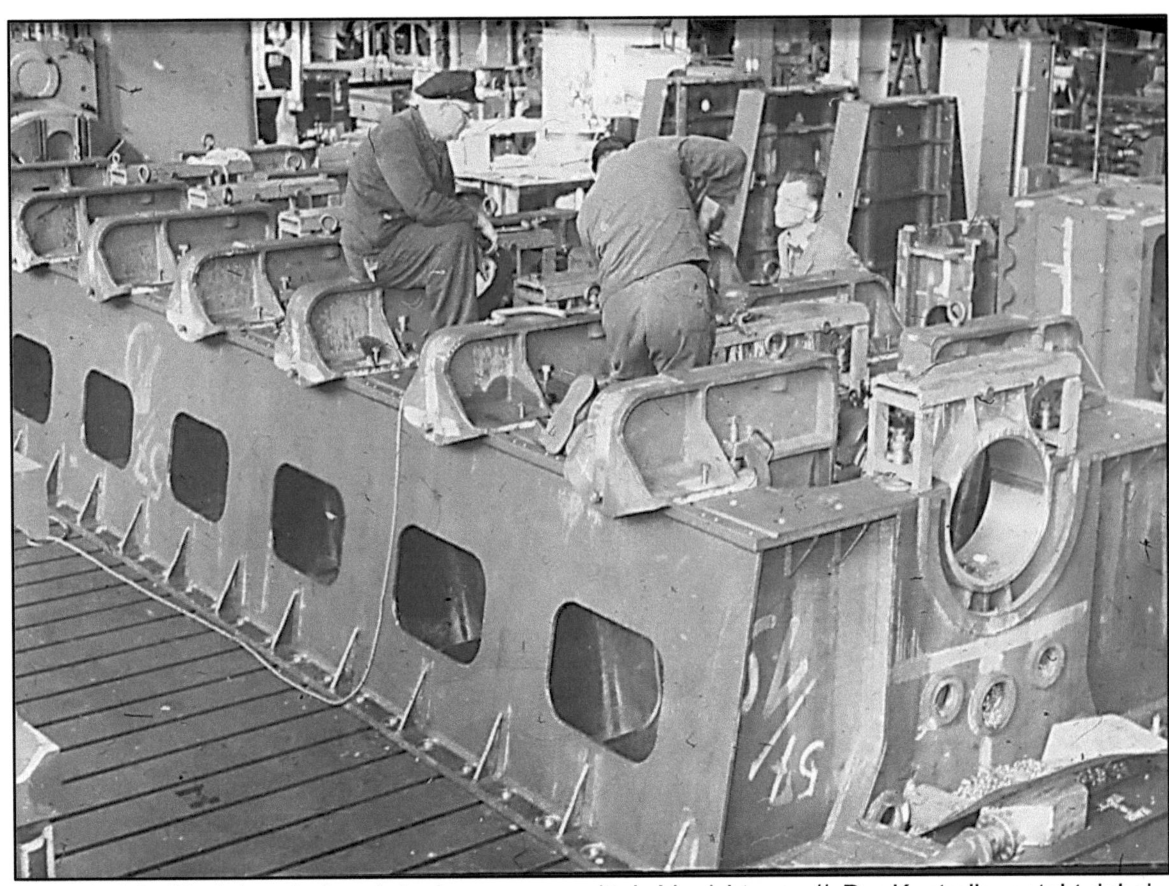

Ausspindeln (Fertigbearbeitung) der Lagergasse mittels Vorrichtung   //   Der Kontrolleur steht dabei

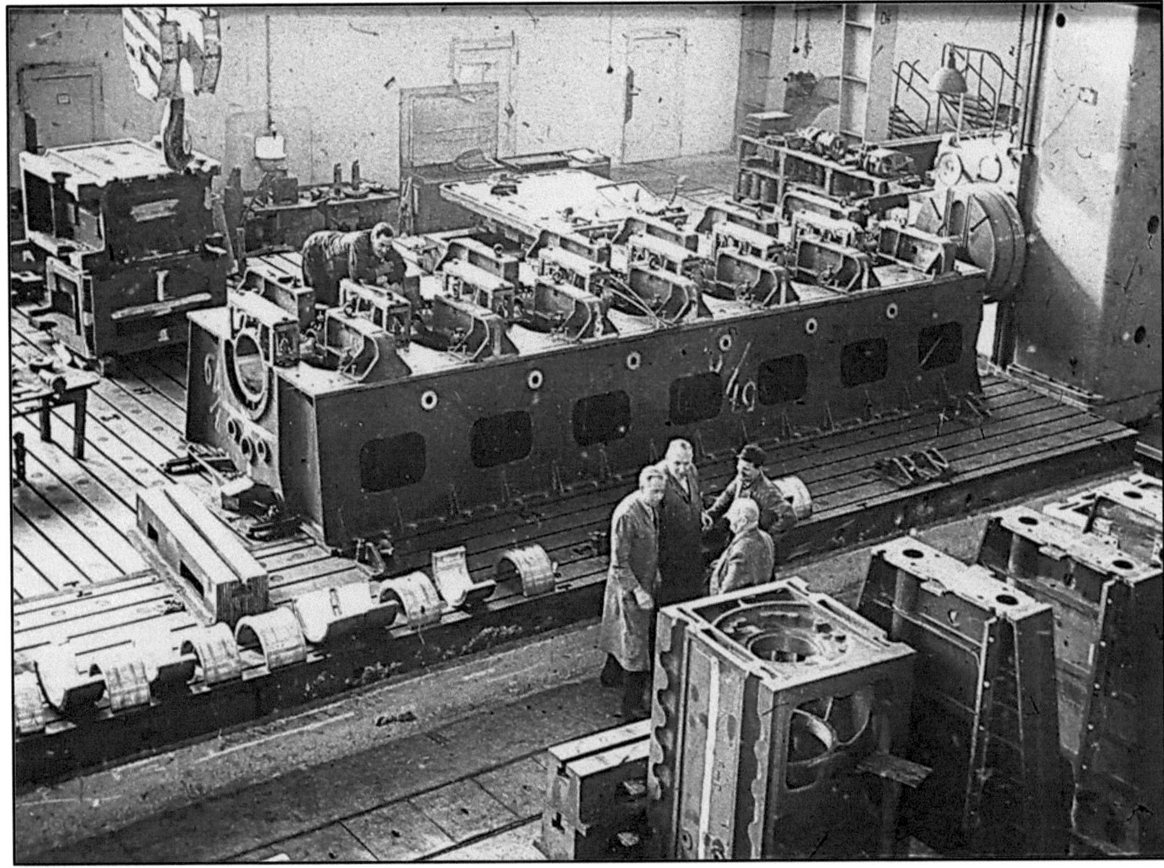

Ausspindeln hier noch mit Lagerschalen

Bearbeitung eines Ständers am Köllmann-Plattenbohrwerk, hier Test einer Bohrvorrichtung

Einsetzen der fertigen Grundwanne auf die Fundamente im Montage– und Prüfstandschiff der Halle 5. Mit der exakten Ausnivellieren der Wanne auf dem Fundament beginnt die Messung und Kontrolle der Genauigkeiten des ganzen Motors. Der Obergurt der Grundwanne wird dazu „ins Wasser gelegt", d.h. mit einer Ringwasserwaage aufs Genaueste ausgerichtet. Das hier zu sehende Fundament entspricht maßlich genau dem Schiffs-Fundament.

Einlegen der - hier halbgebauten – Kurbelwelle

Druckluftgetriebene Bohr- und Reibvorrichtung für Kurbelwelle, Eigenkonstruktion

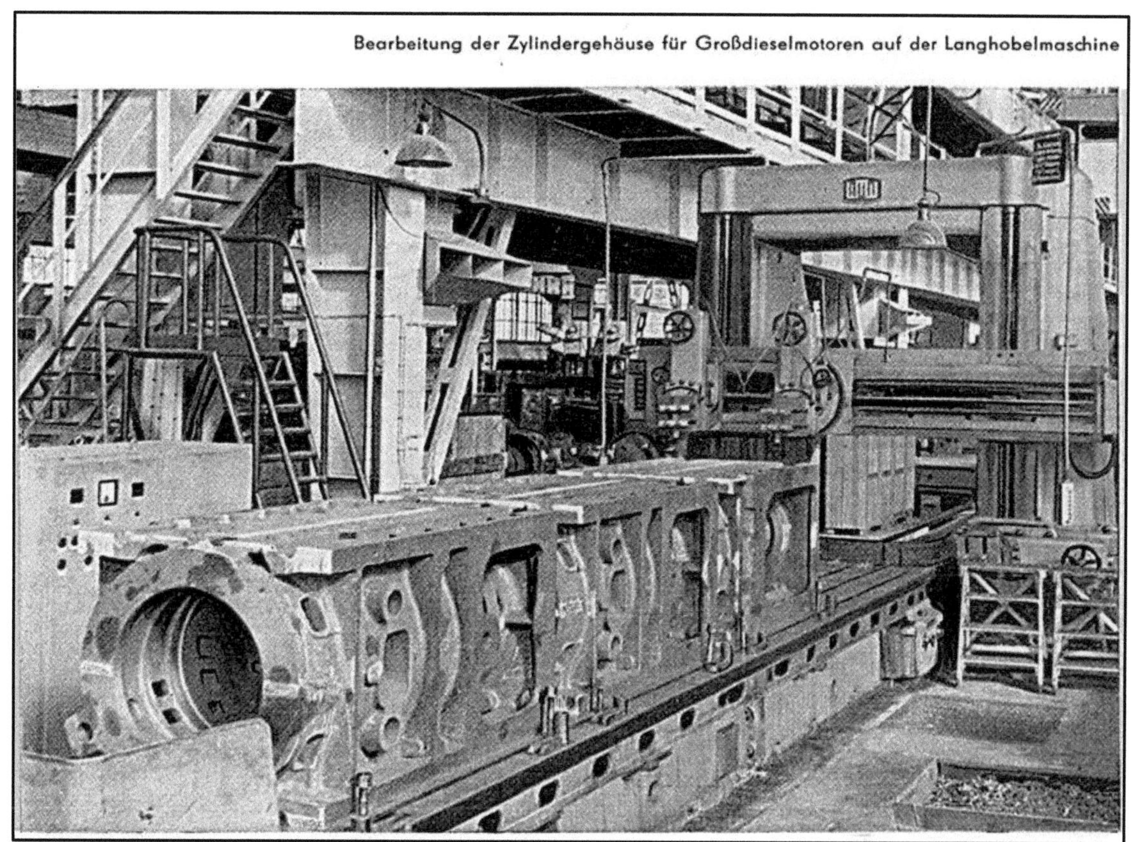

Quelle: Archiv Autor

Feinstbohren der Zylinderbuchsen
mit Hilfe eines Zylindermantels auf
dem Froriep - Bohrwerk

Quelle: Prospekt Technocommerz, Archiv Autor

Unterschiedlichen Motoren in verschiedenen Montage-Phasen, ca. 1958/1959

Ein wesentliches Bauelement der Motoren dieses Leistungsbereiches sind die Zylinderbuchsen. Als eines der Hauptverschleiß-Bauteile unterliegen sie höchsten Anforderungen beim Guss und sind dann noch sehr aufwändig in der Bearbeitung. Wegen ihrer komplizierten Bauweise verlangen sie einen hohen manuellen Aufwand der sich in den 50er Jahren nur langsam einer Rationalisierung erschloss. Auch bei MAN war dieser Prozess unter ständigem Stundensenkungsdruck und die DMR-Mitarbeiter haben sich dort die ersten Anregungen geholt. Für die Herstellung der Zylinderbuchsen für Großmotoren einen Hersteller zu finden war schon schwierig genug und das DMR musste und hat sich dann in der Gießerei Torgelow und später auch in Tangerhütte mit ganzer Kraft eingebracht, ohne dass damit die Probleme mit der Gussqualität dauerhaft gelöst werden konnten. So blieb es eine fortwährende Aufgabe, den Vorbearbeitungsgrad in der Gießerei erhöhen, um den fehlerhaften Guss bereits dort zu festzustellen.

Außen vorgedrehte Zylinderbuchsen unterm Gusskran

Drehen und der Außendurchmesser und der unteren Dichtkontur mit Vorrichtung (Kurven)

Bearbeitung der Spülschlitze

Zylinderbuchsen KZ 57/80, einbaufertig

Bearbeitung der Treibstange auf dem Feinstbohrwerk Collet, daneben Kurbelzapfenlager

Der Komplex Kreuzkopf/ Gleitschuh und die verbundenen Baugruppen Treibstange und Kolbenstange mit Kolben bilden das hochbeanspruchte Triebwerk des Motors und deshalb werden einige dieser Teile mit höchster Genauigkeit auf diesem Collet - Bohrwerk in Halle 1 gefertigt.

Ausgießen eines Lagers mit Weißmetall

Der 17. Juni 1953 im Dieselmotorenwerk Rostock

Der Weg in diese Krise der DDR nimmt seinen Anfang, als die SED im Juli 1952 beschließt, dass ab sofort der "Sozialismus planmäßig aufgebaut" werde. Dieser neuen Richtung der SED-Politik gehen zwei Treffen der SED-Führung (Wilhelm Pieck, Walter Ulbricht, Otto Grotewohl) Anfang April 1952 mit Stalin in Moskau voraus. Stalin erklärt bei den Gesprächen unter anderem, dass die SED-Führung nun endgültig "ihren eigenen Staat gründen" müsse. Zwar müsse die Propaganda für die Einheit Deutschlands fortgesetzt werden – aber nur, "um die Politik der Amerikaner zu entlarven". Die DDR, so Stalin, solle die bisherige Kasernierte Volkspolizei zu einer 300.000 Mann starken Armee ausbauen, daneben sei die bisherige Demarkationslinie zwischen Ost- und Westdeutschland als Grenze zu betrachten, deren militärischer Schutz zu verstärken sei. Und schließlich verlangt Stalin den forcierten Ausbau sozialistischer Strukturen in der Industrie ("Volkseigene Betriebe") und vor allem in der Landwirtschaft ("Produktionsgenossenschaften"). Schon unmittelbar nach ihrer Rückkehr beginnt die SED-Führung die Moskauer "Empfehlungen" umzusetzen. Auf der II. SED-Parteikonferenz vom 9.-12. Juli 1952 wird der planmäßige "Aufbau des Sozialismus" zur "grundlegenden Aufgabe" erklärt. Folgende Aufgaben werden festgelegt: Auflösung der fünf Länder der DDR und Schaffung von 14 zentral verwalteten Bezirken mit den entsprechenden Strukturen, beschleunigter Aufbau einer Armee, vordringliche Förderung der Schwerindustrie, Gründung von landwirtschaftlichen Produktionsgenossenschaften (LPGn) und Kampf gegen die Kirche.

Die erhöhten Ausgaben für Rüstungsgüter wie Panzer, Schützenpanzer, in Moskau gekauft, reißen ein weiteres Loch in den DDR-Staatshaushalt. Die Werbekampagne für die Kasernierte Volkspolizei (KVP), entzieht allen Wirtschaftszweigen Zehntausende junger Fachkräfte. Von 55.000 Mann Anfang 1952 steigt die Zahl der Soldaten auf über 90.250 im Dezember 1952.

Im Herbst 1952 wird die zunehmende Wirtschaftskrise immer offensichtlicher. Zugleich gehen Partei und Regierung repressiv gegen den Mittelstand vor. Ende 1952 startet eine Kampagne zur Enteignung der privaten Einzel- und Großhändler, Gaststätten- und Hotelbesitzer, Speditions- und Fuhrunternehmer und noch bestehender privater Kleinbetriebe und Unternehmer. Der Vermögenseinzug bringt dem Staat Millionen an Sachwerten. Auf dem Lande erfolgt die Gründung der ersten landwirtschaftlichen Produktionsgenossenschaften zunächst durchweg freiwillig. Die Mehrheit der Alt- und Großbauern will jedoch die eigene "Scholle" behalten und lehnt einen LPG-Beitritt ab. 1952 verschärft die SED deshalb den Kollektivierungsdruck. Ein sozialer Krieg gegen das private Bauerntum beginnt mit zahllosen Enteignungen bei denen das Land den LPGn zugeschlagen wird. Das massenhafte Abwandern von Bauern in den Westen ist die Folge. Die LPGn erreichen bei weitem nicht die Produktivität privater landwirtschaftlicher Betriebe. Die Versorgung der Bevölkerung mit Butter, Milch, Fleisch und anderen Grundnahrungsmitteln verschlechtert sich weiter.

Für Mecklenburg und Vorpommern trug ein weiterer harter Eingriff in die Rechte vieler Bürger dazu bei, dass sich die negative Stimmung weiter verstärkte. Es handelte sich dabei um die so genannte „Aktion Rose". Am 10. Februar, 8.00 Uhr, begann im gesamten Küstengebiet die Aktion und endete am 11. März 1953. 711 Überprüfungen erfolgten bei denen in 527 Fällen Ermittlungsverfahren eingeleitet wurden. 447 Personen wurden verhaftet und 219 konnten vorher noch in den Westen fliehen. In materieller Hinsicht war die „Aktion Rose" außerordentlich einträglich. Nach eigenen Angaben wurden 621 Objekte mit einem sogenannten Einheitswert von 30 Mio. DM beschlagnahmt. An Bargeld und Konten wurden 1,6 Mio. DM sowie Schmuck und Wertsachen von ca. 300.000, - DM erbeutet. Auch bewegliche Güter wie Omnibusse, Personenkraftwagen, Lkw, Lieferwagen und Motorrädern sowie Fischerboote, Aggregate, Funkgeräte und einige Waffen wurden beschlagnahmt. (60)

Am 28. April 1953 erklärt das DDR-Innenministerium die Junge Gemeinde zu einer illegalen Organisation und junge Christen werden zunehmend ausgegrenzt und kriminalisiert. Gleiches gilt auch für die Evangelische Studentengemeinde. Im April und Mai werden Tausende Schüler und Studenten von den Oberschulen und Universitäten verwiesen.   Als
Reaktion auf die Wirtschafts- und Versorgungskrise ruft die SED-Führung im Februar 1953 zu einem Feldzug für strenge Sparsamkeit auf. Die Betriebe werden zudem angewiesen, einen Kampf um die Erhöhung der Normen zu führen. Das stößt bei den Arbeitern auf Ablehnung. Wegen Materialmangel und anderen Stillstandszeiten können viele schon die Normen nicht erfüllen, was zu Lohneinbußen führt. Am 9. April 1953 entzieht der DDR-Ministerrat dann der selbständigen Mittelschicht die Lebensmittelkarten, Etwa zwei Millionen Menschen haben nun kaum noch legale Einkaufsmöglichkeiten. Ebenfalls im April werden die Preise für Fleisch, Fleischwaren und für zuckerhaltige Erzeugnisse (Kunsthonig und Marmelade) erhöht und es sollen die verbilligten Arbeiterrückfahrkarten wegfallen.

Von Juli 1952 bis Ende April 1953 sind annähernd 300.000 Menschen in den Westen geflohen. Die Zahl der politischen Häftlinge ist in dieser Zeit von 37.000 auf 67.000 gestiegen. Am 5. März 1953 stirbt der sowjetische Diktator Josef Stalin. Die wachsende Unzufriedenheit der DDR-Bevölkerung bleibt in Moskau nicht verborgen. Stalin hatte die SED-Spitze noch zu verschärftem Klassenkampf ermuntert, seine Nachfolger im Kreml - Molotow, Chruschtschow, Berija und Malenkow - befürchten nun, angesichts der wirtschaftlichen Probleme und der Massenflucht, den Zusammenbruch der DDR. Anfang Juni 1953 wird die SED-Spitze nach Moskau einbestellt. Die sowjetische Führung erklärt die bisherige Politik in der DDR für falsch. Am 11. Juni 1953 bekennen Politbüro und Ministerrat öffentlich, in den zurückliegenden Monaten "eine Reihe von Fehlern begangen" zu haben. Die Interessen der Einzelbauern, Einzelhändler, Handwerker, Intelligenz und der Kirche seien vernachlässigt und sträflich missachtet worden. Eine Folge dieser fehlerhaften Politik sei, so das Politbüro, "dass zahlreiche Personen die Republik verlassen haben."

Die begangenen Fehler sollen umgehend korrigiert und die Lebenshaltung der Bevölkerung spürbar verbessert werden. Dieses Eingeständnis von Fehlern führt nun aus zwei Richtungen zur Bereitschaft zum offenen Protest. Zum einen fordern Bauern, Mittelständler und Christen die sofortige Wieder-herstellung ihrer Rechte. Zum anderen verlangen Arbeiter immer energischer die Rücknahme der Normerhöhungen.

Der Aufstand beginnt am 17. Juni 1953 und erfasst den folgenden Tagen ausgehend von Berlin die gesamte DDR. In mehr als 700 Orten gehen die Menschen auf die Straße. Am Vortag haben sie aus dem Westrundfunk von den Berliner Streiks erfahren und demonstrieren nun zu Zehntausenden. Neben Forderungen nach Senkung der HO -Preise und Rücknahme der Normerhöhungen wurden auch klare politischen Forderungen gestellt. (57)(58)   Im Norden der DDR, im Bezirk Rostock, gibt es am 17.Juni nur im Dieselmotoren-werk Rostock Aktivitäten in diesem Zusammenhang. Erst am 18.06. werden in weiteren Unternehmen des Bezirkes Versammlungen abgehalten und Forderungen aufgestellt. Aus den Dokumenten (59, 60, 61, 62) zum 17.Juni.1953 lässt sich für das Dieselmotorenwerk Rostock folgender Ablauf rekonstruieren:

Quelle: Archiv Seniorenverein DMR

Um 6.30 Uhr bildete sich eine Delegation von fünf Arbeitern der Mechanischen Werkstatt, die sich an die Direktion wandte und verlangte, dass die Normerhöhung, die aufdiktiert worden sei, zurückgesetzt wird. Die Delegation machte ausdrücklich darauf aufmerksam, dass die Arbeiter gewillt sind, freiwillig ihre Normen zu senken, aber ohne Diktat. Weiter verlangte die Delegation die Einberufung einer Belegschaftsversammlung.

Diese beiden Fotos sind nicht ausdrücklich gekennzeichnet als Diskussion am 17.Jui 1953. Allerdings sprechen die äußerste Ernsthaftigkeit der Situation, die sichtbare Anspannung der Beteiligten und die zeitliche Einordnung in den entsprechenden Jahres-Ordner des Werkfotografen jedoch dafür. Es zeugt vom Mut des Werkfotografen, diese Bilder zu machen und sie dann auch zu behalten. Eine Zuordnung von Personen auf den Bildern ist kaum möglich bzw. wurde nicht versucht. Diesem Ersuchen wurde stattgegeben, und die Belegschaftsversammlung wurde am

17.6.um 10.00 Uhr einberufen. Auf der Betriebsversammlung waren ca. 1.200 von 2.000 Betriebsangehörigen anwesend. Der Verlauf dieser Zusammenkunft war von heftigen Reden einiger Arbeiter bestimmt, die die Belegschaft zum Streik aufforderten und zugleich ultimativ Forderungen wirtschaftlichen und politischen Inhalts aufstellten. Die folgenden Forderungen wurden dann wohl gemeinschaftlich aufgestellt bzw. (durch die BDVP) protokolliert

    1. Die Intelligenz wird zu hoch bezahlt.

    2. Es ist kein Kultur- und Arbeitsdirektor notwendig.

    3. Sofortige Herabsetzung der Normen,

    4. Senkung der HO-Preise um 50 %.

Die Versammlung ging bis 13.00 Uhr und in dieser Zeit ruhte die Arbeit vollständig. Die Betriebsleitung signalisierte zusammen mit der BGL, der Betriebsparteileitung und der IG Metall ihre Bereitschaft, soweit sie dazu von sich aus in der Lage sein würde, diese Forderungen zu erfüllen. Es wurde vorgeschlagen, eine Delegation zu wählen, die am Nachmittag mit der Betriebs- und Gewerkschaftsleitung die Einzelheiten aushandeln sollte. Das wurde von der Mehrheit der Anwesenden akzeptiert.

Wortführer waren die Arbeiter Goebel, Ahrend, Gohlbeck und Thomas, die zunächst feststellten, dass die Schuld an der entstandenen Situation die SED-Führung selbst und die Sowjetunion tragen. Insbesondere Walter Ulbricht müsse zur Rechenschaft gezogen und abgesetzt werden. Auf den Betrieb bezogen sagte Goebel: „Wir sind absolut nicht damit einverstanden, dass die Bonbonträger (damit meinte er die Mitglieder der SED, die ein bonbonbuntes Abzeichen trugen) von allen Seiten gefördert werden." Der anwesende Parteisekretär versprach, dieses Anliegen seiner übergeordneten Leitung zu übermitteln. Es wurde Einigkeit darin erzielt, dass die beschlossene Erhöhung der Normen im Betrieb rückgängig gemacht wird, eine Erhöhung der Löhne erfolgt und eine Senkung der Verwaltungskosten durch die Einsparung von Personal erreicht wird. Die Forderung nach Senkung der HO-Preise um 50 Prozent sollte unterstützt und deshalb den zuständigen Organen zugeleitet werden. Nach einer z. T. heftig geführten dreistündigen Auseinandersetzung kam es dann zur Bildung einer Kommission, die den Auftrag erhielt, alle Forderungen entweder an eine überbetriebliche Stelle zu leiten oder die betrieblichen Dinge umgehend einer Klärung zuzuführen. Mit dieser Verfahrensweise waren die Arbeiter in ihrer Mehrheit einverstanden. Die Arbeit wurde wieder aufgenommen und ein Streik damit verhindert. In der Spätschicht des 17.6.1953, um ca. 22.00 Uhr, ruhte die Arbeit in der Mechanischen Werkstatt und es bildeten sich Diskussionsgruppen. Als Forderung wurde ebenfalls, wie in der Morgenschicht, die Herabsetzung der Normen lt. Beschluss des ZK diskutiert. Die Werkleitung griff ein, zusammen mit einem in Rostock anwesenden Minister und einem Mitglied des ZK der Partei. Nach Zusicherung, dass die Normen wieder auf den alten Stand zurückgesetzt werden, wurde die Arbeit wieder aufgenommen. Am Morgen des 18.06. hat das Dieselmotorenwerk dann normal gearbeitet.
In der Niederschrift der telefonischen Mitteilungen der SED -Bezirksleitung Rostock an das ZK in Berlin heißt es: Im Dieselmotorenwerk Rostock streiken die Arbeiter nicht. Forderung: Die Arbeit niederzulegen, betreffs der Normerhöhung. Um 10.00 Uhr war eine Versammlung angesetzt, an der der Genosse H. von der Kreisleitung, der Genosse Sp., vom FDGB und der Genosse Z. von der Bezirksleitung - Abteilung Wirtschaft – teilnahmen und im Dieselmotorenwerk Rostock wird seit gestern Abend (17.06.) um 23.00 Uhr ordnungsgemäß gearbeitet. Während in den anderen Quellen fälschlicherweise von Streik oder streikähnlichen Zuständen im Dieselmotorenwerk die Rede ist.

Aus der heutigen Sicht haben einerseits zwar energisch vorgetragene, jedoch letztlich maßvolle und vorwiegend betriebsbezogene Forderungen der DMR-Belegschaft und andererseits ein kluges Agieren von Werkleitung und Parteiführung eine Eskalation bzw. einen Streik im Dieselmotorenwerk verhindert. Denn im Gegensatz zu anderen Unternehmen und Städten wurde auf politische Forderungen verzichtet, was vielleicht auch der sehr frühzeitigen Aktion geschuldet war, denn welche Forderungen an anderen Orten gestellt wurden, war ja noch nicht bekannt. Vielleicht spielt aber auch hier die Heinkel-Vergangenheit vieler Mitarbeiter insofern eine Rolle, dass diese hier zurückhaltender auftraten.

Auch andere Aspekte könnten eine Rolle gespielt haben. Da ist zum einem die klare Perspektive für das Unternehmen mit Investitionen und die erfolgreiche Entwicklung neuer Produkte. Zum anderen waren Normenarbeit und Stundensenkungen regelmäßig geübte Praxis, jedoch eben nicht von „oben" diktiert. Ob es für die Wortführer später persönliche Konsequenzen gegeben hat, ist nicht bekannt.

Im offiziellen Sprachgebrauch der DDR wird der Aufstand vom 17. Juni 1953 als eine von "westlichen Provokateuren" angezettelte Konterrevolution bezeichnet. Allein bis zum Morgen des 6. Juli 1953 nehmen Polizei und MfS ca. 10.000 Personen im Zusammenhang mit dem Volkaufstand fest. Neben den DDR-Organen nahmen auch sowjetische Einheiten am 17. Juni und danach Verhaftungen vor. Sowjetische Militärtribunale verhängten im Durchschnitt höhere Strafen als die DDR-Gerichte. Häufig werden Angeklagte zur Zwangsarbeit in sowjetischen Straflagern, beispielsweise in Workuta, verurteilt. Fünf Todesurteile werden von Instanzen der sowjetischen Besatzungstruppen in Deutschland gefällt, die genaue Zahl der Verurteilungen ist nicht bekannt. Zudem drängt die sowjetische Besatzungsmacht die ostdeutschen Gerichte zu schnellen Verurteilungen. Diese verhängen von Juli 1953 bis Ende1954 mehr als 1.500 Haftstrafen. Mehrere Todesurteile werden vollstreckt.
Als eine Folge des Volksaufstandes erhalten vor allem die paramilitärischen Kampfgruppen eine neue Bedeutung. Sie werden nach dem 17. Juni 1953 als Betriebskampfgruppen aufgebaut und deutlich verstärkt. Die seit 1955 bewaffneten "Kampfgruppen der Arbeiterklasse" entwickeln sich auch im Dieselmotorenwerk Rostock zu einem von der Partei direkt geführten Instrument der Machterhaltung.

Der 13. August 1961

Acht Jahre lang hatten sich der sowjetische Staatschef und seine Genossen des Vorhabens von Ulbricht die Grenze zu schließen. erwehrt – in der Hoffnung, dass Ulbricht andere Wege finden würde, es den ostdeutschen Bürgern schmackhaft zu machen, in der DDR zu bleiben. In seinen Memoiren schrieb Chruschtschow: „Hätte es die DDR geschafft, das moralische und materielle Potential (ihrer Bürger) zu erschließen, dann wäre der Übergang zwischen Ost- und West-Berlin in beide Richtungen uneingeschränkt durchlässig geblieben." Für ihn stand fest: Es war Ulbrichts Schuld, dass dieser Fall nicht eintrat. Welche Bedeutung Chruschtschow der DDR und der Person Ulbrichts für die Sowjetunion und den gesamten Ostblock beimaß, zeigt sich anschaulich in Bemerkungen von Anastas Mikojan, seines engsten Mitstreiters und stellvertretenden Vorsitzenden des Ministerrats, gegenüber ostdeutschen Kadern im Juni 1961. Mikojan erklärte: **„In der DDR wird sich unsere Weltanschauung, unsere marxistisch-leninistische Theorie beweisen müssen (…). gegenüber Westdeutschland können und dürfen wir uns einen Bankrott nicht leisten. Wenn der Sozialismus in der DDR nicht siegt, wenn der Kommunismus sich nicht als überlegen und lebensfähig erweist, dann haben wir nicht gesiegt. So grundsätzlich steht für uns die Frage.** (63, S.8)

In Laufe der sich - nach dem aus der Sicht Chruschtschows fehlgeschlagenen Gipfeltreffen in Wien - verschärfenden Berlin-Krise machte sich in der DDR – Bevölkerung Torschlusspanik breit, was den Druck auf Ulbricht verstärkte. Waren im Mai 17 791 Ostdeutsche geflohen, so stieg diese Zahl im Juni auf 19 198. Chruschtschow hatte kein Bedürfnis, einen Krieg mit den USA heraufzubeschwören. Also wendete er eine Verzögerungstaktik an. Auch Anfang Juli war er sich noch nicht sicher, wie er die Flüchtlingskrise in den Griff bekommen sollte, denn die Schließung der Sektorengrenze würde „alle Berliner und Deutschen gegen die Sowjetunion und das ostdeutsche Regime aufbringen". Da Ulbricht nicht lockerließ, die Flüchtlingskrise eskalierte und Chruschtschow keinen Krieg mit den Westmächten vom Zaun brechen wollte, ging er schließlich auf Ulbrichts Appelle ein und befahl, die Grenze zu schlie-ßen. Später erklärte Chruschtschow dem westdeutschen Botschafter Hans Kroll in Moskau: „Die Mauer ist auf dringenden Wunsch Ulbrichts von mir angeordnet worden". Aus diesen Worten Chruschtschows geht hervor, dass die Politik und Persönlichkeit Ulbrichts von entscheidender Bedeutung bei der Errichtung der Berliner Mauer waren. Dennoch gibt es hinreichende Belege in den Archiven, dass nicht die gesamte Verantwortung der ostdeutschen Befehlshaber für den Mauerbau den Moskauer Machthabern zugewiesen werden kann. Insbesondere nicht für die Toten an der Mauer. (63, S.15)

Allein 1961 flüchteten bis zum 13. August 155.000 Menschen. Zwischen 1949 und 1961 waren es 2,7 Millionen Bürger, die dem Experiment des Sozialismus eine Absage erteilten und die DDR verließen. Darunter waren viele gut ausgebildete Menschen; rund 50 Prozent hatte ein Alter von 25 Jahren noch nicht erreicht.

Die SED verschärfte das innenpolitische Klima. Gab es im 1. Halbjahr 1961 auch „nur" 4442 politische Strafurteile, waren es im 2. Halbjahr 18 297. Allein in den ersten drei Wochen nach Schließung der Grenze gab es 6041 Verhaftungen wegen Hetze oder Staatsverleumdung; die SED ließ die Gefängnisse wieder auffüllen, nachdem es zuvor innerhalb der kurzen liberalen Phase einige Amnestien gegeben hatte. Im Gegensatz zu den Ereignissen am 17. Juni 1953 werden keine größeren Unternehmen wie die Werften oder das Dieselmotorenwerk in den Fallbeispielen genannt. (63) Das heißt jedoch nicht, dass es nicht auch dort die Verschärfung des innenpolitischen Klimas zu spüren gewesen wäre. Auch F. Eimbeck war davon betroffen.

1. Koll. Eimbeck wird von der Leitung der Abteilung "Neue Technik" entbunden und als Leiter der Ab-teilung "Betriebsmittel-Konstruktion" eingesetzt.

Begründung:
Koll. Eimbeck hat sich beim Aufbau und bei der Entwicklung unseres Betriebes große Verdienste erworben. Als Leiter der Abt. "Neue Technik" stand er ständig im Blickpunkt des ganzen Be-triebes und hatte sehr vielseitige und umfang-reiche Aufgaben zu bewältigen. Es liegt im Interesse des Betriebes, die Tätigkeiten des Koll. Eimbeck dem Werk noch lange Zeit zu er-halten und ihn im Interesse seines Gesundheits-zustandes eine Tätigkeit zu übertragen, die nicht so nervenaufreibend ist wie in der Abt. "Neue Technik". Koll. Eimbeck hat gute Erfahrungen in der Betriebs-mittel-Konstruktion und wird daher diese Abtei-lung übernehmen.

Diese Behandlung, wie sie aus diesem Auszug aus dem Protokoll der Dienst-beratung bei TV vom 8.10.1961 hervorgeht, hat F. Eimbeck als das empfunden, was es war und was es sein sollte: seine bewusste Zurücksetzung. Sie war die Quittung für seine jahrelange, beharrliche Weigerung, in die SED einzutreten. Wie sehr jetzt die Betonung auf der „richtigen" politischen Einstellung lag, wird aus der im Protokoll mitgelieferten Begründung für den neu eingesetzten Leiter deutlich.

> **Begründung:**
>
> ▆▆▆▆▆▆▆▆▆ hat bewiesen, daß er die Probleme der modernen Fertigungstechnik mit hohem fach-lichen Können und gutem Durchsetzungsvermögen anzufassen versteht. Als junger einsatzfähiger Kader, der auf den Schulen des Sozialismus und in den Reihen der Partei erzogen wurde, besitzt er die Voraussetzungen, um auch die politische Leitung und Erziehung des Kollektivs in der Ab-teilung "Neue Technik" auf ein höheres Niveau zu heben.

Aus diesem Vorgang ist auch herauszulesen, dass jetzt bei politisch nicht auf Partei-Linie befindlichen Mitarbeitern Druck ausgeübt werden konnte, ohne gleich befürchten zu müssen, dass der so unter Druck gesetzte „in den Westen abhaut" (damalige DDR-Umgangssprache).
Allerdings hatte sich F. Eimbeck in den zurückliegenden Jahren auch in mehreren Ministerien und Unternehmen einen guten Ruf erarbeitet, der dazu führte, dass er bald für eine spezielle Arbeitsgruppe eingesetzt werden sollte. Er selbst schreibt dazu.

> Vom 1.04. bis 31.05.1963 war ich mit weiteren zwei Abteilungsleitern beim SKL in Magdeburg. Hier lösen wir als „Expertengruppe" Sonderaufgaben zur Rekonstruktion im Rahmen einer Umstellung des gesamten Werkesauf Dieselmotorenfertigung durch den Volkswirtschaftsrat. Die Arbeiten wurden erfolgreich abgeschlossen und mit Geldprämien ausgezeichnet.
>
> Am 1.10.1963 wurde ich, wahrscheinlich aufgrund der Erfolge im SKL Magdeburg, abermals zur „Bildung einer Rekonstruktionsgruppe" aus der Betriebsmittelkonstruktion abgezogen. Es galt in 3 Monaten ein Programm zur Entwicklung der Fertigungstechnik durch techn. organisatorische Maßnahmen auszuarbeiten. Aufgrund erfolgreicher Arbeit wurde die Frist der „Rekogruppe" mehrmals verlängert, zumal noch eine Reihe von Neubau-Projekten, z.B. Reparaturwerk usw. ausgearbeitet werden mussten.
>
> Es entstanden bisher 13 Studienentwürfe für die Umgestaltung des Werkes, die einmal zur Erfüllung der Reparaturaufgaben und zum anderem für die Erfüllung der Schiffbau-forderungen ausgelegt waren.
>
> Die Fortdauer der „Rekogruppe" für die nächsten 5 Jahre wurde mit der technischen Leitung beschlossen.

Dass diese Arbeiten auch entsprechende Würdigung von „oben" erfuhren, muss F. Eimbeck eine besondere Genugtuung gewesen sein.

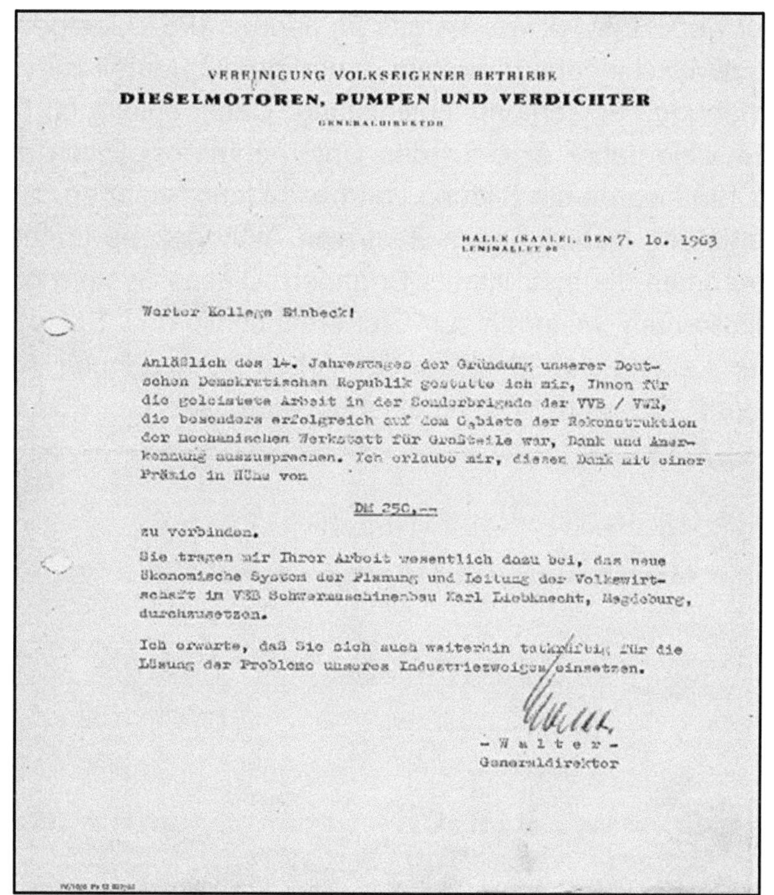

Instrukteure, Neuerer, Erfinder

Das in der DDR aufzubauende sozialistische Wirtschaftssystem musste - analog zur Sowjetunion - wesentliche Kernelemente des Kapitalismus ersetzen: einen Preismechanismus der Signale über Knappheit sendet und den Untergang ineffizienter Unternehmen. Statt Preismechanismus und Markt sollte die Produktion und Verteilung über Jahrespläne gesteuert werden. Die führenden Wirtschafts-theoretiker (des Westens) haben inzwischen nachgewiesen, dass es unmöglich ist, Produktion, Bedarf und Verteilung so miteinander abzustimmen. (66) – Viele Millionen Menschen brauch(t)en dafür keine Theoretiker. Sie können / konnten das aus ihren jahrzehntelangen persönlichen Erfahrungen bestätigen.

Deshalb haben Koordinierungs-, Anreiz-, und Innovationsaufgaben in der DDR von Beginn an eine bestimmende Rolle gespielt. An vier historisch markanten Punkten wurden gesetzliche Regelungen geschaffen bzw. überarbeitet, um die Arbeits-Produktivität mit Hilfe u.a. von Verbesserungsvorschlägen zu steigern. 1948, bereits ein Jahr vor der Gründung der DDR und kurz nach dem Beschluss des ersten Zweijahresplans für 1949/1950 für die SBZ, 1953 nach der Verkündung des Aufbaus des Sozialismus, 1963 mit der Ankündigung des Neuen Ökonomischen Systems (NÖS) und 1971 wenige Monate nach dem E. Honecker an die Spitze des Staates rückte.(53)

Das Dieselmotorenwerk Rostock war bereits im Januar 1951 Gastgeber einer DDR-weiten Tagung vom Maschinenbauministerium und der IG -Metall zur Umsetzung von Methoden zur Erhöhung der Zerspanungsleistung. Dabei spielte im DMR vor allem Karl Juroviec über viele Jahre eine für das Unternehmen politisch außerordentlich positive Rolle. Ab 1952 wurde die Bildung von Instrukteursbrigaden dann mit großem Aufwand vorangetrieben. Neben einem Zentralen Aktiv gab es Landesinstrukteure, und in den Unternehmen die Instrukteurs-Brigaden. Dieses System gab es im allein Maschinenbau-Ministerium weiterhin für Gießereitechnik und Schweißtechnik. Sie standen unter der Leitung von „Helden der Arbeit", „Verdienten Aktivisten", und „Verdienten Erfindern". Schon der Briefkopf ist beeindruckend

DEUTSCHE DEMOKRATISCHE REPUBLIK

Ministerium für Maschinenbau

Zentrale Instrukteurbrigade für Zerspanungstechnik

Sitz ABUS-Wildau

BERICHT

Quelle: Bundesarchiv Lichterfelde, Best. Nr. DG 3 3999

und deckt sich mit dem schwülstigen Ton einer Entschließung von 1954:

So wie wir heute arbeiten, werden wir morgen leben.

Dieser Ausspruch der Kollegin Frida Hockauf, von der Mechanischen Weberei in Zittau, soll unsere Verpflichtung sein bei der Einführung und breitesten Anwendung der Neuerermethoden auf dem Gebiet der wirtschaftlichen Zerspanung.

Wir Dreher und Angehörigen der Intelligenz sehen in unseren sowjetischen Freunden, Pawel Bykow, Genrich Bortkewitsch, W. Seminski, Wassili Kolossow, Tschewenko, Dmitri Ryshkow, A.J. Issajew und Professor I. Kapustin, unsere Vorbilder und werden dafür kämpfen,

Quelle: Bundesarchiv Lichterfelde, Best. Nr. DG 3 3999

Dieses Zentrale Zerspanungsaktiv stand unter der Leitung des nur dafür zuständigen stellv. Ministers Wunderlich und tagte alle vier Wochen in einem Betrieb der DDR. Karl Juroviec, als Verdienter Aktivist vertrat das DMR vorbildlich. In allen Bezirken wurden Leitbetriebe festgelegt, die den Bezirksaktiven vorstanden, das DMR für Bezirk Rostock. Diese hatten Arbeitspläne und mussten so wie die Betriebe laufend Bericht erstatten. Viele der Berichte aus diesen Jahren hat F. Eimbeck verfasst, der auch in Unterkommissionen und Fachgruppen mitarbeitete bzw. solche leitete.

Bericht des Kollegen **E i m b e c k** als Leiter der Kommission
"Forschung und Technologie".

Der Koll. Eimbeck berichtete über die Arbeit der Kommission 5
"Forschung und Technolggie". Er legte dar, daß in der konstitu-
ierenden Sitzung des BZA am 21.9.1955 die Kommission 5 sich
bereits einige Aufgaben gestellt hat.

In einer weiteren Sitzung am 14.10.1955 wurden diese einzelnen
Punkte behandelt, wie die Eintragung von Schnittwerten in die
Arbeitsunterweisungskarten, die Ausarbeitung von einheitlichen
Maschinenplänen, Vervollständigung der Zentralen Schleiferei

— 5 —

Der Stellv. Minister, Koll. A. Wunderlich dankte den Kommissions-
leitern für die Ausführungen, insbesondere dem Koll. Eimbeck
für den guten und konkreten Vortrag. Kritisiert wurde die bis-

Quelle: 2x Bundesarchiv Lichterfelde, Best. Nr. DG 3 3999

Für die Bevölkerung und insbesondere die Mitarbeiter in den größeren Betrieben war
das Neuererwesen oft eine Pflichtaufgabe für die einzelnen Kollektive, um eine
Auszeichnung als Kollektiv zu erhalten. Im DMR war das BfN (Büro für Neuererwesen)
fester Unternehmensbestandteil. Viele ältere DMR- Mitarbeiter brachten bereits
Heinkel-Erfahrungen im betrieblichen Vorschlagswesen mit.

In einem Punkt allerdings ging die von staatlicher Seite beförderte Orientierung am
sowjetischen Neuererwesen überhaupt nicht mit der Meinung in der Bevölkerung
überein. Es wurde an die angebliche Überlegenheit der sowjetischen Forscher und
den dort entwickelten Neuerer- Methoden einfach nicht geglaubt. (Das war auch
verständlich, da die großen wirtschaftlichen Schwierigkeiten der UdSSR ja nicht
verborgen blieben). Und wie so oft im Osten kam das in politischen Witzen am
deutlichsten zum Ausdruck. In der Landwirtschaft war Mitschurin, als Züchter von
Riesen- Gemüsesorten, dem Spott preisgegeben und in der Industrie wurde ein
erfundener Genosse Lokomotov (der Erste, der die Lokomotive aus einem Stück
gefeilt hat) mit unglaublichen Fähigkeiten ausgestattet.

Das war aber nur die eine Seite der Medaille. Denn die sowjetischen Neuerer-
Methoden hatten den großen Vorteil, dass man auf dieser Welle erfolgreich und mit
jeglicher Unterstützung die eigene Rationalisierung betreiben konnte! Diesen Weg hat
auch F. Eimbeck sehr erfolgreich beschritten. An einer Stelle seines KDT - Vortrages
im Technischen Kabinett des DMR über Neuerermethoden in der Zerspanung vom
9.11.1955 heißt es: „Wir wissen noch nicht mehr über diese Methode, aber wir haben
folgende Vorstellungen dazu". (Sie erfuhren nie mehr über diese Methoden.)

Und dann folgt detailreiches eigenes Wissen z.B. jeweils über

< Schnelldrehen nach der **Kolessow-Methode**

< Schwingungsdämpfendes Drehen von Wellen mit der **Ryshkow-Fase**

< Abstechen und Gewindeschneiden mit dem **Kusowkin-Stechstahl**

< Flachanschliff-Bohrer wurden **Shirow-Bohrer** genannt.

Seine Erläuterungen waren begleitet von ausführlichen Betrachtungen zum aktuellen Stand von Werkzeugen, speziell zur Hartmetallentwicklung, -arten, Anschliff-Methoden, Anwendungsgebiete, Klemmstahlhalter, Kühlen beim Drehen und weitere. Auch hat er diese Ausarbeitung sicher eingesetzt in seiner Tätigkeit in den Fachgruppen des Ministeriums für Maschinenbau.   Diese genannten vier Methoden waren in der gesamten DDR umzusetzen. Im Ministerium wurden auf A3- Seiten Übersichten geführt, welches Unternehmen erfolgreiche Einführung gemeldet hatte und wo noch etwas zu tun war. Daran waren auch die DDR-Hersteller von Werkzeugen wie z.B. Hartmetallwerk Immelborn. beteiligt. Im Oktober 1955 fand erneut eine Tagung des Zentralen Zerspanungsaktivs im DMR mit mehr als 50 Teilnehmern aus der gesamten DDR und Presse und Rundfunk statt.

1955, Oktober, Minister Wunderlich im DMR, F. Eimbeck gegenüber

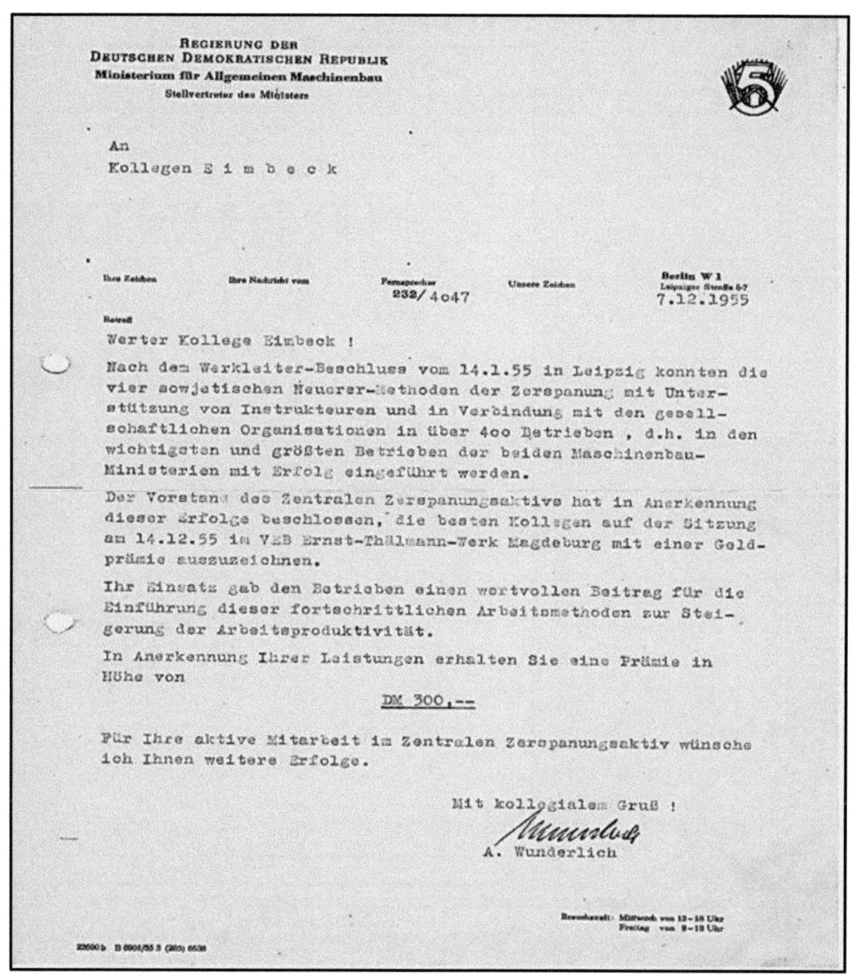

REGIERUNG DER
DEUTSCHEN DEMOKRATISCHEN REPUBLIK
Ministerium für Allgemeinen Maschinenbau
Stellvertreter des Ministers

An

Kollegen E i m b e c k

Ihre Zeichen	Ihre Nachricht vom	Fernsprecher 232/4047	Unsere Zeichen	Berlin W 1 Leipziger Straße 5-7 7.12.1955

Betreff

Werter Kollege Eimbeck !

Nach dem Werkleiter-Beschluss vom 14.1.55 in Leipzig konnten die vier sowjetischen Neuerer-Methoden der Zerspanung mit Unterstützung von Instrukteuren und in Verbindung mit den gesellschaftlichen Organisationen in über 400 Betrieben , d.h. in den wichtigsten und größten Betrieben der beiden Maschinenbau-Ministerien mit Erfolg eingeführt werden.

Der Vorstand des Zentralen Zerspanungsaktivs hat in Anerkennung dieser Erfolge beschlossen, die besten Kollegen auf der Sitzung am 14.12.55 im VEB Ernst-Thälmann-Werk Magdeburg mit einer Goldprämie auszuzeichnen.

Ihr Einsatz gab den Betrieben einen wertvollen Beitrag für die Einführung dieser fortschrittlichen Arbeitsmethoden zur Steigerung der Arbeitsproduktivität.

In Anerkennung Ihrer Leistungen erhalten Sie eine Prämie in Höhe von

DM 300,--

Für Ihre aktive Mitarbeit im Zentralen Zerspanungsaktiv wünsche ich Ihnen weitere Erfolge.

Mit kollegialem Gruß !

A. Wunderlich

Sprechzeit: Mittwoch von 12-18 Uhr
Freitag von 9-13 Uhr

Dort wurden Beschlüsse gefasst, die den Unternehmen noch viel weitergehende Aufgaben auf diesem Gebiet vorschrieben. Irgendwann Mitte 1956 wird diese weit überzogene zentrale Neuerertätigkeit offensichtlich auf Normalmaß zurückgeführt.

Die Erfindertätigkeit von F. Eimbeck erschöpft sich jedoch nicht in solchen Aktivitäten. Durch Tätigkeiten in der Rekogruppe hat er immer wieder auf unterschiedlichen Gebieten sein technisches Verständnis in Neuerervorschlägen oder sogar einem Patent umgesetzt.

Darüber hinaus war es seine Aufgabe, zusammen mit seinen unmittelbaren Kollegen und der unmittelbaren Arbeitsvorbereitung, der Konstruktion und der Fertigung und oft auch dem Einkauf, die technologischen Prozesse auf immer weiter zu senkenden Aufwendungen hin zu überarbeiten. Oder schwere oder gefährliche körperliche Tätigkeiten zu vermeiden oder zu verringern, oder Importe zu ersetzen durch (DDR-) eigene Lösungen. Und immer die nationale (soweit möglich auch die internationale) Entwicklung bei neuen Technologien oder Materialien im Auge zu behalten.

Für diese komplexen Aufgabenstellungen war der Einsatz der o.g. Reko-Gruppe ein wichtiges Instrument der betrieblichen Kostensenkungsstrategien und der Erweiterung des Leistungsspektrums.   Vor allem Montageprozesse, Härten, Vergüten und Nitrieren hatten seine besondere Aufmerksamkeit. Zu den mit vielen anderen Kollegen des Unternehmens erfolgreich umgesetzten Technologien zählten stellvertretend die unten abgebildeten.

Tieflochbohren, eine unverzichtbare Technologie für das Unternehmen. Viele Versuche und ein großer Aufwand waren erforderlich, um die Anwendung sicherzustellen. Hier ist das Verfahren bei einer Treibstange zu sehen.

Tieflochbohren: hier die gesamte Anlage mit einer Kolbenstange

Kopierfräsen von Nocken

Ovales Walzen von Rohren für Ladeluftkühler

Innen- Fertigdrehen einer Zylinderbuchse in Halle 12

Vorrichtung zur Fertigbearbeitung von Kurbelwellenlagern außerhalb der Grundwanne

Entzog sich jeder Rationalisierung: Das manuelle Schaben der Grundlager beim KZ 70/120 E

Rationalisierung der Montageprozesse, hier Montage der Zylinder-Schmierölpressen (Öler)

Ender der 50er Jahre: Muttern anziehen

Mitte der 60er hier pneumatisch, später hydraulisch

DDR – Schiffbau und Großmotoren

Mit der Entwicklung eigener Motoren, dem Abschluss eines Lizenzvertrages mit der MAN und den gewaltigen Investitionen sowohl auf den Werften als auch bei SKL, in Halberstadt und besonders im DMR waren Ender 50er Jahre wichtige Voraussetzungen geschaffen, um einen international leistungsfähigen DDR - Schiffbau zu etablieren. Es blieb jedoch eine andauernde Herausforderung der auf Planwirtschaft basierten Zuliefer-Industrie, diese geschaffenen Kapazitäten permanent so auszubalancieren, dass die Anforderungen der Werften erfüllt werden konnten. Denn der Schiffbau hatte marktseitig stets diese drei Anforderungen unter einen Hut zu bringen: Lieferungen für die Sowjetunion, Aufbau einer eigenen DDR- Flotte und den Export von Schiffen in das KA (Kapitalistische Ausland). Das führte Anfang der 60er Jahre zu ständig wechselnden Planvorgaben an die Motorenhersteller und hatte ständige Diskussionen mit der für Dieselmotoren zuständigen VVB DPV, mehreren Ministerien, dem Volkswirtschaftsrat, den Entwicklungszentren und sogar dem Staatsrat zur Folge. Trotz dieser Probleme hatte es bis etwa Mitte der 60er Jahre eine weitgehend proportionale Entwicklung von Schiffbau und Motorenhersteller gegeben. Mit den MAN -Typen KZ 57/80   und KZ 70/120 und dem DMR – NZD 72 konnten durch deren verschiedene Zylindervarianten die Bedarfe weitgehend gedeckt werden Der internationale Trend zu schnelleren Schiffen zwang die Werften, mehr Leistung von den Hauptmaschinen zu verlangen, so dass etwa Mitte 60er Jahre massive Forderungen nach größeren Motoren mit bis zu 15 000 PS und mehr erhoben wurden. Diese Forderungen betrafen besonders den perspektivischen Zeitraum etwa ab 1970 bis 1980. Danach wurden auch andere Antriebe als der Dieselmotor erwartet, wie Kernenergie und Turbinen. Im Zeitraum bis etwa 1970 würden die Werften mit der Erweiterung der bisherigen MAN- Lizenz auf den KZ 70/120 E und dem KZ 60/105 E (MH - Maschinenbau Halberstadt) auskommen können. Bei den Motoren hatten sich Schiffbau und Motorenbau auf die Größtmotoren von MAN   KZ 78/155 und KZ 93/170 festgelegt. Die Herstellung dieser Motoren war unter den bisherigen Bedingungen nicht möglich und diese sollten deshalb solange importiert werden, bis die Fertigungsmöglichkeiten gegeben waren. Während im MH die Typen 60/105 E und im DMR die 70/120 E ohne größere Investitionen gebaut werden konnten, wurde für die Herstellung von Größtmotoren im DMR folgende Rechnung aufgemacht:
Quelle: Bundesarchiv Lichterfelde, Best. Nr. DG 8 707 1038

Zum Import der Motoren KZ 78/155 bis einschl. 1975 (58 Motoren) sind

Importmittel nötig von	ca. 280 Mio MDN
Demgegenüber Investitionen zur Kapazitätserweiterung im DMR von	ca. 70 Mio MDN

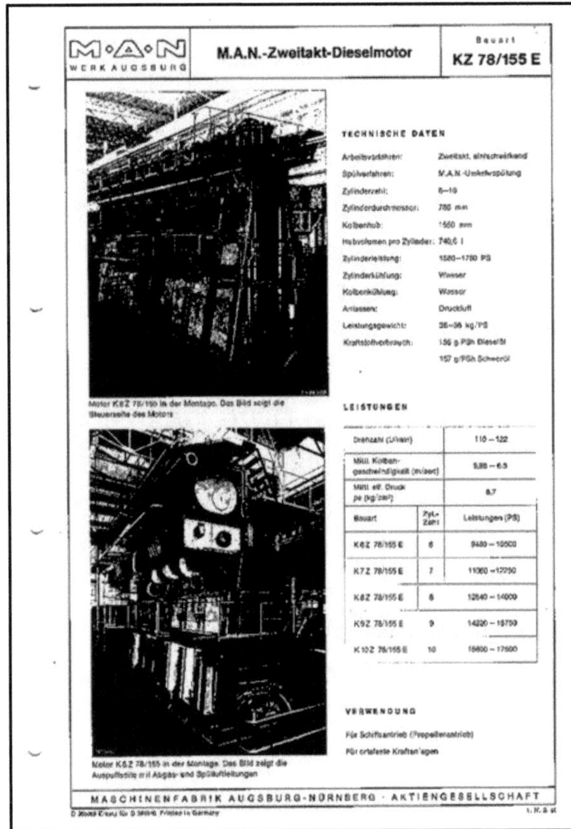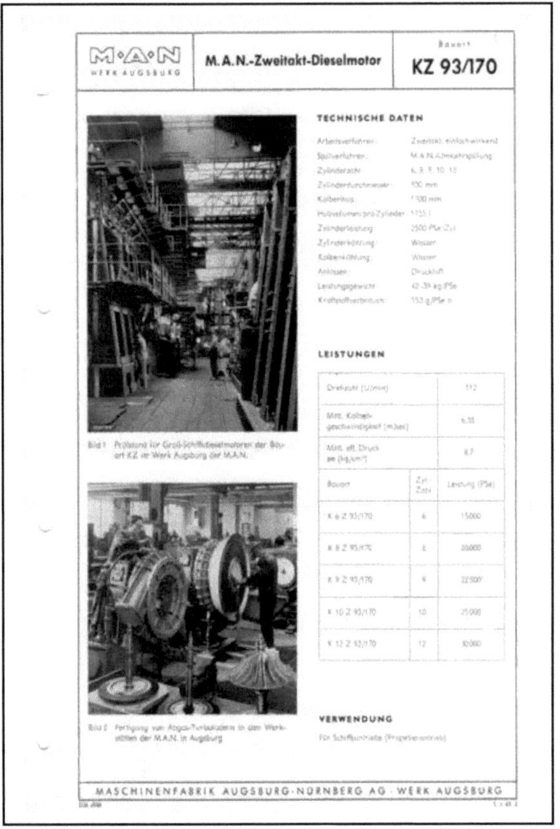

Quelle: Archiv Autor

Laut dieser umfassenden und sachlichen Konzeption vom September 1966 sollte damit auch künftig die Proportionalität zwischen Schiffbau und Motorenverfügbarkeit sichergestellt werden. Allerdings wurde sehr deutlich gemacht, dass die bereits derzeit an der Leistungsgrenze eingebundene Zulieferindustrie mit diesen Motoren dramatisch überfordert wäre, von Guss- und Schmiedeteilen bis zu Normteilen und fertigen Baugruppen. Dazu kam die Forderung, durch Importablösung bei den aktuellen und künftigen Motoren unabhängig von Lieferungen aus dem KA zu werden, so z.B. bei Woodward-Reglern, Abgasturboladern und weiteren. (67)

Für die Entwicklung einer eigenen Großmotorenproduktion wurde – wenn die Entwicklungskapazität vorhanden wäre (!) – ein Zeitraum von 6 Jahren eingeschätzt. In diesem Zusammenhang wurde auch auf die Produktion innerhalb des RGW verwiesen. Jedoch war festzustellen, dass die infrage kommenden Länder Sowjetunion und Polen auch keine eigenen lizenzfreien Motoren hatten und ihrerseits Lizenznehmer von Burmeister & Wain (Dänemark), Götaverken (Schweden) und Sulzer (Schweiz) waren. Darüber hinaus wurden in diesen Ländern nicht die modernsten Typen von Motoren gefertigt.

Daraus wird geschlussfolgert

Aufwand und Möglichkeiten einer lizenzfreien Eigenentwicklung Stellung genommen werden (ca. 18-2o Mio MDN als Schätz-
wert, Entwicklungsdauer ca. 6 Jahre).

Zur Sicherung eines ausreichenden wissenschaftlich-technischen
Vorlaufes muß unter Voraussetzung der Eigenfertigung zunächst
weiter in MAN-Lizenz produziert werden.

Quelle: Bundesarchiv Lichterfelde, DG 8 707 1038

Im Oktober 1967, kurz bevor der Staatsrat der DDR sich mit dem Schiffbau ausführlich befassen sollte, erschien ein Bericht der Inspektion des Ministeriums für Schwermaschinenbau zu der Störtätigkeit der MAN im Zusammenhang mit dem bestehenden DMR – Lizenzvertrag, welcher direkt an W. Stoph gerichtet war. Wie ideologisch überfrachtet dieser Bericht war, zeigt folgender Ausschnitt

Auf politisch-ideologischem Gebiet besteht die Zielsetzung (der MAN) darin, mit Hilfe der ideologischen Diversion die DDR- Kader für ihre Zwecke und damit für die Durchsetzung ihrer politisch-ideologischen Absichten zu gewinnen als eine Hauptvoraussetzung für das Wirksamwerden des Alleinvertretungsanspruches der Bonner Regierung auf dem Boden der DDR.

Quelle: Bundesarchiv Lichterfelde, DN 1 9832   – hier nachgeschrieben (wg. schlechter Lesbarkeit)

Weiter wird der vertraglich vereinbarte gegenseitige Austausch von Erkenntniszugewinnen beim Betrieb der Motoren einseitig als Ausnutzung der DDR-Forschungskapazitäten interpretiert. Bewusst ignorierend, dass dem DMR deutlich mehr Erkenntnisse von MAN und allen anderen Lizenznehmern zufließen. In die gleiche Kategorie der zielgerichteten Ignoranz fällt die weltweite Nutzung der MAN - Servicestationen, die trotz sehr hoher Valuta-Umsätze immer noch günstiger waren als eigene DSR / DMR – Stationen, denn allein der Aufbau einer eigenen Vorratslagerung an Ersatzteilen hätte ein Vielfaches gekostet. Die wohl zumindest in der Startphase bei fehlenden Teilen unvermeidlichen Verspätungen in den Schiffsanläufen der Deutschen Seereederei der DDR nicht eingerechnet. Die von dieser Kommission vorgeschlagenen Lösungen sollten bis 1970 die Los-lösung von der MAN erreichen, durch eigene Entwicklungen zusammen mit der UdSSR und Polen. Und der politischen Qualifizierung der Führungskader......

Dabei sollten speziell behandelt werden die Probleme des staats-monopolistischen Kapitalismus und seien aggressive Rolle und die Rolle der Konzerne bei der Verwirklichung der Bonner Regierungs-politik

Quelle: Bundesarchiv Lichterfelde, - DN 1 9832   - hier nachgeschrieben

Dieselbe Inspektion hat dann erneut zur Leipziger Frühjahrsmesse mit zunehmender Deutlichkeit auf die Versäumnisse des eigenen Ministeriums aufmerksam gemacht und damit wohl den Minister persönlich angegriffen. Ohne Erfolg allerdings. (68)

Der Staatsrat der DDR war nach dem Tod des ersten Präsidenten Wilhelm Pieck gegründet worden und hatte die Aufgaben eines Präsidenten zu erfüllen. Diese Aufgaben bestanden in grundsätzlichen Stellungnahmen zum Volkswirtschaftsplan, Steuerung der Volkskammersitzungen, Internationale Beziehungen, Ernennung von Richtern, Rechtsfragen, Festlegungen zu Schieds- und Konfliktkommissionen, Hochschul- und Forschungspolitik. Eher seltener stand Wirtschaftspolitik auf der Tagesordnung. Im Zeitraum von Nov. 1963 bis Juni 1970 standen „nur" 5x Wirtschaftskomplexe auf den monatlichen Tagungen: Bezirksgeleitete Industrie Leipzig, Schiffbau, Energiewirtschaft und Braunkohle, Bau- und Montagekombinat, Werkzeugmaschinen. Dass der Schiffbau erneut (nach dem „Experiment" der Kreditfinanzierung 1962) eine führende Rolle bei der Neu-Ausrichtung der DDR-Wirtschaft spielen sollte, liegt an seiner großen Bedeutung, die in der hohen Zahl der Beschäftigten(40 000), in einem gewaltigen jährlichen Umsatz von etwa 1,7 Mrd. MDN, einem Exporterlös von ca. 500 Mio Valutamark und einer extrem hohen Verflechtung mit der gesamten DDR – Wirtschaft durch mehr als 1700 Zuliefer-unternehmen zum Ausdruck kommt. Dass W. Ulbricht gern im Sommer nach Rostock kam, war sicher auch hilfreich. 1967 bereitete er in ausführlichen Beratungen anlässlich der Ostseewoche in Rostock diese Veränderungen vor.

Die Sitzung des Staatsrates fand am 19.10 1967 statt und war natürlich eine

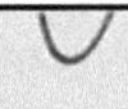

GEHEIME STAATSRATSANGELEGENHEIT

> Der Staatsrat der Deutschen Demokratischen Republik hat in seiner Sitzung am 19. Oktober 1967 über den Stand der Vorbereitung der vollen Anwendung des ökonomischen Systems des Sozialismus in den Betrieben der VVB Schiffbau und über die sich daraus ergebenden Aufgaben beraten. Er nahm dazu Be-

Schon in einer Zwischeninformation zur Vorbereitung vom 14.10. wurden neben anderen auch eine strukturelle Neuordnung für das DMR vorgeschlagen.

> Außerdem sollen solche Zulieferbetriebe, deren Produktion hauptsächlich für den Schiffbau bestimmt ist, voll auf das Schiffbauprogramm umgestellt und der VVB Schiffbau zugeordnet werden. Hierzu gehören insbesondere der VEB Dieselmotorenwerk Rostock und der VEB Maschinenbau Halberstadt.

Quelle: 3x Bundesarchiv Lichterfelde, Best. Nr. D A-5 4 599

Ein Kernstück der Staatsratssitzung war jedoch die Herstellung der vollen Rentabilität des DDR- Schiffbaus, denn die Devisenrentabilität des Industriezweiges lag mit ca. 0,8 wesentlich unter dem durchschnittlichen Niveau des Schwermaschinen- und Anlagenbaus.

In der Vorbereitung war es dem Schiffbau (Minister Zimmermann war zuvor Werftdirektor der Warnow Werft) offensichtlich gelungen, die große Klemme deutlich zu machen, in der der DDR-Schiffbau regelmäßig steckte. Diese bestand darin, dass Werft und Außenhandelsbetrieb dem (West-) Kunden einerseits in jeder Weise entgegenkommen mussten, um Schiffe zu verkaufen und einen ordentlichen Preis zu erhalten. Dieser Preis war dennoch nahezu immer unter dem Weltmarktpreis, denn längst konnten ihm nicht alle Ausrüstungs-Wünsche erfüllt werden, oder die Schiffsgeschwindigkeit lag unter seinen Vorstellungen, oder der Kunde wusste um den Druck zum Abschluss zu kommen, oder der Händedruck war nicht warm genug, oder, oder …

Die andere Seite war die Inlands- Zulieferseite aus der DDR. Hier hatte die Werft nur einen Anbieter, denn das war so gewollt im Sozialismus. Der bestimmte die Preise nach den Regeln der DDR und nach seinen Kosten. Auf diese Preise hatte die Werft kaum einen Einfluss. Und so bezahlte letztlich die Werft auch die mangelnde Produktivität in der - große Teile der DDR- Wirtschaft umfassenden - Zulieferindustrie. Diese Situation führte dann - neben den eigenen Produktivitäts-Rückständen – auch zu solchen Auswirkungen wie einer schlechten Devisenrentabilität. (69)

(Die Verhandlungen mit den westlichen Reedern waren sehr, sehr viel komplizierter, denn sie durften ausschließlich von den Außenhandels-Unternehmen geführt werden (ab 1968 SchiffsCommerz). Diese wiederum mussten sich immer wieder mit vielen höchsten, devisenrelevanten DDR-Stellen abstimmen und auf viele hochpolitische und hochsensible Einflussfaktoren Rücksicht nehmen und dann noch den Weltmarkt beobachten, um bei den Preisverhandlungen nichts zu verschenken. Dennoch

wurden so immerhin in erheblichem Umfang kleine und große Schiffe in 46(!) westliche Länder exportiert.) (71)

Die o.g. Probleme der Werften waren lange nicht die einzigen, denn die Werft musste oft – neben manchen weiteren Zugeständnissen - umfangreiche Ersatzteilpakete der verbauten Ausrüstungen dem Kunden mitgeben, um auch dem letzten Kundenwunsch noch zu entsprechen. Und sie mussten dem Kunden noch jahrelang als Ansprechpartner für alle Probleme am Schiff zur Verfügung stehen, was dann wiederum künftige Gespräche über neue Schiffsverträge erleichterte, aber manchmal auch nicht einfacher machte.

Solche Probleme hatten weltweit jedoch nahezu alle Werften und die DDR- Schiffbauindustrie hatte sich auf dem Weltmarkt über viele Jahre den Ruf eines sehr soliden, verlässlichen technischen und finanziellen Partners erworben. Sicher auch Dank der in hoher Qualität gefertigten MAN-Lizenzmotoren, für die dann dem Reeder ein weltweiter (MAN)-Service zur Verfügung stand.

Dieser Klemme des DDR – Schiffbaus sollte nunmehr mit der „vollen Anwendung des ökonomischen Systems des Sozialismus" durch ein Paket von Maßnahmen abgeholfen werden. Dazu zählten u.a. eine eigene Außenwirtschaftstätigkeit des Schiffbaus mit der Zuschreibung von Gewinn oder Verlust aus dieser Tätigkeit, eine Mitsprache bei den Preisen der wichtigsten Zulieferer („planmäßig bewegliche Preise") und die Zuordnung wichtiger Lieferanten zum Schiffbau (wie DMR und weitere).

Die grundsätzlichen Ergebnisse der Sitzung gingen aber noch weit über die genannten Punkte hinaus und schrieben u.a. die Verpflichtungen zum Einsatz der EDV fest, zu einer geregelten Prognosetätigkeit und zur Qualifizierung der Führungskräfte. Sie sollten so wegweisend für die DDR-Wirtschaft werden. (69)
Man kann diese Lex Schiffbau – hier „volle Anwendung des ökonomischen Systems des Sozialismus" genannt - durchaus positiv als flexible Anpassung des Wirtschaftssystems der DDR an die schwierigen Bedingungen der Werften interpretieren. Allerdings könnte hieraus auch abgeleitet werden, dass dieses Wirtschaftssystem der DDR 1967 bereits oder immer noch im „Kampf der Systeme" unterlegen war.

Obwohl es auch Festlegungen zur weiteren Verfahrensweise hinsichtlich der Großdieselmotoren in dieser Sitzung geben haben soll, lassen sich solche Festlegungen nicht in den Dokumenten zu dieser Sitzung finden. Die vom Ministerium daraus abgeleiteten Maßnahmen sind die bereits bekannten wie Untersuchungen zur Eigenentwicklung, Loslösung von MAN durch Kooperation mit SU und Polen, Verhandlungen u.a. mit B&W. Und sie führen zu nichts.   Die Zuordnung des DMR zum Schiffbau wird 1968 umgesetzt. Lizenzen von MAN bleiben bis in die 90er Jahre für das DMR und den DDR-Schiffbau von Bedeutung.

Für das Dieselmotorenwerk ergeben sich 1969 und 1970 weitere Änderungen aus der Zuordnung der Propellergießerei in Waren und des Verstellpropeller-Herstellers in Wismar. Mit dieser Straffung der Strukturen konnte nunmehr das Unternehmen ein auf den DDR-Schiffbau zugeschnittenes Gesamtkonzept des Schiffsantriebes technisch und wirtschaftlich umsetzen. Dem Schiffbau wiederum bot sich in dieser Konstellation – wie beabsichtigt - die direkte Zugriffsmöglichkeit auf Technik und Preise. Politisch wurde mit der Vergabe der Goldmedaille die Richtigkeit der vom Staatsrat getroffenen Beschlüsse bestätigt - was auch sonst.

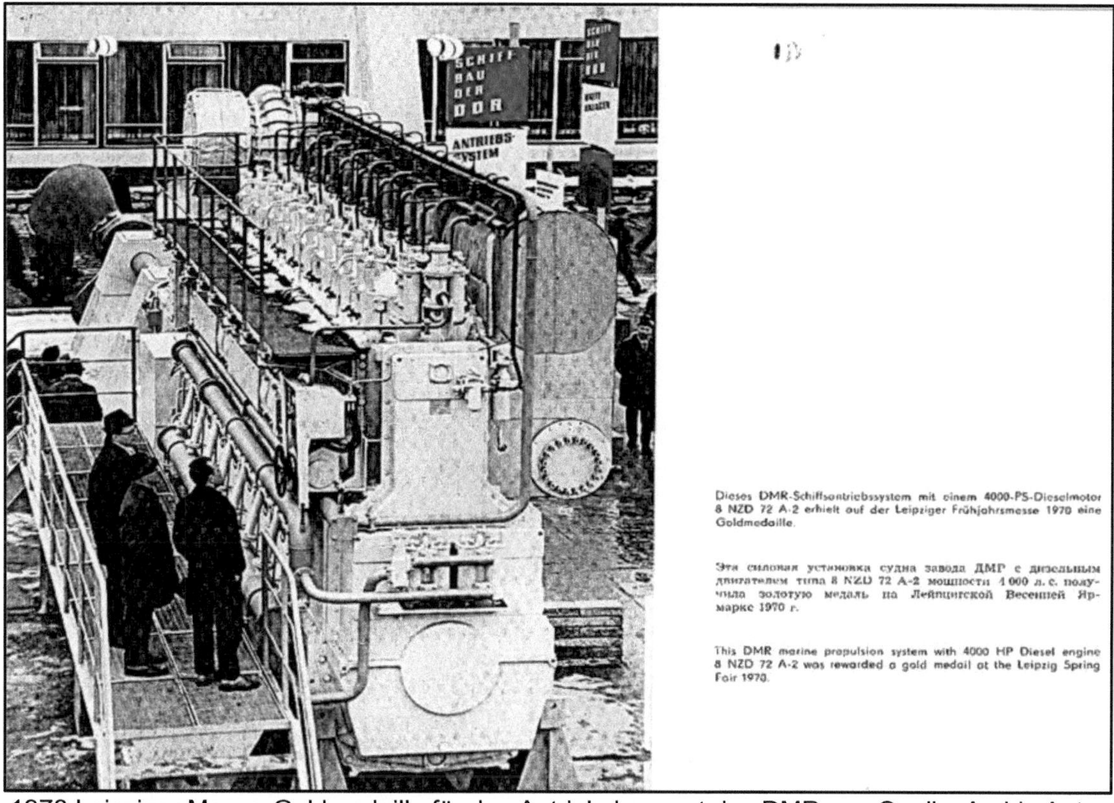

Dieses DMR-Schiffsantriebssystem mit einem 4000-PS-Dieselmotor 8 NZD 72 A-2 erhielt auf der Leipziger Frühjahrsmesse 1970 eine Goldmedaille.

Эта силовая установка судна завода ДМР с дизельным двигателем типа 8 NZD 72 A-2 мощности 4 000 л. с. получила золотую медаль на Лейпцигской Весенней Ярмарке 1970 г.

This DMR marine propulsion system with 4000 HP Diesel engine 8 NZD 72 A-2 was rewarded a gold medail at the Leipzig Spring Fair 1970.

1970 Leipziger Messe-Goldmedaille für das Antriebskonzept des DMR   Quelle: Archiv Autor

Walter und Lotte Ulbrich: Immer den Schiffbau im Blick - Messe-Rundgang in Rostock–Schutow, Quelle: Seniorenverein DMR, Archiv - undatiert

F.Eimbeck - Kollege und Rentner

Ab Mitte der 60er Jahre war F.Eimbeck als Gruppenleiter TRP 1 tätig und hat sich zusammen mit seinen Kollegen, neben anderen Teilprojekten, langjährig mit dem Großprojekt einer Sektionsmontagehalle beschäftigt. Diese Halle sollte zweigeschossig ausgeführt werden, mit Materiallager und -zuführung für die Montageprozesse im Untergeschoss. (34)

1967 zu seinem Geburtstag wurde er noch einmal ausgezeichnet für die Tätigkeiten in den verschiedenen Rekogruppen, vielleicht auch für sein DMR- „Lebenswerk".

Die Pläne mit der Sektionsmontagehalle wurden jedoch nicht verwirklicht. Später entstanden dafür die Großmechanische Fertigung in Halle 7 und die Halle 8 für Lagergießerei und Härterei. Die Montagen von den größeren Sektionen wurden im Mittelschiff der Halle 5 durchgeführt. Der Quertransport ins Montage- und Prüfstandschiff erfolgte über Schienen. Für die Lagerprozesse von Mittel – und Kleinteilen, sowie Normteilen wurde in den 70ern die Halle 100 gebaut.
Auch an den Investitionen für das gerade übernommenen Propellerwerk in Waren war er dann ab 1970 beteiligt und hat sich dort unter anderem in die Gespräche mit der Stadtverwaltung eingebracht.

1970 hat er sich dann mit dem Eintritt ins Rentenalter für eine Verlängerung seiner Tätigkeit entschieden, die seitens des Unternehmens mit der Bitte verbunden wurde, die Ausstellung zum 25jährigen Bestehen des DMR mit vorzubereiten. Davon hat er auch nach seinem Ausscheiden 1972 einige Unterlagen zu seinen persönlichen

Unterlagen hinzugefügt. Diese haben dem Autor wichtige Hinweise gegeben und ihre klare sachliche Strukturierung hat erst eine zeitliche Einordung vieler Vorgänge aus den Anfangsjahren des Unternehmens ermöglicht.

1959. Das Endmontageschiff war oft überlagert von Sektionen, Baugruppen, Einzelteilen, Rohrleitungen für die Endmontage. Es war schwierig für alle Beteiligten, insbesondere für die Endmontageschlosser und die Transportkollegen, rechtzeitig Platz für die Teile zu finden, Übersicht und Ordnung zu halten und die Qualität zu sichern. Diesem Zustand sollte die Sektions-Montagehalle abhelfen.

Von der Ausstellung zum 25. Jahrestag des DMR (1947 – 1972) sind darin jedoch kaum Bilder erhalten. Im Anhang wurde versucht, einige der wichtigsten Etappen anhand von Fotos darzustellen. Insbesondere ist dafür im Nachhinein den jeweiligen Betriebs-Fotografen zu danken, die mit Spürsinn und Akribie das betriebliche Zeitgeschehen festhielten. Die vom Unternehmen herausgegebene Broschüre in Form eines Notizbuches in Deutsch und Englisch enthält nur wenige Fakten und Zahlen.

Im Kreise seiner Kollegen unmittelbar in seiner Gruppe und der Abteilung und im Unternehmen war F. Eimbeck sehr beliebt. Seine stets höfliche, ruhige und immer zurückhaltende Art einerseits und seine fachlichen Qualitäten andererseits wurden allseits anerkannt. Auch in den Jahren nach dem Krieg und dann auch mit mehr Leitungsverantwortung im DMR hat er es verstanden, einen persönlichen und kollegialen Ton zu finden.

Gerade durch seine in schwierigen Zeiten erworbene Zurückhaltung in politischen Fragen und Diskussionen, fand er seinerseits Zugang zu vielen Kollegen die ähnlich dachten. Er selbst öffnete sich im Unternehmen nur sehr wenigen. Nur im Gespräch mit einer sehr vertrauten Kollegin erwähnte er z.B. die Tatsache, dass er an dem Fließband in dem KZ in Barth mitgearbeitet hat. Ansonsten hat er selbst im persönlichen Freundeskreis und innerhalb der Familie diesen Lebensabschnitt kaum mehr thematisiert.

Zu seinen runden Geburtstagen oder anlässlich der recht vielen Auszeichnungen wurden Unterschriften auf der Gratulationskarte eingeholt, die wohl fast die gesamte Führungsmannschaft umfassten. Auch die sehr aufwändig gestalteten und herzlichen gehaltenen Glückwunschkarten vermitteln einen Eindruck davon, dass er wirklich mit fast allen Kollegen des Unternehmens gut „konnte". Auch nach vielen Jahrzehnten erinnern sich seine damaligen Kollegen noch gern an ihren alten Chef und sprechen nur in den höchsten Tönen des Lobes von ihm.

Aus allen seinen Lebensabschnitten haben er und seine Frau Freundschaften und Kontakte behalten und gepflegt. Aus der Kindheit im Südharz, aus der Wiener Zeit, in Bremen und Hamburg, in Magdeburg und vor allem natürlich in Rostock wechselten sehr häufig Briefe und Karten hin und her. Denn Telefonanschluss war fast so selten wie ein Auto und er bekam nach jahrelangem Warten und Beziehungen erst 1977 einen.

Womit beschäftigt sich ein bisher beruflich so aktiver und ausgelasteter Mann, wenn er dann mit 67 Jahren in Rente geht? Auch auf diesem Gebiet hatten sich die deutschen Staaten auseinanderentwickelt. Denn so wie jeder andere Ost-Rentner drehte sich mit dem Eintritt ins Rentenalter - also mit 65 Jahren – das Denken und Organisieren zuerst einmal um die jetzt mögliche Westreise, sofern man Verwandtschaft dort hatte. Auch F.Eimbeck stieg fast unmittelbar nach diesem im Osten wichtigsten Geburtstag im Alter in den Zug gen Westen. Auch in den folgenden Jahren verpasste er kein größeres Klassentreffen, erneuerte er die bestehenden Bekanntschaften und erwarb auch neue dazu.

Die von ihm in den ganzen beruflichen Jahren angelegten Unterlagen und Dokumente waren ohnehin immer in einer beneidenswerten Ordnung und Übersichtlichkeit. Doch nun nahm er Ergänzungen vor und trennte sich von Überflüssigem. Das gleiche tat er vorbildlich auch für den privaten Teil seiner Dokumente.

Aber auch an Haus und Hof gab es immer zu tun und sein handwerkliches Geschick ermöglichte ihm, viel selbst zu reparieren, da Handwerker schwierig zu bekommen waren. Und manchmal hat er noch Material aus dem Westen mitgebracht, damit überhaupt etwas erneuert werden konnte.

Auch im Gegensatz zum Westen waren hier die Rentner ständig unterwegs, um knappe Waren zu bekommen. So ging er regelmäßig zum Glatten Aal, um dort am Gemüse- und Obststand nach frischem Obst, oder Spargel, oder Nüssen, Apfelsinen und Mandeln zu Weihnachten Ausschau zu halten.

Und die Pflege der Kontakte zu den ehemaligen Kollegen spielte eine wichtige Rolle in den wöchentlichen und monatlichen Zeitplanungen. Und natürlich hat er die Entwicklung seiner Kinder und Enkelkinder immer liebevoll verfolgt und sie auf ihren Wegen begleitet.

1975 - Im Kreise der Enkel

Mit persönlicher Bescheidenheit und Zurückhaltung, als seine herausragenden Eigenschaften, neben seiner hohen fachlichen Kompetenz, gelang es ihm jedoch, schwierigste Zeiten für sich und die Familie sicher zu überstehen.
Und der familiäre Rückhalt hat ihm ganz sicher hinweggeholfen über die jahrlangen Bedrängnisse sowohl in der Nazizeit mit Herstellung von Waffen als auch zu DDR-Zeiten mit dem auf ihn über lange Jahre ausgeübten Druck von Partei und Staatssicherheit.

F. Eimbeck hat die Dokumente seiner beruflichen Entwicklung gewissenhaft gesammelt und da, wo erforderlich, um eigene kurze Aufzeichnungen ergänzt. Alles zusammen ergab ein Gesamtbild, dass geradezu eine Aufforderung darstellte, es für eine Dokumentation zu nutzen. Dieser Aufforderung konnte sich der Autor nicht entziehen. Folgerichtig endet also diese berufliche Biografie mit der Beendigung seiner beruflichen Tätigkeit.

Es ist ganz sicher im Sinne von F. Eimbeck, wenn an dieser Stelle noch einmal darauf verwiesen wird, dass viele der hier dargestellten Leistungen nur im ständigen Zusammenwirken von vielen Kollegen und Mitstreitern möglich waren.
Wenn er selbst auch – oft federführend – an vielen Prozessen beteiligt war, so waren diese aus seiner Sicht doch immer nur gemeinsam zu bewältigen. Das galt insbesondere für die gewaltigen Aufbauleistungen im Dieselmotorenwerk Rostock.

Epilog

Auf diesem - vorstehend der ausführlich beschriebene Bau – „Fundament" für das Dieselmotorenwerk Rostock sollte in den kommenden Jahrzehnten ein stattliches Unternehmen gedeihen. Jedoch war das beileibe kein Selbstlauf, vielmehr musste jeder Schritt der Unternehmensentwicklung neu durchgekämpft werden. Und es wurden in den 70er und 80er Jahren viele solcher Schritte erforderlich. So stellte der Generationenwechsel in allen Unternehmensbereichen große Herausforderungen an die Qualifizierung der Mitarbeiter, mit der Integration von Wismar und Waren mussten strukturell neue Wege gegangen werden und die Produktpalette wuchs u.a. durch neue Lizenznahmen bei Motoren, eigenen Entwicklungen bei Stevenrohrlaufbuchsen, Getrieben – und Querstrahlrudern und weiteren deutlich.

Die Anforderungen durch die Werften erforderten eine ständig hohe Intensität in der Fertigung und Arbeitsvorbereitung und die DDR- Wirtschaft machte Kooperationen und Einkauf zu einer dauerhaft stressigen Angelegenheit. Schritt für Schritt gelang es, die Importe zu reduzieren, ohne sie jemals vollständig vermeiden zu können. Weitere große Investitionen ließen die Standorte des Unternehmens wachsen.

Und heute stellen sich spannende Fragen, die 90er Jahre betreffend. Wie konnte das Unternehmen selbst die dramatischen Einschnitte, die die Wende für die gesamte DDR- Wirtschaft brachte, in positive Entwicklung und Technologieführerschaft umsetzen?
Warum ging es sogar deutlich gestärkt aus dieser, fast die gesamte ostdeutsche Industrie nahezu zerfetzenden, Krise hervor?
Wie war es möglich, dass das Dieselmotorenwerk das Scheitern und den Untergang des Bremer Vulkan überstanden hat?
Und schlussendlich dann auch die Fragen nach der Unvermeidlichkeit der Insolvenz des DMR und deren tieferen Ursachen. Und was wurde aus den Ausgründungen und Nachfolgegesellschaften?

Und schließlich, frei nach Brecht: Wohin gingen am Abend als das Unternehmen fertig war die Dreher und Schlosser?

Ist auch der Blick auf diese Vorgänge nach mehr als 20 Jahren für viele Beteiligte immer noch kaum ohne Emotionen möglich, so wäre ihre Aufarbeitung dennoch eine interessante, notwendige und lohnenswerte Aufgabe.

Anhang

Eiswinter 1928/1929 in Warnemünde

190

A | 8 7 6 5 4 3 2 1 | Derzeitiger Ing.-Korps-Rang | Kennziffer des Fachgebietes | LP 40464 | Kennziffer des Arbeitsgebietes | Kennziffer der Dienststellung

1 Name: **Eimbeck**

Vorname: Gustav

2 *Privatanschrift
Ort: Pillau-Neutief
Straße: G-Strasse 2ia
Fernruf: No. 23 über Horst

3 *Wehrmeldeamt
Ort: —
W.B.K.:
Wehr-Nr:

4 *Arbeitsamt
Ort: —
Arb. Buch Nr:
Ber. Gr.: Ber. Art:

5 *Wirtschaftl. Verhältnisse
Versorg.-Ber.:
Grundbes. wo:
Art d. G.:

6 Eintritt i. d. Lw.
am: 4.1.1934
bei welcher Dienststelle: Seefl.H-Kdtr. Stettin

7 *Anschrift d. nächsten Angehörigen
Name: Wilma Eimbeck
Adresse: Pillau-Neutief, G.Str.2ia
Fernruf: No 23 über Horst

8 Kfz.-Führerscheine
Kl. I und III

9 Orden und Auszeichnungen
E.K.II (24.9.16)
Flugzg.führerabz.1916
Ehrenkr. f. Frontk.
Dienstausz. 4 Klasse
Kriegsverd.Kr.II Kl.

10 Akt.-Z. Ei 6

11 Geburtsangaben und Familienverhältnisse
geb. am: 2. Januar 1892
Geburtsort: Wieda/Harz
Bekenntnis: ev.
verheir. am: 18. Februar 1928
mit Anna, Wilhelmine Schrö-
der, Hamburg

12 Kinder

Vorname	geb. am
1. Gisela	2.5.29
2. Wolfgang	6.7.32
3.	
4.	
5.	
6.	
7.	

13 Gesundheitl. Verhältnisse
Wehrd.-Taugl.:
Flieg.-Taugl.:
Tropen-Taugl.:
Kriegs Besch.:
Unfall-Besch.:
Krankheiten:
Bemerkungen:

14 Zugehörigkeit z. Partei u. Glied.

	seit	Mitglieds-Nr
NSDAP	1.5.33	2807327
NSV	1.6.35	4104667

15

16 Schulbildung von 1898 bis 1906
erreichtes Klassenziel: 1. Klasse
Ort der Schule: Wieda/Harz
Art der Schule: Volksschule

17 Lehrzeit von 24.4.06 bis 24.4.09
Fachrichtung: Maschinenbau

18 Eingruppierungen und Vergütungen

am	Gruppe	Vergütungs-Kennzeichen

19 Beförderungen und Besoldung

am	m. Wirkung v.	Rang	B.D.A.
24.4.36	1.4.36	Hpt. Ing.	
30.5.38	1.5.38	Stbs. Ing.	1.4.34

20 Techniker oder entspr. Ausbildung
Prüfung als: Techn. f. Masch. Bau u. Elektortechn. 18.8.11.
am: Techn. Hildburghausen
welche Schule usw.:

21 Gesellenprüfung
am:
Fachrichtung:

22 Ingenieur-Ausbildung
Prüfung als: Ing. f. Masch. Bau u. Elektrotechn. 12.5.12
am: Höh. Masch. u. Elektroing-
welche H.T.L.: sch. Hildburghausen

23 Meisterprüfung
am:
Fachrichtung:

24 Hochschul-Ausbildung
Prüfung als:
am:
Fach:
welche T.H. o. Univers.:

25 Sprachkenntnisse
(nicht Schulkenntnisse)

C 0123

Quelle: Bundesarchiv, Militärarchiv Freiburg

Fähranleger in Warnemünde   1929/30

Hafeneinfahrt Warnemünde   1929/1930

Rostock, Neuer Markt, 1929/30

1931 Fischerflottille, Warnemünde

Yachten auf dem Alten Strom 1931

Flugboot Pottwal 1930

Gronaus's letzte Etappe, Warnemünde 1930

Arado SSD 750 PS „Einschwimmer"

195

Katapultanlage der „Europa", 1931

Heinkel HE 10 „Ozeantyp"

Führerstand HE 10

Junkers „Junior", 1931

De Havilland, Puss- Moth, 1931

Sopwith „Himmelschreiber", 200 PS ,1931

B.F.W (M 123) 1931 - Thea Rasche, (*weltweit bekannte deutsche Kunstfliegerin*)

Wie das Wissen um Flugzeuge von **Vorpommern nach Mecklenburg** kam

Karl Wilhelm **Otto Lilienthal** (* 23. Mai 1848 in **Anklam, Vorpommern**; † 10. August 1896 in Berlin) war ein deutscher Luftfahrtpionier. Otto besuchte ab 1856 zunächst das Gymnasium in Anklam. Zu seinen Lehrern gehörte der Astronom Gustav Spörer. Flugversuche und -experimente sowie das Studium des Vogelflugs fielen bereits in diese Zeit. Seine experimentellen Vorarbeiten und erste Flugversuche ab 1891 führten zum Konzept der Tragfläche. Die Darstellung aerodynamischer Eigenschaften von Flügeln wurde von ihm entwickelt und wird bis heute eingesetzt. Die Produktion des Normalsegelapparates in seiner Maschinenfabrik in Berlin war die erste Serienfertigung eines Flugzeugs.

Er gilt als der erste Mensch, der erfolgreich und wiederholbar Gleitflüge mit einem Flugapparat (Gleitflugzeug) durchführte und dem Flugprinzip „schwerer als Luft" damit zur ersten menschlichen Anwendung verhalf und so den Weg zu dessen späterem Erfolg bahnte.

Ignaz "Igo" Etrich hatte die Handelsschule in Leipzig besucht. Gemeinsam mit seinem Vater, einem Textilfabrikanten, richtete er im böhmischen Oberaltstadt ein Versuchslabor ein, um die Flugfähigkeit von Tragflächenprofilen zu untersuchen. Aus dem Nachlass des 1896 tödlich verunglückten Otto Lilienthal **erwarben die Etrichs ein Gleitflugzeug**. 1905 erhielt Igo Etrich ein Patent für einen Flugzeugflügel, den er nach dem Vorbild des Flugsamens der Zanonia macrocarpa entwickelt hatte. 1910 hielt Etrich alle Österreich-Rekorde im Hoch- und Dauerflug. 1912 gründete Etrich die nach ihm benannten Fliegerwerke im schlesischen Liebau (heute Lubawka, Polen) und entwarf dort mit der "Luft-Limousine" das erste Passagierflugzeug mit geschlossener Passagierkabine. Das Konstruktionsbüro leitete der junge **Ingenieur Ernst Heinkel** (* 24.1.1888, † 30.1.1958 Stuttgart). Dieser hatte 1911 als Student des Maschinenbaus an der TH Stuttgart mit einem selbstgebauten Flugzeug auf dem Cannstatter Wasen einige kurze, erfolgreiche Flüge, stürzte ab, wurde schwer verletzt, ließ jedoch nicht von der Fliegerei. Nachdem E. Heinkel 1913 in die Albatros-Werke eingetreten war, konnten die von ihm entworfenen neuartigen Ein- und Doppeldecker der Firma in verschiedenen Wettbewerben 1. Preise gewinnen. Heinkel selbst erhielt beim Bodenseewettbewerb 1913 den Konstruktionspreis. Als nächsten Schritt gründete Etrich die Brandenburgischen Flugzeugwerke mit Heinkel als Konstrukteur. 1913 konstruierte er mit der "Etrich-Schwalbe" ein Flugzeug mit extremem Steigvermögen. Auf einem Europarundflug wurde es unter anderem in Paris und London vorgestellt. 1914 trat Heinkel als Chefkonstrukteur und Technischer Direktor in die Hansa- und Brandenburgischen Flugzeugwerke ein und baute in den Jahren des 1. Weltkrieges etwa 30 verschiedene militärische Flugzeugmuster, von denen vor allem der See-Doppeldecker W-12 und der See-Tiefdecker W-29 erfolgreich waren.

Wie die Größen der Süddeutschen Industrie den Großflugzeugbau mit der Entwicklung des Gotha-Bombers befeuerten und ihn darin einbanden beschreibt er ausführlich. (29, S. 60)
Gleichzeitig leitete Heinkel damals die österreichische Flugzeugfabrik Phönix in Wien und die Ungarische Flugzeug-AG in Budapest.

In den ersten Nachkriegsjahren betrieb E. Heinkel ein Autoreparatur-Unternehmen in seinem Heimatdorf Grunbach. 1921 bot sich dann in Travemünde eine Gelegenheit, wieder zum Flugzeugbau zurückzukehren. Bei den Caspar-Werken entwickelte er seinen See-Tiefdecker für ausländische Auftraggeber weiter. 1922 gründete er in **Warnemünde, Mecklenburg**, ein eigenes Konstruktionsbüro.

Und so kam das Wissen von Anklam in Vorpommern nach Warnemünde in Mecklenburg.

V.S.

Otto Lilienthal

Ernst Heinkel

Die Fotografien im Anhang stammen fast ausschließlich aus dem Archiv des Seniorenvereins der Dieselmotorenwerker e.V. Die Erläuterungen zu ihnen sind vom Autor.

Die Villa „Hohenzollern", später „Haus Stolteraa" – hier etwa 1946 - wurde nach dem Krieg von der Roten Armee beschlagnahmt und als Sitz des OKB 1, Außenstelle Warnemünde, genutzt. Hier wurde versucht, die Fachleute von Heinkel zusammenzuhalten, um einige von ihnen später in die Sowjetunion zu „delegieren".

Foto vom 12.09.1946. Hier wurden bereits Windkraftanlagen konstruiert, über die Herr Geertz, später Professor in Rostock, eine lange Abhandlung geschrieben hatte und damit wichtige technische und marktseitige Grundlagen schuf. Es sind auch die Kiefern des dort heute noch vorhandenen schmalen Dünenwaldstreifens zu erkennen.

1947 im Sommer. So dicht am Strand und trotz oder wegen der harten Nachkriegszeit, für braune Beine konnte Frau die Mittagspause gut nutzen!

Bis 1947 war die ehemalige Lehrwerkstatt von Heinkel in Marienehe noch von einer Panzerbrigade der Roten Armee genutzt worden. Nach der Räumung und vor dem Einzug der Windkraftwerke aus Warnemünde konnte hier aufgeräumt und Feuerholz gemacht werden. Mit großer Beteiligung.

1947. Die zur Verfügung gestellten Hallen und Gebäude mussten erst noch über mehrere Monate instandgesetzt werden, bevor an Produktion gedacht werden konnte.

Mit requirierten Maschinen aus Dargun und anderen Städten Mecklenburgs und Vorpommerns wurde die erste mechanische Fertigung in der kleinen Halle eingerichtet. Auf ihnen wurden zum Beispiel Reparaturaufträge für Kräne, Teile für Windkraftanlagen, Stanznietautomaten oder auch für „Konsumgüter", Massenbedarf genannt, gefertigt. Spruchbänder und Plakate gab es auch dort schon.

1948 Dagegen sieht das Konstruktionsbüro schon neuzeitlich aus und wie überall stehen auch hier Frauen ganz selbstverständlich ihren „Mann", hierbei dem Westen um Jahrzehnte voraus!

Nach dem Umzug im August 1949 und den beschriebenen umfangreichen Sanierungsarbeiten in den Heinkelhallen in der Werftstraße, entstand eine vorzeigbare Fertigung, von der hier die Mechanische Werkstatt zu sehen ist.

Einige Produkte aus den ersten Jahren

Gartenstühle

Landwirtschaftliche Maschinen

Kordstoffschneidemaschine

Dübelfräsautomat

Getriebe

Logger - Netzwinden

Verschiedene Stanznietautomaten

Motoren, Typ 4 NVD 224

| Windkraftanlage in W'münde | Dübelbohrautomat |

1.Mai 1950. Die Belegschaft des DMR umfasste inzwischen etwa 800 Mitarbeiter. Aber die Hallen und Gebäude waren für die vorgesehene Motorenproduktion zu klein und es gab monatelangen Streit über weitere Flächen in den angrenzenden Hallen. Dann schlug das DMR in einer Beratung mit dem Minister vor, das Gelände des RAW zum Ausbau des Unternehmens vor, inklusive der Übernahme der dortigen Mitarbeiter. Das wurde am 30.09.1950 beschlossen und im Kurhaus, allerdings ohne Fotografen, gefeiert.

Auch aus dieser Perspektive ist es eine beeindruckende Demonstration. Sie kann auch als symbolischer Auszug in das neue Domizil am Hauptbahnhof gedeutet werden.

Hier ein Blick auf die nicht mehr erhaltene Schau-Fassade, die in der Diskussion nach 1990 nur noch Heinkel-Mauer hieß. Und vielleicht ein letztes Opfer von dessen Bombenfliegern geworden ist.

September 1950. Unmittelbar nach dem Beschluss, auf diesem Areal das DMR zu errichten, wurde dieses Foto gemacht. Erneut hatte die Belegschaft innerhalb von zwei Jahren eine riesige Instandhaltungsaufgabe vor der Brust. Allerdings waren die Perspektiven im Motorenbau so vielversprechend, dass das wohl gern in Kauf genommen wurde.

September 1950. Der Blick von Halle 2 über die Ruine der Halle 1 und das alte Heizhaus mit den 2 Schornsteinen bis zum Hauptbahnhof.

Links eine Ecke der ruinösen Halle 1, das alte Heizhaus und im Hintergrund die Wiesen und Felder, auf denen heute die Südstadt steht.

Blick vom alten Heizhaus in Richtung Hbf. Wegen der großen Wohnungsnot mussten diese Baracken noch bewohnt werden, wie die Wäsche zeigt.

Richtfest Halle 1 am 21.07.1951 in äußerst schwierigen Zeiten.

Noch war der Umzug von der Werftstraße nicht vollzogen und alle einbezogenen Mitarbeiter mussten auf zwei Hochzeiten tanzen. Und das Motorenprogramm duldete keine Verzögerungen. Der Plan wurde am Jahresende erfüllt.

1952. Kaum stand die Drehbank, schon wurde daran auch gearbeitet, auch wenn ringsherum noch reges Baugeschehen herrschte.

1952. Hier der Einbau eines Langhobels, während noch Glaser und Maler tätig sind.

10.07.1953 Nun ist es schon eine normale, also vollgepackte Werkstatt, jedoch mit viel Licht und mit einem Schienenstrang im Durchgang.

Das neue, viel größere Werk verlangte unbedingt ein neues, größeres Heizhaus. Während der Qualm des alten Heizhauses über das Gelände zieht, ist der Schornstein des neuen Heizhaus hier bereits fast hochgezogen.

Mitte 1953 ist auch das Kesselhaus fast fertig. Der Gerüstbau ist zu dieser Zeit wohl kaum für solche Hochbauten ausgerüstet. Vom späteren neuen Werktor ist noch nichts zu sehen. Die typischen DMR – Buchstaben an der Spitze des Schornsteins sind auch 2020 noch gut zu erkennen.

Im Oktober 1954 war der neue Kessel im Betrieb und der gesamte Komplex war fertiggestellt. Nunmehr konnte die Braunkohle direkt vom Waggon in die Kohlebunker verladen werden, was besonders in strengen Wintern eine Herausforderung blieb. So mussten von den Kranfahrerinnen und Transport-kollegen dann immer anstrengende Sonderschichten gefahren werden.

21.07.1953   Äußerlich nahezu unverändert hat die Halle 2 die Jahrzehnte bis heute überstanden

1953   Bis zur Fertigstellung der Halle 5 war die Halle 2 die Endmontage und der Prüfstand. Vor allem für die KVD 43 Motoren, die in einer Mittelserienfertigung wie an Fließband produziert wurden.

1954. Hier ein Blick auf den Doppel-Prüfstand mit zwei KVD – Motoren. Für die Rückkühlung des Kühlwassers waren 1952/53 zwei neue Kühltürme gebaut worden, bis dann der große Kühlturm für die Halle 5 entstand.

1953. Hier kurz vor der Fertigstellung sind die Küche und die Verlängerung des Verwaltungs-gebäudes als Speisesaal und Veranstaltungsort zu sehen.

1954. Da die Ernährungslage immer noch ziemlich schwierig war, trug die betriebseigene Gärtnerei wohl ganz erheblich zur gesunden Ernährung der Belegschaft bei.

1954. Ob der Gärtner auch die betriebseigenen Schweine betreut hat, ist nicht bekannt. Wie zu sehen, sind diese zufrieden, obwohl sie auch - schon damals bekannt – nicht auf Stroh gehalten werden.

Die Küche jedenfalls hatte zu allen Zeiten einen guten Ruf und später den berühmten „Goldenen Kochlöffel" öfters erhalten. Vielleicht auch wegen des guten Schweinebratens mit eigenem Rotkohl.

1952. Warum die DDR – Industrie so große Produktivitätsrückstände hatte wird hier deutlich. Der Vorbearbeitungszustand dieser Kurbelwelle ist nahezu gleich null. Während im Westen die Schmiede- und Vorbearbeitungskapazitäten für solche Kurbelwellen schon vor dem Krieg vorhanden waren, landeten in der DDR in dieser Zeit solche Rohlinge beim Endkunden zur Vor– und Fertigbearbeitung, mit drastischen Kostenauswirkungen. Im Hintergrund die Herweghstraße.

1952. Die obige Aussage wird hier quantifiziert. Bei der Kurbelwelle für den Ein -Zylinder-Erprobungsmotor des NZD 48 wurde fast 2/3 zu Spänen „verarbeitet".

1954. Das neue Heizhaus ermöglichte auch dem Fotografen neue Perspektiven. Hier der Blick über die fertige Halle 1 zur Schwaaner Landstraße mit der Conrady'schen Mühle und den Eisenbahner-Wohnblocks

1954. Und hier die Halle 2 mit den beiden neu erbauten Kühltürmen an der Südseite.

4.04.1954 - In Eigenleistung wird der Bereich vor dem Verwaltungsgebäude verschönert.

1955. Die Transportabteilung

1954. Die leistungsfähige DMR-Betriebsfeuerwehr übt hier im neuen Heizhaus das Bergen von Verletzten

1954 Kinderbetreuung war schon selbstverständlich

1954. DMR – Kollegen helfen – wie viele Rostocker Betriebe - beim Bau des Ostseestadions

1963. Tätige Hilfe für die Landwirtschaft erstreckte sich nicht nur auf Arbeitseinsätze, sondern wie hier zu sehen auch auf handfeste Lieferung.

1967. Auch beim Aufbau des Rostocker Zoo wurde durch DMR-Kollegen aktiv und materiell geholfen

1954/1955 - Das DMR war nicht nur eines der modernsten, sondern auch eines der schönsten Unternehmen der DDR. Auch deshalb kamen jährlich mehrere internationale Delegationen zu Besuch.

1956. Grundsteinlegung der Halle 5

1956. Hier werden die Dimensionen der Halle für die Großmechanische Fertigung, die Montage- und Prüfstände deutlich.

1956/57 – Hier sind die drei Schiffe der Halle 5 zu Beginn der Errichtung zu erkennen.

1957. Etwa Jahresmitte

1957. Eröffnungsfeier. Rundgang mit Gästen, deren Erstaunen über das Geschaffene ist sichtbar.

1963. H1 Vormontagebereich im Schiff 4   Quelle: Archiv DMR - Seniorenvereins

1964. Halle 5 - Blick durch die Hallenschiffe   Quelle: Archiv DMR - Seniorenvereins

1964. Blick vom DMR – Blechplatz zur Südstadt   Quelle: Archiv Seniorenverein

1972. Links die Kabelkrananlage des DMR - Kunden Warnowwerft. Vorn der Überseehafen Rostock mit einem Kunden unseres Kunden, der Deutschen Seereederei. Quelle: Archiv Autor

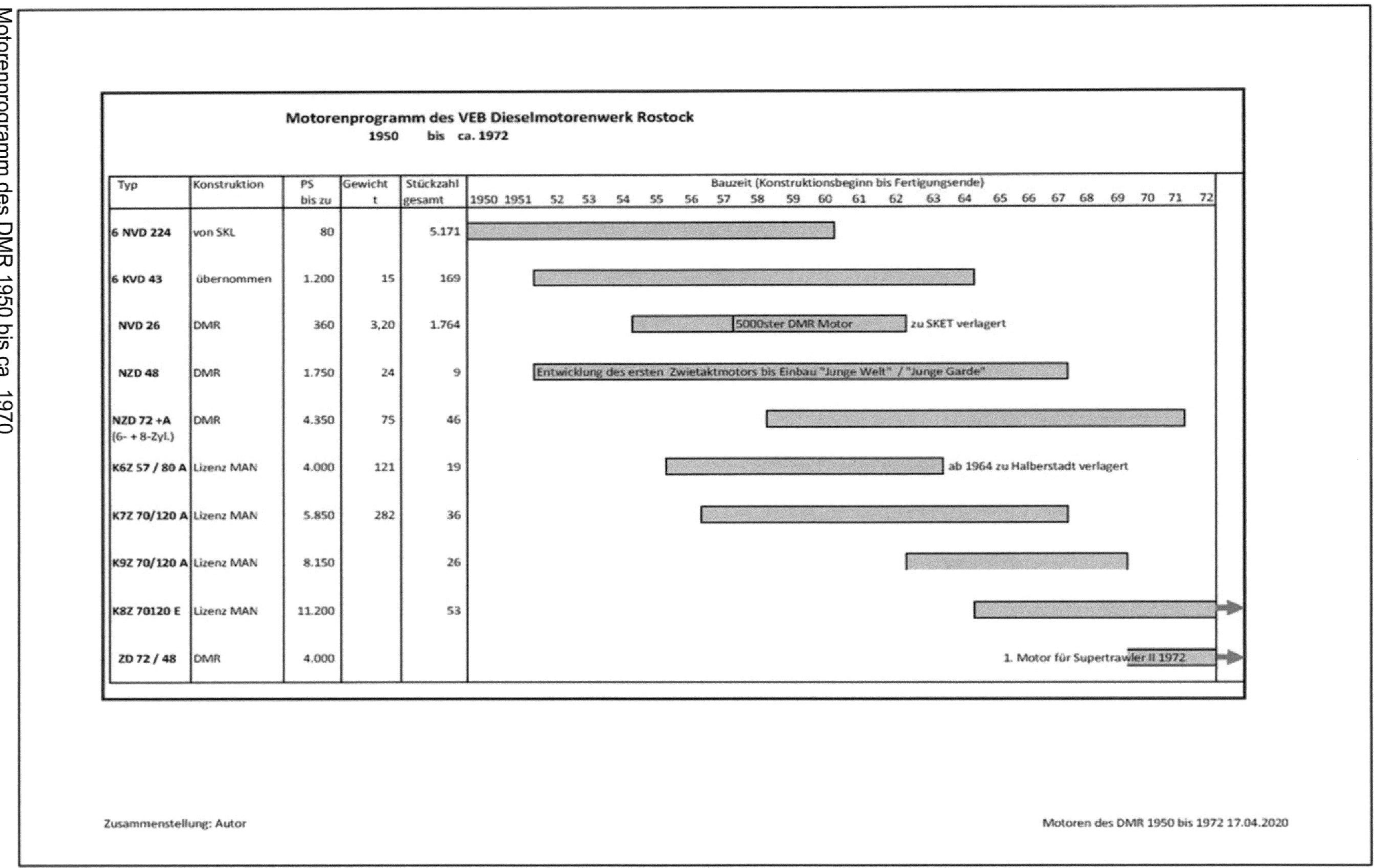

Motorenprogramm des VEB Dieselmotorenwerk Rostock
1950 bis ca. 1972

Typ	Konstruktion	PS bis zu	Gewicht t	Stückzahl gesamt	Bauzeit (Konstruktionsbeginn bis Fertigungsende)
6 NVD 224	von SKL	80		5.171	
6 KVD 43	übernommen	1.200	15	169	
NVD 26	DMR	360	3,20	1.764	5000ster DMR Motor — zu SKET verlagert
NZD 48	DMR	1.750	24	9	Entwicklung des ersten Zwietaktmotors bis Einbau "Junge Welt" / "Junge Garde"
NZD 72 +A (6- + 8-Zyl.)	DMR	4.350	75	46	
K6Z 57 / 80 A	Lizenz MAN	4.000	121	19	ab 1964 zu Halberstadt verlagert
K7Z 70/120 A	Lizenz MAN	5.850	282	36	
K9Z 70/120 A	Lizenz MAN	8.150		26	
K8Z 70120 E	Lizenz MAN	11.200		53	
ZD 72 / 48	DMR	4.000			1. Motor für Supertrawler II 1972

Zusammenstellung: Autor

Motoren des DMR 1950 bis 1972 17.04.2020

Motorenprogramm des DMR 1950 bis ca. 1970

In der DDR gebaute Seeschiffstypen mit DMR - 2-Takt-Motoren*

Von 1957/58 bis ca. 1970

Bauzeit (von/bis)	Bezeichnung	Typ	Anzahl	Bauwerft/en	Auftraggeber/ Empfänger	Motortyp	
1958/59	Serie Ugleuralsk	Massengutschiff	9	Warnow-Werft	Sowjetunion	1 × K7Z 70/102 C	
1960–1963	Serie Dzhankoy	Massengutschiff	17	Warnow-Werft	Sowjetunion	K7Z 70/120 A 3	
1961–1963	Typ IX	Massengutfrachter	6	Warnow-Werft	DSR	K7Z 70/120A 3	
1962–1966	Typ X	Stückgutfrachter	16	Warnow-Werft	DSR	K7Z 70/120A	
1963–1967	Serie Povenez	Stückgutfrachter	40	Neptunwerft	Sowjetunion	K67 57/80	
1963 - 1967	Typ VI, Serie Vyborg	Mehrzweck-Stückgutfrachter	26	Warnow werft	SU, Nor. Fran. Cina	K9Z 70 / 120 A	
1966 - 1967	"Junge Welt"	Transp. + Verarbeitungsschiff	2	MTW	FiKo Rostock	je 4x 8 NZD 48	
1967	"ROS 204"	Trawler	1	MTW (?)	FiKo Rostock	8 NZD 48	
1966–1972	Serie Pioner	Stückgutfrachter	32	Neptunwerft	Sowjetunion	K6Z 57/80 A	
1966 - 1968	Serie Artur Becker	Zubringertrawler	24	PW Wolgast /dv. 1x MTW	FiKo, 2x SU, 1x Geo	6 NZD 72	
1966–1977	Serie Hellerau	Eisverstärkter Holzfr.	7	Neptunwerft	DSR	6NZD72A	
1967–1970	Typ XD	Stückgutfrachter	16	Warnow-Werft	DSR	K8Z 70/120E	
1968–1972	Typ 17	Stückgutfrachter	34	Warnow-Werft	Sowjetunion	K8Z70/120E	
1968–1972	Serie F.C. Weißkopf	Fang - und Verarbeiter /Frachter	14	MTW Wismar/dv. 5xNW	9x FiKo, 4x Nor, 1x DSR, Nor, SU	8NZD 72A	
1968- 1972	Serie Hansel	Holzfrachter	21	Neptunwerft	18x Nor, 3x DSR	8NZD 72A	
1969–1970	Typ Pazifik	Mehrzweck-Stückgutschiff	3	Warnow-Werft	VR China	K8Z70/120E	

* Wegen widersprüchlichen Angaben in verschiedenen informationsquellen sind Abweichungen möglich

DMR - Motoren für die verschiedenen Schiffstypen

1951 – Junge Pioniere tragen etwas vor, hier noch in einer Werkhalle / Quelle: Archiv Seniorenverein

Lfd.Nr.	Unsere Verpflichtungen	Termin
1.	Bis zum 15.12.1958 den Betriebsplan zu erfüllen.	15.12.1958
2.	Die erste geschweißte Grundwanne vom Motor K6Z 57/80 zum Glühen fertig zu stellen.	9.11.1958
3.	Den ersten Motor K6Z 57/80 zum Probelauf fertig zu stellen.	7.10.1958
4.	Für den Ausfall der 1NVD - Motoren 10 Stck.DV 224 Motoren zu fertigen.	15.12.1958
5.	1958 für 400 TDM Massenbedarfsgüter zu fertigen.	15.12.1958
6.	Wir bauen mit am FDGB - Urlauberschiff.	1958

1858 – Die Verpflichtungen in Stein gemeißelt   Quelle: Archiv B. Torbing

R. Kapp, der Betriebsdirektor des DMR in den 50er Jahren, wird später Professor in Rostock

ca. 1968 Messe - R. Bebernitz, Werkdirektor des DMR in den 60er Jahren trägt W. und L. Ulbricht vor

1952. Kurbelwelle 4 NVD 224 einlegen

1954. Kurbelwelle 6KVD 43 einlegen

1961. Kurbelwelle K9Z 70 / 120 vor dem Lagern

1972. 8 ZD 72 48 vor dem DMR -Verwaltungsgebäude   Quelle: Archiv DMR - Seniorenvereins

1972. ... und in der Schiffbauhalle der Volkswerft Stralsund   Quelle: Archiv DMR - Seniorenvereins

1974. K8Z 70/120 E   Eine Grundwannensektion ist auf der Warnowwerft angekommen.

1963. K9Z 70/120 mit drei Turboladern.   Quelle: alle Archiv Seniorenverein

Quellenverzeichnis

(1) Andreas Wagner, Beirat für Geschichte - Der Streit um die Geschichte der Heinkelwerke in Rostock
(2) Versailler Vertrag – webmaster@versailler-vertrag.de 20.10.2018
(3) Prof. Huppert, Regionalmuseum im Schloss, Bad Frankenhausen – Webseite Okt. 2018
(4) Franz Kuhlmann GmbH - Webseite Dez. 2018
(5) Die Geschichte des Marinestützpunktes Hohe Düne, www. marinekameradschaft -kss.de
(6) Der Seeflugstandort Warnemünde, Band 7, 2001
(7) Volker Koos, Luftfahrt zwischen Ostsee und Breitling, 1990
(8) https://geschichte.uni-greifswald.de/arbeitsbereiche/fnz/fnz-forschung/arado-siedlung-in-anklam-interstudies-2013/ - Jan. 2019
(9) Volker Koos, Arado Flugzeugwerke, Heel- Verlag 2007
(10) Volker Koos, Ernst Heinkel Flugzeugwerke, Heel-Verlag 2006
(11) Technikgeschichte Kontrovers, Friedrich-Ebert-Stiftung 2007
(12) Industrie Stadt Rostock, Schiften des Kulturhistorischen Museums, Neue Folge 2, S. 57/58
(13)Kathrin Möller, Arbeitsverhältnisse der Beschäftigten in den Rostocker Ernst-Heinkel-Flugzeugwerken, **Friedrich-Ebert-Stiftung, Landesbüro Mecklenburg-Vorpommern** Reihe Geschichte Mecklenburg-Vorpommern Nr. 10, S.66
(14) Koblank, Ernst Heinkel: Meine Erfahrungen als Betriebsführer mit dem Betrieblichen Vorschlagswesen, Berlin 1943
(15) Legion Condor (WIKIPEDIA am 26.10.2018)
(16) ZDF 15.07.2018 – 23.00Uhr "Der ewige Diktator"
(17) Webseite am 10.01.2019, Luftangriff auf Guernica
(18) Martin Albrecht, Flugzeuge aus Barth 2007, Th. Helms Verlag, Schwerin
(19) Rostock im Feuersturm, Redieck & Schade, 2012
(20) Flugzeuge aus Barth, Martin Albrecht, Landeszentrale Polit. Bildung MV, 2007
(21)www. geheimprojekte.at - Luftwaffenstützpunkt und Heinkel-Werke - SchwechatHeidfeld - 20.05.2018
(22) Welche Auswirkungen hat der Bombenkrieg in Wien- www.erinnern.at 7.03.19
(23)https://www.luftkrieg-ueber-europa.de/der-nachtjager-heinkel-he-219-uhu
(24) Die Heinkel-Werke in der Angermayergsse 1, www.1133.at, 4.06.2018
(25)Thomas Werner, Das Zwangsarbeiterlager in Brinckmansdorf 1942-45 www.brinkmannsdorf.de, Stand 8.Juli 2018
(26) Natalja Jeske, Das KZ-Außenlager Barth, Scheunen-Verlag 2010
(27) Heinkelwerke Oranienburg, Wikipedia 4.04.2019
(28) www.zweitausendeins.de, Unternehmen, die von Zwangsarbeit profitiert haben, 5.04.2019
(29) E. Heinkel, Stürmisches Leben, Herausgeber J. Thorwald 1999
(30) Vortrag des FLRMV im „Warnowschlößchen", 14.07.2018, ppt. Präsentation
(31) Ludwig Bölkow, Der Zukunft verpflichtet, Herbig-Verlag, 1991
(32) He 177, Wikipedia Stand 3.02.2019
(33) Gespräche mit E. Lübcke zu Entwicklungsfragen, Februar-April 2020
(34) Informationen von Th. Polaschewski, Ch. Neubauer, April 2020
(35)Der Mai 1945 in Rostock, Ingo Koch Verlag 2005
(36) Gerhard Liebau, Lütt Geschichten ut mien Läben, Ingo Koch Verlag 2004
(37) Chronik der Stadt Rostock, Stadtarchiv Sonderheft 3, 1978
(38) www. saechsisches-industriemuseum.com, Ausgabe Juni 2009, Wolfgang Bönitz

(39) Albrecht, Heinemann-Grüder, Wellmann, Die Spezialisten, Dietz Verlag Berlin, 1992

(40) OKB, Experimental Ingenieurbüros, Wikipedia am 6.01.2019

(41) Dr, H. Breuninger, Wie wir in die UdSSR kamen, pdf, 31.05.1980

(42) Holger Björnkvist, Vortrag des FLRMV am 14.07.2018

(43) Broschüren - 10 Jahre DMR von 1957, 2x 20 Jahre DMR v.1967, 35 Jahre DMR v. 1985

(44) Drei Säulen sowjetischer Militär- und Sicherheitspolitik, www.degruyter.com/downloadpdf

(45) Bernd Niedbalski, Institut für Zeitgeschichte, Jahrgang 33(1985), Heft 3

(46) Landesarchiv MV,

(47) Biografie Ernst Heinkel „Stürmisches Leben", S. 334

(48) Bohn & Kähler, Internet-Artikel „Motorentechnik"- 14.07.2019

(49) W. Hübner, KDT, 1961, Die Technik, Heft 3

(50) Prospekte zu DMR - Motoren 1961, Technocommerz

(51) Kapp, Janzen, KDT Rostock 1959, Der Zweitaktmotor NZD 72

(52) Der schleichende Tod, FAZ 28.10.2019

(53) DDR Neurerwesen, Koblank, www.eureka-akademie.de

(54) Bundesarchiv Lichterfelde, Akten der HV EKM

(55) Heske, G. (2009). Volkswirtschaftliche Gesamtrechnung DDR 1950-1989: Daten, Methoden, Vergleiche

(56) Heske kurz-Darstellung, m3309.pdf

(57) bpb.de - Der Weg in die Krise, Zur Vorgeschichte des Volksaufstandes vom 17 Juni 1953, Webseite 17.01.2020

(58) bpb.de - Dossier 17 Juni 1953 - Der Aufstand - Der 17 Juni im Land

(59) 17 Juni 1953 – Bericht Bezirksbehörde der Deutschen Volkspolizei Rostock.pdf

(60) Klaus Schwabe, Der 17. Juni in Mecklenburg und Vorpommern, Fr.- Ebert-Stiftung, pdf

(61) Bezirksverwaltung für Staatssicherheit Rostock, Zusammenfassender Bericht über die Ereignisse am 17. und 18.6.1953 in Rostock, Rostock, 29.6.1953, pdf

(62) Telefonische Meldungen und Durchsagen der SED im Bezirk Rostock am 17. Juni 1953 an das ZK der SED (Auszüge), pdf

(63) bpb – Aus Politik und Zeitgeschichte, 61.Jahrgang, 1. August 2011, Seite 10

(64) Dr. Michael Heinz (BStU) und Anita Krätzner (Universität Rostock), Reaktionen auf den Mauerbau im Bezirk Rostock, pdf

(65) Bundesarchiv Koblenz - B 206/1433 Ostunternehmen

(66) Der schleichende Tod der DDR, Von Philip Plickert, Aktualisiert am 28.10.2019-06:47

(67) Konzeption Dieselmotoren v. 30.09.1966, VVB DPV, Bundesarchiv Lichterfelde

(68) Störtätigkeit der MAN im Dieselmotorenbau der DDR 17.10.1967, Bundesarchiv Lichterfelde

(69) Sitzungsunterlagen des Staatsrates am 19.10.1967, Bundesarchiv Lichterfelde

(70) Entscheidungsvorschläge zum Dieselmotorenbau, Ministerium Schwermasch., 4.04.1968 Bundesarchiv Lichterfelde

(71) Dr. Claus Junge, „Die Außenwirtschaftsbeziehungen des ostdeutschen Schiffbaus" in „Die Entwicklung des ostdeutschen Schiffbaus seit 1945", 2004

Dank

An dieser Stelle möchte ich allen danken, die mich mit Rat und Tat und Unterlagen unterstützt haben. Insbesondere möchte ich darüber hinaus jenen Dank sagen, die mich stets zu dem Projekt ermutigt haben und auch denen, die hier nicht genannt werden. Besonderer Dank gilt meiner lieben Ehefrau, die mich in jeder Weise unterstützt hat, so dass ich die Freude an dieser Ausarbeitung auch ausleben durfte.

Darüber hinaus besonders sind hervorzuheben:
Förderverein für Luft – und Raumfahrt des Landes Mecklenburg- Vorpommern e.V.
Seniorenverein der Dieselmotorenwerker e.V.
Landeshauptarchiv Mecklenburg-Vorpommern, Schwerin
Landesarchiv Sachsen-Anhalt, Merseburg
Bundesarchive in Lichterfelde, Koblenz, Freiburg
Förderverein Dokumentations- und Begegnungsstätte Barth e.V.

Sowie folgenden Personen:
Herrn Dr. H. Kraitschy, Herrn E. Lübcke, Frau M. Tuchen, Herrn Dr. F. Stüpmann,
Frau Ch. Kessler, Herrn W. Saubert, Herrn J. Sollmann, Frau Ch. Neubauer,
Herrn Th. Polaschewski.

Der Autor

wurde unmittelbar nach dem 2.Weltkrieg im Südharz, im Mansfelder Land, geboren und verbrachte dort Kindheit und Jugend. Nach Ablegen des Abiturs auf der Martin-Luther-Oberschule Eisleben mit Berufsausbildung zum Landwirt, begann er eine Lehre im VEB Roßlauer Schiffwerft zum Maschinenbauer. Die Ingenieurschule in Warnemünde schloss er nach drei Jahren als Ingenieur für Schiffsmaschinenbau ab. Nach Stationen bei Schiffselektronik und dem Ingenieurbüro Schiffbau in Rostock wechselte er 1971 zum VEB Dieselmotorenwerk Rostock. An der Universität Rostock begann er im gleichen Jahr ein Fernstudium, dass er als Dipl. Ing. für Schiffstechnik abschloss.

Im Dieselmotorenwerk war V. Spiegelberg bis 1995 in verschiedenen Funktionen tätig, seit Mitte 1989 als Direktor, dann als Geschäftsführer. Nach dem Umzug des Unternehmens nach Warnemünde führte er ab 1995 die am alten Standort in der Südstadt verbleibenden Unternehmensteile als selbstständiger Unternehmer unter RMT bis 2002 weiter. Danach beschäftigte es sich u.a. mit innovativen Verbrennungstechnologien.

Daneben hat er Broschüren, Vorträge und Ausarbeitungen zur Geschichte einer Klassikyacht veröffentlicht und eine Reihe privater Dokumentationen verfasst.

Volker Spiegelberg ist verheiratet und lebt in Rostock. Das Ehepaar hat zwei verheiratete Söhne und Enkelkinder.